Steffen Hoy (Hrsg.)

Schweinezucht und Ferkelerzeugung

Mit Beiträgen von Friedrich Arends, Wolfgang Büscher,
Albert Hortmann-Scholten, Steffen Hoy,
Heinrich Kleine Klausing, Georg Riewenherm,
Mathias Ritzmann, Peter Spandau, Martin Wähner

79 Abbildungen
57 Tabellen

Inhaltsverzeichnis

Vorwort 4

1 Markt für Ferkel
(A. HORTMANN-SCHOLTEN) 6
1.1 Bedeutung der Ferkelerzeugung 6
1.2 Strukturelle Ausgangslage 10
1.3 Anforderungen an Qualitätsferkel 14

2 Zucht- und Produktionsziele in der Schweinezucht
(M. WÄHNER) 17
2.1 Schweinerassen und -herkünfte 17
2.2 Leistungsprüfung 21
2.2.1 Organisation der Leistungsprüfung 22
2.2.2 Exterieurbeurteilung 22
2.2.3 Zuchtleistungsprüfung 23
2.2.4 Fleischleistungsprüfung 24
2.2.5 Prüfung auf Stressstabilität 24
2.3 Züchtung 25
2.3.1 Zuchtorganisation (Züchtervereinigungen, Zuchtunternehmen) 27
2.3.2 Zuchtverfahren 28
2.4 Zuchtwertschätzung und Selektion 30
2.5 Fortpflanzung und Fortpflanzungslenkung 34
2.5.1 Fortpflanzungsbiologie beim Schwein 34
2.5.2 Produktionsmanagement – Arbeit nach Produktionszyklogramm 41
2.5.3 Fortpflanzungssteuerung 44
2.5.4 Künstliche Besamung 48
2.5.5 Trächtigkeitsdiagnostik 51
2.5.6 Geburtensynchronisation und -management 52
2.6 Bestandsremontierung 54
2.6.1 Eigene Jungsauenaufzucht – horizontale Remontierung/Eigenremontierung 57
2.6.2 Jungsauenzukauf – vertikale Remontierung/Fremdremontierung 58

3 Haltungsverfahren in der Ferkelerzeugung
(S. HOY) 60
3.1 Gesetzliche Rahmenbedingungen 60
3.2 Abferkelstall 60
3.3 Arena, Stimubucht oder Besamungsstall zur Gruppenbildung? 71
3.4 Besamungsstall 76
3.5 Wartestall 79
3.6 Aufzuchtstall 86

4 Stallbau und Technik
(W. BÜSCHER) 94
4.1 Erschließung eines neuen Standorts 94
4.2 Baukonzepte und -kosten 96
4.3 Arbeitswirtschaftliche Planung 97
4.4 Raumlufttechnische Anforderungen 98
4.5 Entmistungssysteme 112

5 Planung und Genehmigung von Stallneubau- und Stallerweiterungsvorhaben/Abluftreinigung
(F. ARENDS) 114
5.1 Bau- und planungsrechtliche Grundlagen bei Stallbauvorhaben 114
5.1.1 Bauvorhaben im Außenbereich 115
5.1.2 Bauvorhaben im unbeplanten und beplanten Innenbereich 116
5.2 Genehmigungsrechtliche Grundlagen 117
5.2.1 Genehmigungsrelevante Bestandsgrößen nach dem Anhang der 4. BImSchV und der Anlage 1 des UVPG 117
5.2.2 Genehmigungsverfahren nach dem Baurecht, Bundesimmissionsschutzgesetz und dem Gesetz über die Umweltverträglichkeitsprüfung 119
5.3 Immissionsschutzrechtliche Anforderungen 121
5.3.1 Technische Anleitung zur Reinhaltung der Luft (TA Luft) 121
5.3.2 Geruchs-Immissionsrichtlinie (GIRL) 125

5.3.3	Fauna-Flora-Habitat-Richtlinie (FFH-Richtlinie) 126		7	**Fütterung von Zuchtschweinen** (H. Kleine Klausing, G. Riewenherm) 153
5.4	Emissionsminderung durch Abluftreinigung 127		7.1	Fütterung und Nährstoffverwertung der Sauen 153
5.4.1	Grundsätze der Abluftreinigung 128		7.2	Versorgungsempfehlungen für Zuchtläufer und Jungsauen 157
5.4.2	Bedeutung der Abluftreinigung im Genehmigungsverfahren 131		7.3	Versorgungsempfehlungen für tragende Sauen 159
5.4.3	Kosten der Abluftreinigung 133		7.4	Fütterung im geburtsnahen Zeitraum 162
6	**Wirtschaftlichkeit der Ferkelerzeugung** (P. Spandau) 135		7.5	Versorgungsempfehlungen für laktierende Sauen 163
6.1	Direktkostenfreie Leistung 135		7.6	Fütterung der Ferkel 166
6.2	Produktionskosten in der Ferkelerzeugung 136		7.7	Wasserversorgung 175
6.2.1	Direktkosten 136		**8**	**Gesunderhaltung der Schweine** (M. Ritzmann) 177
6.2.2	Arbeitserledigungskosten 136			
6.2.3	Gebäudekosten 138		8.1	Hygienische Maßnahmen/Organisations- und Managementmaßnahmen 177
6.2.4	Sonstige Fixkosten 138			
6.2.5	Produktionskosten je Ferkel 138		8.2	Gesunderhaltung der Sau 180
6.3	Einflussfaktoren für die Produktionskosten 139		8.3	Gesunderhaltung der Ferkel und Absetzferkel: PCV2, PRRSV 180
6.3.1	Produktionstechnische Leistungen 140		8.4	Immunprophylaxe versus Antibiotikametaphylaxe 182
6.3.2	Management 140			
6.3.3	Gebäude- und Arbeitskosten 142		8.5	Diagnostik 185
6.4	Faktoren der Betriebsentwicklung 142			
6.4.1	Landwirtschaft oder Gewerbe in der Ferkelerzeugung 142		**9**	**Managementmaßnahmen** (S. Hoy) 187
6.4.2	Nährstoffverwertung als Kosten 144		9.1	Geburtsüberwachung und Neugeborenenversorgung 187
6.4.3	Immissionsschutz und seine Kosten bei der Betriebsentwicklung 145		9.2	Management großer Würfe 192
6.5	Optimale Betriebsgrößen und Grenzen des Wachstums 146		9.3	Jungsaueneingliederung 193
			9.4	Sonstige Managementmaßnahmen 196
6.5.1	Betriebsentwicklung vom Familienbetrieb zum Mitarbeiter 146			
6.5.2	Standort als Kostenfaktor 147		**Service** 197	
6.5.3	Skaleneffekte und Kostendegression 148		Literaturverzeichnis 197	
			Wichtige Adressen 200	
6.6	Chancen und Risiken des Marktes 148		Bildquellen 202	
6.6.1	Weltmarkt auf Wachstumskurs 149		Über die Autoren 202	
6.6.2	Volatile Märkte 149		Sachregister 203	
6.6.3	Liquidität oder Rentabilität 149			

Vorwort

Ferkelerzeuger und Schweinezucht-Betriebe stehen erneut vor tiefgreifenden strukturellen Veränderungen. Gesetzliche Rahmenbedingungen in der Europäischen Union werden in deutsches Recht umgesetzt, wobei Vorgaben des Tierschutzes und des Umweltschutzes Grenzen für die betriebliche Entwicklung – zumindest in bestimmten veredelungsstarken Regionen – aufzeigen. Damit wird zugleich der Strukturwandel beschleunigt, der momentan ohnehin schneller als in anderen Zweigen der landwirtschaftlichen Produktion voranschreitet, wenn z. B. Zuschläge für Mastferkel erst ab Partien von 200 gleichaltrigen Ferkeln zu erzielen sind. Der Gesunderhaltung der Bestände kommt eine immer größere Bedeutung bei der Ausschöpfung des Leistungspotenzials (Fruchtbarkeitsleistung) und bei der Senkung der Verluste zu. Größer werdende Tierbestände und ein zunehmender Infektionsdruck stellen besondere Herausforderungen für die Sauenhalter dar. Die Zuchtziele müssen sich den Wünschen des Handels und der Verbraucher anpassen, stehen aber auch unter dem Druck neuer Schlachtkörperbewertungen und Preismasken. Züchten heißt jedoch in Generationen denken; die Schweinezucht kann also nur mit einem zeitlichen Abstand darauf reagieren.

Die Erzeugung von Schweinen bildet mit etwa 28 % nach der Milcherzeugung den zweithöchsten Produktionswert tierischer Erzeugnisse – bezogen auf die Tierhaltung in Deutschland – und stellt somit eine bedeutsame Einkommensquelle für viele landwirtschaftliche Betriebe dar. Zugleich werden mit diesem Produktionszweig viele Arbeitsplätze in den vor- und nachgelagerten Unternehmen der Futtermittel-, Landtechnik- und Pharmaindustrie, in Zucht-, Schlacht- und Verarbeitungsbetrieben sowie in der Beratung gesichert. Dabei findet in Zucht, Ernährung, Tiergesundheit, Produktionsmanagement und Landtechnik ein steter Erkenntnisfortschritt statt, der – beschleunigt durch neue gesetzliche Vorschriften – zu modernen Verfahren und technischen Lösungen, Präventionsstrategien (bezüglich Erkrankungen) und letztlich zu einem großen Beratungsbedarf aller Beteiligten in der Erzeugungskette von Mastferkeln führt.

Unter diesem Aspekt hat sich das Autorenteam das Ziel gesetzt, mit dem vorliegenden Buch die wichtigsten Informationen zu Zucht, Haltung, Anforderungen des Marktes, Stalltechnik, Fütterung, Betriebswirtschaft und Gesunderhaltung der Schweine zu bündeln. Außerdem sollten die Abläufe bei der Planung und Genehmigung von Stallneubau oder -erweiterung beschrieben werden. Dabei standen die Autoren vor der Herausforderung, kein allumfassendes Werk entstehen zu lassen, sondern möglichst in gedrängter Form das aktuelle Wissen zusammenzufassen.

Das Autorenteam und der Verlag haben den Wunsch, dass die „Schweinezucht und Ferkelerzeugung" zu einem universellen „Werkzeug" für Leiter und Mitarbeiter Sauen haltender Betriebe, Agrarwissenschaftler, Tierärzte, Tierzüchter, Berater und Studierende werden möge. Wir möchten uns bei Carmen Weirich für die unermüdliche technische Arbeit herzlich bedanken. Unser Dank gilt aber auch dem Verlag Eugen Ulmer und insbesondere Werner Baumeister für die hervorragende Unterstützung des Buchprojektes.

Im Sommer 2012
Das Autorenteam

Friedrich Arends, Wolfgang Büscher, Albert Hortmann-Scholten, Steffen Hoy, Heinrich Kleine Klausing, Georg Riewenherm, Matthias Ritzmann, Peter Spandau, Martin Wähner.

1 Markt für Ferkel

(A. Hortmann-Scholten)

Die deutsche Schweinefleischerzeugung befindet sich seit Jahren auf einem stetigen Wachstumskurs. Die Schlachtzahlen pendelten, inklusive der Lebendeinfuhren, zuletzt um 59 Mio. Schweine pro Jahr. Seit Mitte der 90er Jahre hat sich die Zahl der in der Bundesrepublik Deutschland geschlachteten Schweine um rund 20 Mio. Stück erhöht (Abb. 1).

Der Selbstversorgungsgrad für Schweinefleisch liegt im Jahr 2012 deutlich über 110 %. Insbesondere die großen Schlachtunternehmen, die mitunter auch Schlachtschweine aus dem benachbarten Ausland mit erfassen und verarbeiten, treiben diese Entwicklung voran. Mit diesem Wachstumstempo hat allerdings die Ferkelerzeugung nicht Schritt halten können. Allein im Jahre 2011 sind über 11 Mio. Ferkel aus den Niederlanden und Dänemark nach Deutschland eingeführt worden (Abb. 2). In den Intensivgebieten der Schweinemast kann der Ferkelbedarf bei weitem nicht aus heimischen Quellen abgedeckt werden. In Südoldenburg beispielsweise liegt in einigen Gemeinden der Selbstversorgungsgrad für Ferkel unter 35 %.

1.1 Bedeutung der Ferkelerzeugung

Seit Jahren stagniert die Ferkelerzeugung innerhalb der Bundesrepublik Deutschland. Während die Schweinemast tendenziell immer weiter ausgebaut wird, nimmt insbesondere die Zahl der Sauenhalter und Sauenplätze in einigen Regionen Deutschlands drastisch ab. Mit Blick auf die Anforderungen der EU-Richtlinie 2008/120 ab dem 1.1.2013,

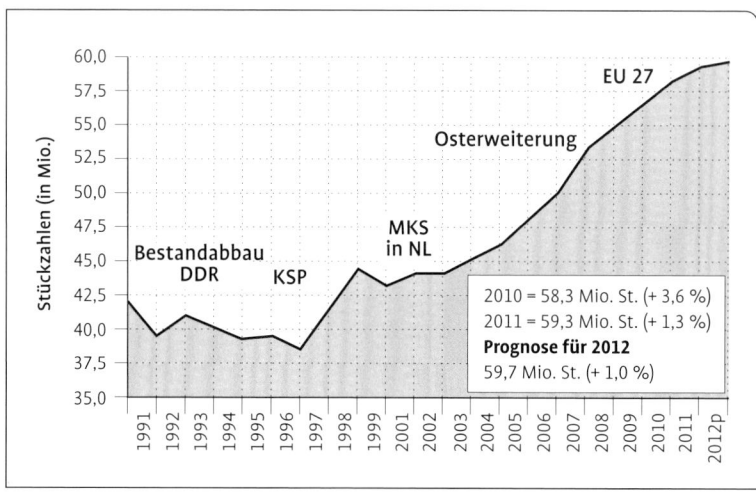

Abb. 1 Zahl der in der Bundesrepublik Deutschland geschlachteten in- und ausländischen Schweine (Quelle: AMI; Destatis)

dem Datum, ab dem in der Europäischen Union flächendeckend die Gruppenhaltung für Sauen eingeführt werden muss, werden in Europa gravierende Strukturänderungen erwartet.

Die Bundesrepublik Deutschland hat in den letzten Jahren innerhalb der EU ihre Spitzenposition als größter Schlachtschweineproduzent weiter ausgebaut. Davon konnten allerdings bisher die Ferkelerzeuger nicht profitieren. Deutschland ist die Nr. 1 bei den Schweineschlachtungen, in der Ferkelerzeugung ist es allerdings nach Spanien deutlich die Nr. 2.

Laut der Viehzählung aus 2011 halten von den rund 31 000 Schweinehaltern (Abb. 3) noch knapp 15 000 Betriebe Zuchtsauen. In deutschen Ställen werden derzeit etwa 2,2 Mio. Sauen gezählt; das sind rund 400 000 weniger als vor zehn Jahren. Die Zahl der Zuchtschweinehalter hat sich in diesem Zeitraum um etwa 28 000 Betriebe verringert. In den nächsten Jahren wird sich der drastische Rückgang der Sauenzahlen fortsetzen.

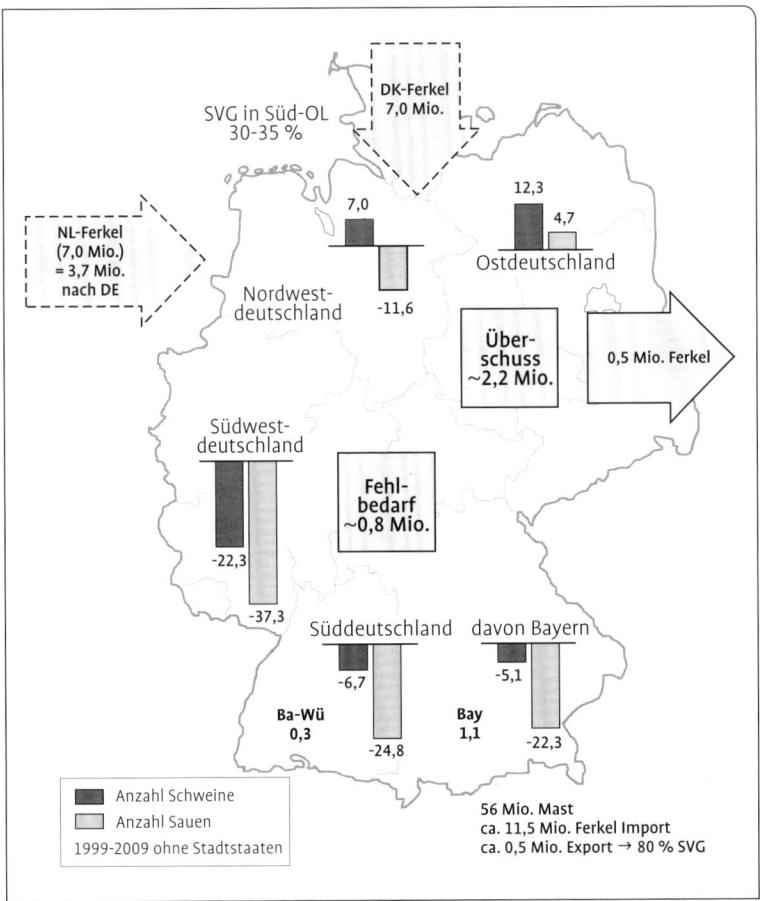

Abb. 2 Ferkelversorgung 2011 in Deutschland (verschiedene Quellen)

Abb. 3 Zahl der Schweine und Schweinehalter in Deutschland (jeweils zum Jahresende, in 1000; *Vergleichbarkeit zu Nov. aufgrund veränderter Erfassungsgrenze nicht gegeben, Betriebe ab 50 Schweine, vorher 8)

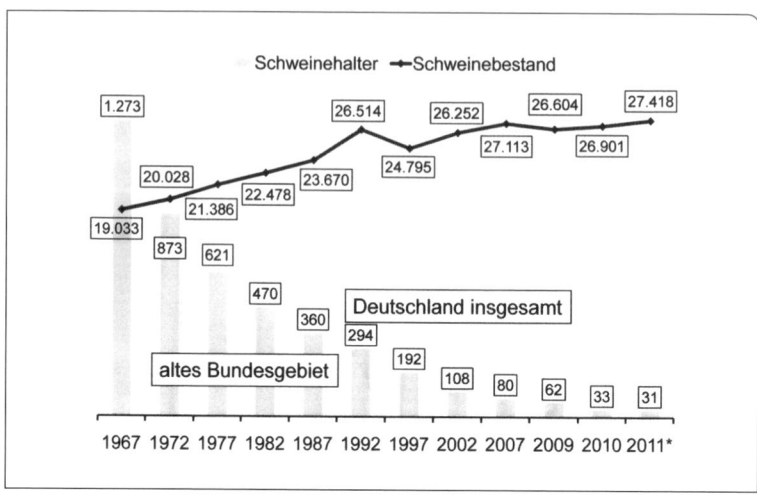

Nicht nur in Deutschland, sondern auch in der gesamten EU wird sich die Zahl der Sauen haltenden Betriebe voraussichtlich binnen weniger Jahre um ein Drittel reduzieren. Der Hauptgrund für diese Entwicklung liegt in einem verschärften EU-weiten Wettbewerb, der die Betriebe zu einer zunehmenden Professionalisierung der Ferkelerzeugung zwingen wird. Jedes Jahr steigt EU-weit die Zahl der je Sau verkauften Ferkel zwischen 2 und 5 %. Bei einer konstanten EU-Erzeugung von etwa 255–260 Mio. Schlachteinheiten verringert sich die Zahl der in der EU benötigten Sauen um den Prozentsatz der biologischen Leistungssteigerung.

Vergleicht man die ökonomische Situation der letzten 5 Jahre zwischen Ferkelerzeugung und Mast muss eindeutig festgehalten werden, dass die Schweinemäster im Vergleich zu den Ferkelerzeugern die wesentlich höheren Renditen und stabileren Betriebsergebnisse erzielt haben. Die Faktorverwertung pro eingesetzte Arbeitsstunde war in der Mast ungleich höher als in der Ferkelproduktion. Folglich lassen sich in Deutschland in den letzten Jahren immer häufiger betriebliche Anpassungsreaktionen beobachten. Kleinstrukturierte Ferkelerzeugerbetriebe sind entweder aus dem Markt ausgeschieden oder haben, wenn die betrieblichen Voraussetzungen es zuließen, den Schritt in das geschlossene System gewagt. Zum Teil sind beispielsweise sogar in Norddeutschland Entwicklungen erkennbar, dass langjährig geführte geschlossene Systeme die Sauenhaltung abstoßen und sich damit zum spezialisierten Schweinemastbetrieb mit der Notwendigkeit des Ferkelzukaufs umorganisieren.

In Süddeutschland, wo in der Regel die Strukturen noch wesentlich schlechter sind, brechen den klein strukturierten Ferkelerzeugerbetrieben die Absatzkanäle weg. Auch kleinere Mäster werden aufgrund der schwindenden Metzgervermarktung aus dem Markt gedrängt. Die handwerklich arbeitenden Fleischereifachbetriebe können, u. a. aufgrund der Lohnkostenunterschiede und den immer kostenträchtigeren Hygienemaßnahmen, preis- und kostenmäßig mit den großen Schlachtunternehmen nicht mehr konkurrieren. Metzgerbetriebe kaufen deshalb die benötigten Teilstücke lieber in den kostengünstigen Fleischzentren zu. Sollte künftig die Ebermast Einzug halten, wird sich der Strukturwandel bei den kleinen und mittleren Ferkelerzeuger- und Mästerbetrieben von der Absatzseite noch weiter forcieren, da die Mast von Ebern noch größere Anforderungen an Haltung und Management stellt.

Regionaler Schwerpunkt der Ferkelerzeugung verschiebt sich
Betrachtet man die Agrarstrukturergebnisse vom Mai 2010, lassen sich interessante Rückschlüsse für die weitere Zukunft des Zuchtschweinesektors ableiten. Global gesehen ist der Selbstversorgungsgrad für den bundesdeutschen Ferkelmarkt in den letzten Jahren deutlich unter 100 % abgerutscht. War die Bundesrepublik Deutschland in den 80er Jahren noch Ferkel-Nettoexporteur, so müssen mittlerweile schon mehr als 20 % der benötigten Ferkel eingeführt werden. Dies ist vor allen Dingen auf ein rapides Absinken der Sauenbestände in Bayern und Baden-Württemberg zurückzuführen. Die dort ansässigen, zum Teil recht klein strukturierten Betriebe, die häufig noch neben der Sauenhaltung

Abb. 4 Mittlere Bestandsgrößen in der deutschen Schweinehaltung

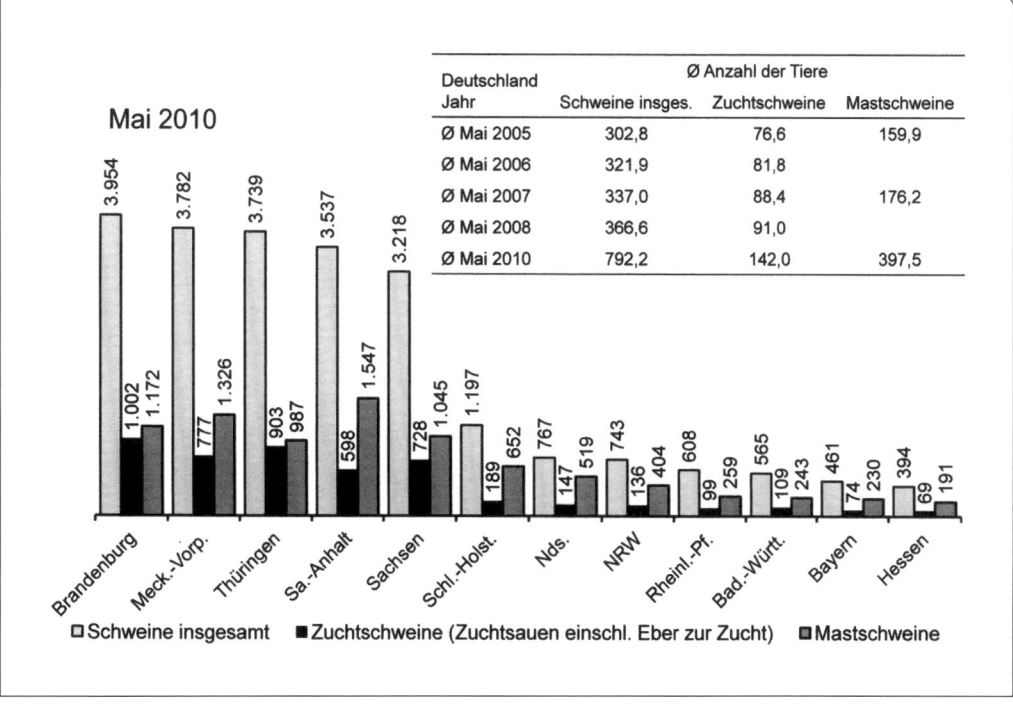

weitere Betriebszweige koordinieren müssen, tun sich in der Vermarktung der Ferkel zunehmend schwerer. Häufig betreiben die Altenteiler aus einer gewissen Tradition heraus die Sauenhaltung oder Ferkelerzeugung. Sie wird im Nebenerwerb betrieben, weil sich dies beispielsweise gut mit einer Beschäftigung in der Automobilindustrie kombinieren lässt. Zukunftsträchtig ist dies allerdings nicht (Abb. 4).

Hoch spezialisierte Betriebe, wie sie häufig in den neuen Bundesländern anzutreffen sind, bauten ihre Marktposition in den letzten Jahren zunehmend aus. Dies erkennt man daran, dass entgegen dem bundesdeutschen Trend die Sauenhaltung in den ostdeutschen Bundesländern expandiert. Thüringen, Sachsen-Anhalt, Sachsen und vor allem Mecklenburg-Vorpommern haben den Sauenbestand deutlich aufgestockt. Die besten Betriebsstrukturen innerhalb der Bundesrepublik Deutschland sind nunmehr in Brandenburg vorzufinden. Hier werden im Mittel schon heute über 1000 Sauen je Betrieb gehalten. Aber auch Thüringen mit rund 900 und Mecklenburg-Vorpommern mit annähernd 800 Sauen je Betrieb liegen deutlich über dem Bundesdurchschnitt und sogar deutlich oberhalb der Durchschnittsbestände, die in Dänemark und in den Niederlanden vorhanden sind. Hier werden die Vorteile der spezialisierten Zuchtsauenhaltung umgehend klar. Der Betriebsleiter konzentriert sich nur noch auf einen Betriebszweig und kann hierdurch unrentable Geschäftsfelder abgeben. Vor allen Dingen die arbeitswirtschaftlichen Vorteile in Kombination mit dem konsequenten Einsatz von Fremdarbeitskräften führen zu erheblichen ökonomischen Effekten. Deutliche Kostendegressionen je verkauftes Ferkel können hierdurch erschlossen werden. Allerdings unterliegen diese Betriebe enormen Markt- und Einkommensrisiken.

Hauptziel muss hier das Anstreben der Kostenführerschaft sein, sodass in Phasen guter Ertragsentwicklungen die Verluste, die in Marktschwächephasen entstehen, wieder aufgeholt werden können.

1.2 Strukturelle Ausgangslage

Viele Schweinehalter sind vor dem Hintergrund der enormen Preisschwankungen, insbesondere am Ferkelmarkt, stark verunsichert. Der Strukturwandel hat an Geschwindigkeit gewonnen, vor allem in der Ferkelerzeugung. Die Wachstumsschritte in der Schweinehaltung haben sich in den letzten 10 Jahren deutlich beschleunigt. Die Betriebe wachsen trotz oder vielleicht gerade wegen der ökonomisch schwierigen Situation immer schneller. Insgesamt reduziert sich die Zahl der landwirtschaftlichen Betriebe in der Bundesrepublik Deutschland jährlich zwischen 2 und 3 Prozent, doch in der Ferkelerzeugung liegt dieser Wert momentan wesentlich höher.

Starke Überalterung
Nur ein Drittel der Betriebsleiter hat derzeit die Hofnachfolge geregelt. Insbesondere in der Ferkelerzeugung ist eine starke Überalterung bei den Betriebsleitern festzustellen. Etwa ein Drittel der aktiven Landwirte ist älter als 55 Jahre.

Betrachtet man strukturelle Entwicklungen in der Schweinehaltung insgesamt, so ist in den letzten 20 Jahren der Strukturwandel in der Schweinemast schneller abgelaufen als in der Ferkelerzeugung. Viele Schweinemastbetriebe haben ihre Bestände innerhalb weniger Jahre auf 2000 bis 5000 Mastplätze ausgeweitet. Deren Nachfrageverhalten zieht nunmehr einen Strukturwandel in der Ferkelerzeugung nach sich (Abb. 5).

Neuinvestitionen in Kombination mit Wachstumsschritten
Vor dem Hintergrund der neuen Haltungsanforderungen sind viele Betriebe zu Investitionen gezwungen. Sollten die erhöhten Platzansprüche dazu führen, dass der Sauenbestand abgestockt werden muss, ist eventuell über eine Betriebsauslagerung nachzudenken. Fest steht, dass man sich mit den erzeugten Ferkelpartien am aufnehmenden Markt orientieren muss. Das bedeutet, dass Partiegrößen an den Markt gebracht werden müssen, die dem Nachfrageverhalten der Schweinemastbetriebe entsprechen.

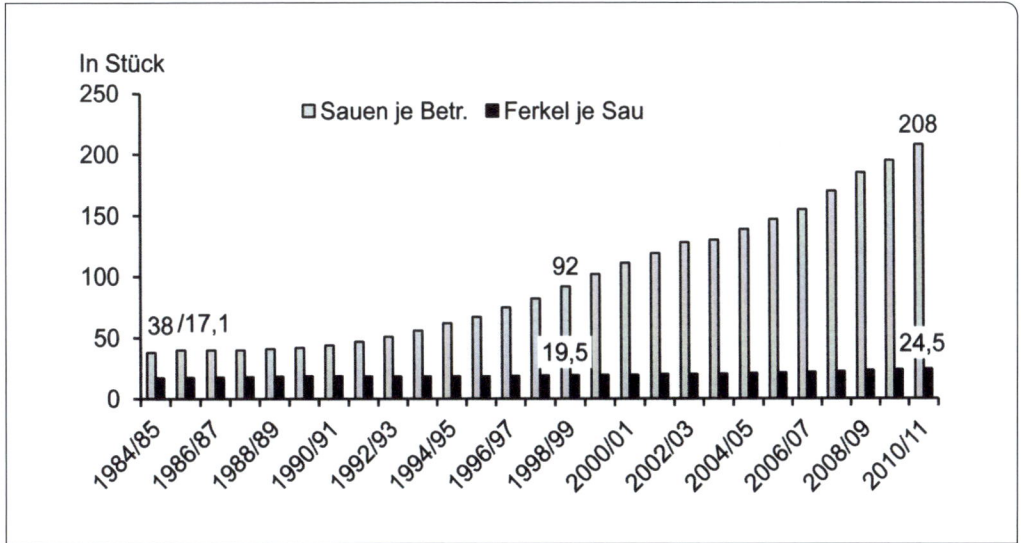

Abb. 5 Entwicklung ausgewählter Kenngrößen der Ferkelerzeugung (ab dem Wirtschaftsjahr 2001/02 bezieht sich die Kennzahl „Ferkel je Sau" auf die abgesetzten Ferkel, zuvor waren es die aufgezogenen Ferkel; Quelle: Verdener Berichte, BR, VEZG)

Die Leistungsfortschritte in der Sauenhaltung werden auch in den nächsten Jahren beträchtlich sein. Als Hauptmotor wirkt der technische Fortschritt, der auch in den nächsten 10 Jahren den Trend in der Ferkelerzeugung vorgeben wird. Dieser vollzieht sich als

- biologisch-technischer Fortschritt, indem beispielsweise durch züchterischen Fortschritt die Zahl der aufgezogenen Ferkel pro Sau und Jahr sprunghaft ansteigt,
- organisatorisch-technischer Fortschritt, der vor allen Dingen bei Neubauvorhaben im Rahmen der Einführung von Mehrwochenrhythmen sowie durch betriebsorganisatorische Verbesserungen entsteht,
- mechanisch-technischer Fortschritt, der vor allem in der Technik der Innenwirtschaft Sauen haltender Betriebe zu beobachten ist, welcher im Endeffekt dazu führt, dass pro erzeugtes Ferkel weniger Arbeitszeit aufgewendet werden muss.

Wenn langfristig die Erlössituation anhand der Ab-Hof-Preisnotierung für Qualitätsferkel der Landwirtschaftskammer Niedersachsen auf 25-Kilo-Basis betrachtet wird, lässt sich festhalten, dass in den letzten rund 22 Jahren eine durchschnittliche Notierung von € 45,40 je 25-Kilo Ferkel ohne MwSt. sowie ohne Mengen- bzw. Qualitätsimpfzuschläge erreicht worden ist (Abb. 6). Seit dem Jahre 2002 bezieht sich diese Notierung auf eine durchschnittliche Ablieferungsgröße von 100 verkauften Ferkeln pro Vermarktungsvorgang und Betrieb. Ab der 14. Kalenderwoche 2011 bezieht sich diese Kammernotierung Nord-West, die gemeinsam von den Landwirtschaftskammern Nordrhein-Westfalen und Niedersachsen herausgegeben wird, auf eine 200er Verkaufsgruppengröße, d. h. Ferkelpartien, die darunter liegen, werden in der Regel

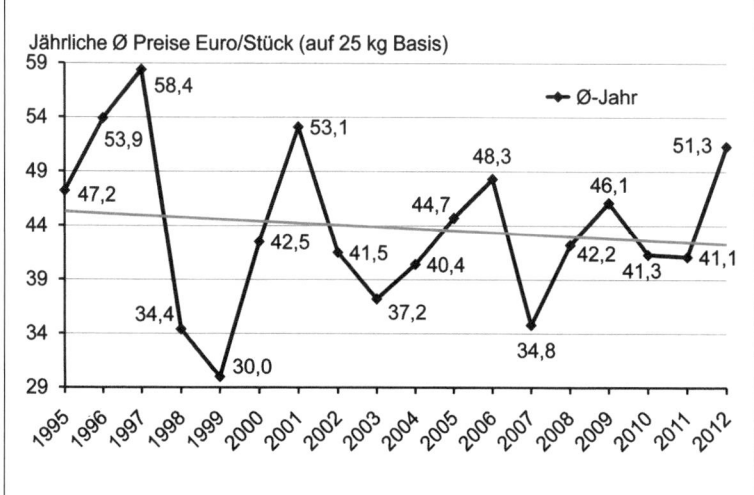

Abb. 6 Ab-Hof-Preisnotierung für Qualitätsferkel (Jahresmittel ab 1995 auf 25 kg-Basis; Quelle: Landwirtschaftskammer Niedersachsen)

mit einem Preisabzug belegt. Großgruppen erhalten analog zur Partiegröße in der Regel mengenbedingte Preisaufschläge.

Entscheidend für die betriebliche Kalkulation ist allerdings die Trendlinie der Preisgrafik. Aus dieser Trendlinie geht hervor, dass die Erlöserwartungen vor rund 22 Jahren noch bei über € 49,– pro 25-Kilo-Ferkel gelegen haben. Heute verläuft die Trendlinie nur noch bei knapp € 40,– je Ferkel. Hieraus muss geschlussfolgert werden, dass Ferkelerzeuger künftig in der Lage sein müssen, für Notierungspreise von rund € 40,– vollkostendeckend Ferkel erzeugen zu können. Diese Aussage gilt allerdings nur unter den durchschnittlichen Futterkosten der letzten 22 Jahre. Sollten sich die Futterkosten maßgeblich auf einem deutlich höheren Niveau einpendeln, wird sich dies auch in den Ferkelpreisnotierungen mittelfristig widerspiegeln. Diese auf den ersten Blick ernüchternde Entwicklung ist vor allen Dingen auf den oben beschriebenen technischen Fortschritt zurückzuführen. Des Weiteren muss berücksichtigt werden, dass auf die Ab-Hof-Preisnotierung in der Regel noch Zuschläge für Übergewichte, Impfungen, Großgruppen oder Topgenetik gezahlt werden, sodass diese Erlöse eine zusätzliche Einnahmekomponente darstellen können.

Geringerer Ferkelbedarf aufgrund steigender Schlachtgewichte
Nicht nur in Deutschland, sondern auch in vielen nordeuropäischen Ländern steigen die Schlachtgewichte an. Waren vor wenigen Jahren 93 bis 94 Kilo Schlachtgewicht üblich, liegen heute die Durchschnittsgewichte vielfach bei 95 bis 96 Kilo und darüber.

Auch in Frankreich, den Niederlanden oder Belgien sind die Schlachtgewichte in den letzten Jahren kontinuierlich gestiegen. Und selbst in Dänemark, wo traditionell leichte Schweine geschlachtet werden, sind in den letzten 5 Jahren die Durchschnittsgewichte um 6 Kilogramm auf jetzt 84 Kilogramm Schlachtgewicht geklettert. Auch dies ist keine beruhigende Perspektive für den Ferkelerzeuger, denn steigende Schlachtgewichte bedeuten langfristig im Umkehrschluss eine Verringerung des Ferkelbedarfs, weil mit der gleichen Anzahl an Tieren mehr Fleisch erzeugt wird.

Kostendegression ausschöpfen
Vor dem Hintergrund der zunehmenden Wettbewerbsintensität werden sich die strukturell besser aufgestellten Standorte innerhalb der Europäischen Union tendenziell immer schneller durchsetzen. In allen Bereichen der Produktion und Vermarktung werden Kostendegressionen ausgeschöpft. Dies gilt nicht nur für die Produktion oder beim Stallneubau, sondern auch bei der Vermarktung und dem Transport der Ferkel. Von besonderer Bedeutung sowohl für die Kostensenkung als auch die Hygiene bzw. die Seuchenvorsorge ist die Auslastung der verfügbaren Transportkapazität. Aufgrund der Kostenexplosion beim Verkehr und

Ferkelerzeuger müssen Kosten senken!

der Logistik und der verschärften EU-Tierschutztransportrichtlinien kommt es darauf an, Größenordnungen an Ferkeln auf den Markt zu bringen, die sich an der LKW-Kapazität orientieren. Nur wenn ganze LKW-Züge aus einem Ferkelerzeugerbetrieb gefüllt werden können, können die Transportkosten je Stück minimiert werden. Moderne Viehtransporter fassen bei einem Vermarktungsgewicht von 28 bis 30 Kilogramm etwa 800 bis 900 Ferkel je LKW. Bei wöchentlicher Ausstallung ergibt sich eine Jahresproduktion von rund 20 000 Ferkeln bzw. eine Bestandsgröße von 700 bis 800 Sauen. Bei einem 3-Wochen-Rhythmus würden etwa 250 bis 300 Sauen benötigt, um ein Fahrzeug bei einem Liefervorgang zu füllen.

1.3 Anforderungen an Qualitätsferkel

In den letzten Jahren hat sich herausgestellt, dass aus produktionstechnischen und seuchenhygienischen Gründen ein Durchmischen von Ferkelpartien aus unterschiedlichen Herkünften große Risiken und Nachteile mit sich bringt. Deshalb haben sich am Markt Aufschläge für Großgruppen durchgesetzt. Der Grundpreis wird zurzeit für eine Ablieferungspartie von mindestens 200 Ferkeln aus einem Erzeugerherkunftsbetrieb gezahlt. Für Großgruppen werden Bonuszahlungen bis zu € 5,– durchgesetzt. Deshalb muss der Ferkelerzeuger seine Produktion so ausrichten, dass er möglichst große verkaufsfertige Partien zu einem Vermarktungszeitpunkt andienen kann.

Der Markt sucht genetisch einheitliche Partien mit möglichst geringen Gewichtsstreuungen bei gleichem Alter. Es muss bereits in der Aufzuchtphase alles dafür getan werden, die Streuungen der Ferkelqualitäten zu minimieren.

> AutoFOM = vollautomatisches Verfahren zur Ermittlung des Muskelfleischanteils sowie zur Ermittlung von Teilstückgewichten auf der Basis einer Vielzahl an Ultraschallmaßen.

Vor dem Hintergrund der zunehmend höheren Anforderungen bei der Schlachtschweinevermarktung sind die genetischen Parameter zu den AutoFOM-Merkmalen gezielt züchterisch zu bearbeiten. Die Erfolgsmerkmale der AutoFOM-Erlösparameter „Schinken" und „Lachs" bieten mit Erblichkeitsgraden von 0,28 gute züchterische Ansatzpunkte. Ebenfalls weist die Heritabilität für das Merkmal „Bauchfleischanteil" mit einem h^2 von 0,38 eine hervorragende züchterische Möglichkeit auf.

Ziel muss es ebenfalls sein, Gruppen an den Markt zu bringen, die unter gleichen Aufzuchtbedingungen, d. h. einem vergleichbaren Fütterungsregime, bekannten Stallklimaverhältnissen und klar definiertem Veterinär- und Hygienemanagement, aufgezogen worden sind.
Hier kommt der abgestimmten Beratung beispielsweise innerhalb von Erzeugergemeinschaften eine besondere Bedeutung zu, um eine Gruppe von möglicherweise kleinstrukturierten Ferkelerzeugerbetrie-

ben produktionstechnisch auf ein vergleichbares Qualitätsniveau zu bringen.

Vorteile des Ferkelerzeuger-Mäster-Direktbezuges
Eine feste, auf Langfristigkeit ausgelegte Partnerschaft zwischen Ferkelerzeuger und Mäster zeigt in der Praxis für beide Seiten viele Vorteile. Die wichtigsten produktionstechnischen und ökonomischen Vorzüge für den Mäster sind:
- Ferkelerzeuger und -mäster bilden eine hygienisch geschlossene Einheit mit allen Vorteilen in den biologischen Leistungen, d. h. in der Regel höhere Tageszunahmen, bessere Futterverwertung,
- Senkung der Verlustraten,
- Minimierung des Medikamenteneinsatzes,
- optimierte Gesundheitsprophylaxe,
- abgestimmte Impfprogramme sowie abgestimmtes Fütterungs- und Hygienemanagement,
- in der Regel günstigere und besser kalkulierbare Einkaufspreise durch eine geringere Handelsspanne.

Der Ferkelerzeuger hat folgende Vorteile:
- in der Regel eine auch in schwachen Marktphasen verbesserte Absatzsicherheit,
- eventuell Bonuszahlungen, die sich von dem allgemeinen Notierungsniveau abheben (höhere Verkaufserlöse),
- geringere Vermarktungskosten und
- eine schnelle Reaktionsmöglichkeit auf die Anforderungen des Marktes, die der Mäster unmittelbar an seinen Vorlieferanten weitergibt.

Fazit
Bei der Analyse des nordwesteuropäischen Ferkelmarktes wird klar, dass in den nächsten fünf bis zehn Jahren ein massiver Anpassungsprozess stattfinden muss, der in letzter Konsequenz dazu führt, dass deutlich weniger Zuchtsauen und Ferkelerzeugerbetriebe benötigt werden. Die Produktionskapazitäten in den Haupterwerbsbetrieben werden analog der technischen Entwicklung in der Sauenhaltung permanent größer. In einem äußerst harten Verdrängungswettbewerb werden die verbleibenden Betriebe um die schrumpfenden Marktanteile kämpfen. Nur wer in der Ferkelerzeugung künftig alle Potenziale zur Leistungsverbesserung ausschöpft, hat vor dem Hintergrund des oben beschriebenen schwierigen Marktumfeldes eine Überlebenschance.

Entwicklungsmöglichkeiten für kleinstrukturierte Ferkelerzeugerbetriebe

Im Zuge des zunehmenden Verdrängungswettbewerbes am Ferkelmarkt werden künftig klare betriebliche Entscheidungen gefordert. Sauenhalter haben es bereits in der Vergangenheit schmerzlich erfahren, dass insbesondere in Tiefpreisphasen oder Phasen mit saisonalen Ferkelüberschüssen die Produktionskosten durch die Markterlöse bei weitem nicht abgedeckt sind. Betriebliche Anpassungen können folgendermaßen aussehen:

- Änderung des Herdenmanagements zur Optimierung der Verkaufsgruppengrößen (3- bzw. 4-Wochen Absatzrhythmus),
- Produktion von 8-kg-Ferkeln bei gleichzeitiger innerbetrieblicher Aufstockung,
- innerbetriebliches Wachstum in Größenordnungen, die im internationalen Wettbewerb überdurchschnittliche Markterlöse versprechen,
- Kooperation von mehreren Ferkelerzeugerbetrieben, die gemeinsam einen Ferkelaufzuchtstall betreiben,
- Suche nach einem kleinstrukturierten Mäster, der nicht nur die Verkaufsgruppengröße preislich honoriert, sondern vor allen Dingen die Qualität (feste 1 : 1 Beziehung).

Aufgrund der Komplexität der Fragestellungen gibt es kein allgemein gültiges Patentrezept für eine generelle Beratungsempfehlung. Jeder Betriebsleiter ist aufgefordert, zusammen mit dem entsprechenden Betriebsberater eine passgenaue Entwicklungskonzeption aufzubereiten.

2 Zucht- und Produktionsziele in der Schweinezucht

(M. WÄHNER)

Die Leistungsanforderungen im Rahmen von Zuchtzielen werden je nach der genetischen Ausrichtung und Merkmalsausprägung von Zuchttieren einer Rasse oder Linie sowie von Maßnahmen der Prüfung und Selektion definiert. Demnach werden Zuchtziele für Mutterrassen mit besonderer Betonung der Fruchtbarkeit und Aufzuchtleistung und solche für Vaterrassen mit besonderer Orientierung auf die Fleischleistung erstellt.

Gegenwärtig orientieren sich die rassespezifischen Zuchtziele weniger auf eine fortgesetzte Steigerung der absoluten Leistungshöhe als vielmehr auf eine erforderliche Robustheit der Tiere, welche die Nutzung und Umsetzung der genetischen Veranlagungen für die Merkmale zum Zweck einer hohen Produktionsstabilität und Effektivität gewährleisten soll.

Produktionsziele in der Schweinezucht werden von vier wesentlichen Faktoren beeinflusst:
- Stellung des Bestandes in der zuchtaktiven Ebene (Basiszucht, Jungsauenvermehrung, F1-Sauen) bzw. in der Produktionsebene (Ferkelerzeugung für die Mast) der Zuchtpyramide,
- genetische Prädisposition der Sauen für den Leistungskomplex Fortpflanzung,
- Tiergesundheitsstatus im Bestand,
- Niveau des Herdenmanagements.

Für einen leistungsfähigen gesunden Sauenbestand sollten die in Tabelle 1 aufgeführten Leistungskennzahlen für die Fortpflanzungsleistungen als Orientierung gelten, um wirtschaftlich arbeiten zu können.

2.1 Schweinerassen und -herkünfte

In der Schweineproduktion werden Tiere aus Reinzuchtpopulationen (d. h. Rassen und Linien) sowie aus Herkünften verwendet. Als „Herkünfte" werden sowohl Sauen oder Eber für die Ferkelerzeugung als auch Ferkel für die Mast bezeichnet, die nach einem systematischen Kreuzungsprogramm erzeugt werden. Herkünfte basieren demnach auf Rassen und Linien.

Die Entwicklung von diesen reinen Rassen, aber auch von synthetischen Linien, welche aus Neuzüchtungen erstellt werden, erfolgt in den „Basiszuchtbetrieben". Sie stellen somit die Basis für systematische Kreuzungszuchtprogramme dar. In solchen Kreuzungsprogrammen

Tab. 1 Orientierungswerte für die Fortpflanzungsleistungen (Produktionsziele) von Sauen in der Ferkelerzeugung

Kennzahl		Orientierungswert
Erstbesamungsalter		250.–255. Lebenstag
Erstabferkelalter		bis 12–13 Monate
Wurfgröße	Jungsauen	13 insgesamt geborene Ferkel/Wurf
	Altsauen	15 insgesamt geborene Ferkel/Wurf
Abferkelrate	Jungsauen	über 80 %
	Altsauen	85–90 %
Güstzeit		unter 10 Tage
Anzahl abgesetzter Ferkel je Sau u. Jahr		24 bis > 26 Stück
Saugferkelverluste		unter 15 %
Anzahl Würfe je Sau und Jahr		2,3 Stück
Geburtsmasse der Einzelferkel		1,4–1,5 kg
Absetzmasse der Einzelferkel nach 21 Tagen		mindestens 6,0 kg
Nutzungsdauer (Anzahl Würfe)		über 4 Stück
Remontierungsquote (Ferkelerzeugung)		40 bis 45 %

wird bei den Produkten ein Heterosiseffekt angestrebt, wofür als Voraussetzung genetisch differenzierte Kreuzungspartner verwendet werden müssen. Die dafür verwendeten Rassen und Linien werden den so genannten Mutterrassen zugeordnet, die sich speziell durch hohe Fruchtbarkeits- und Aufzuchtleistungen auszeichnen.

Die Vermehrungsstufe stellt die nachfolgende Zuchtebene dar. Aus ihr stammen die Eber und Sauen für das Kreuzungsprogramm zur Ferkelerzeugung. Im Ferkelerzeugerbetrieb werden die Kreuzungssauen mit Sperma von Endstufenebern, die sich in Besamungsstationen befinden, künstlich besamt.

National und international werden mehrheitlich fruchtbarkeitsbetonte Mutterlinien verwendet, die in ihrem züchterischen Ursprung meist auf die Landrasse und das Edelschwein/Large White zurückgehen. Von den jeweiligen Zielstellungen der Zuchtverbände bzw. -unternehmen (Herkünfte) beeinflusst, unterscheiden sich die Mutterlinien punktuell infolge differenzierter Schwerpunktsetzung bei den Merkmalen. Häufig werden je Herkunft mehrere Mutterlinien mit unterschiedlichen Schwerpunkten in den wichtigsten Leistungskomplexen angeboten, um den individuellen Wünschen der Ferkelerzeuger weitestgehend zu entsprechen. Zu den überregional tätigen Herkünften zählen

- PIC Deutschland GmbH,
- DanZucht,
- Topigs-SNW GmbH,
- BHZP-Züchtungszentrale Bundeshybridschwein GmbH,
- Hypor Deutschland GmbH.

Deutsche Landrasse (DL)
Die DL ist eine weiße Schweinerasse mit Schlappohren (Abb. 7). Sie ist 1968 aus dem Deutschen veredelten Landschwein (DvL) hervorgegangen. Hauptzuchtgebiete waren Nord-, West- und Süddeutschland. Durch Verdrängungskreuzung mit fleischbetonten Typen (Niederländische Landrasse) erfolgte die Umzüchtung des DvL zum Fleischschwein, das ab 1968 als Deutsche Landrasse (DL) bezeichnet wird. Mit der Etablierung von Hybridzuchtprogrammen erfuhr die DL eine wachsende Bedeutung als Mutterrasse (Deutsche Landrasse-Sauenlinie; DLS), die sich durch hohe Fruchtbarkeits- und Aufzuchtleistung, Stressstabilität und hohe Zunahmeleistung bei ausreichend hohem Muskelfleischanteil und guter Fleischqualität auszeichnet. DL-Tiere sind wüchsig und lang bei besonderer Betonung der Rückenpartie und des Schinkens.

Deutsches Edelschwein/Large White (DE/LW)
Das DE/LW ist eine weiße Schweinerasse mit Stehohren (Abb. 8). Die Rasse entstand durch Verdrängungskreuzung bodenständiger Schweine (Norddeutsches Marschschwein) mit großen weißen englischen Schweinen (Yorkshire bzw. Large White). Im Vergleich zu den Landrassetypen waren die Edelschweine frühreife und schnellwüchsige Fleischschweine. Hauptzuchtgebiete waren Ostpreußen, Niederschlesien und Pommern. Die Rasse DE steht heute mit englischen Large White und niederländischen großen Yorkshire im Zuchttieraustausch, woher die Rassebezeichnung Deutsches Edelschwein/Large White (DE/LW) rührt. Es handelt sich um fruchtbare, wüchsige, vitale, stressstabile Tiere (MHS-Gen-frei) mit gutem Muskelfleischanteil und sehr

Abb. 7 Jungsau der Deutschen Landrasse

Abb. 8 Sau der Rasse Deutsches Edelschwein/Large White

guter Fleischqualität, die als Mutterrasse in der Gebrauchskreuzung bevorzugt als Kreuzungspartner für DL-Sauen zur Erzeugung von F1-Sauen genutzt werden. DE-Schweine verkörpern den Rechtecktyp mit besonderer Betonung des Schinkens und der Schulter.

Pietrain (Pi)

Es handelt sich um eine mittel- bis großrahmige, meist bunte Schweinerasse mit besonderer Betonung der Bemuskelung und Fleischfülle, die alle anderen Rassen in diesen Merkmalen übertrifft (Abb. 9). Pietrain-Schweine stammen aus der Region Brabant (Belgien) und haben seit Mitte der 50er Jahre ihre Bedeutung als Vaterrasse für die Anpaarung in der Endstufe der Hybridschweineproduktion an fruchtbare Sauen (meist F1-Tiere aus DE/LW × DL) zur Erzeugung von Ferkeln für die Mast (Terminaleber) erlangt. Der Muskelfleischanteil liegt bei 63 bis 65 %. Anfangs war die relativ hohe Stressempfindlichkeit der Tiere, verbunden mit Mängeln der Fleischqualität von Nachteil. Ursache dafür ist das MHS-Gen, das zu Störungen des Muskelenergiestoffwechsels führt. Seit einigen Jahren werden verstärkt und erfolgreich MHS-Gen-freie Pi-Linien gezüchtet.

Hampshire (Ha)

Hampshire stammen aus den USA. Die schwarzen Tiere mit einer weißen Binde um die Brust und weißen Vorderbeinen sind mittelgroß. Sie prägen eine hohe Wachstumsleistung aus, sind reinerbig stressstabil und besitzen eine sehr gute Fleischqualität. Kreuzungseber aus Hampshire × Pietrain haben für die Anpaarung als Endstufeneber zur Erzeugung von Ferkeln für die Mast eine Bedeutung.

Duroc (Du)

Duroc sind einfarbig rote bis rotbraune Schweine, die aus dem Staat New York (USA) stammen (Abb. 10). Duroc sind wüchsig und stresssta-

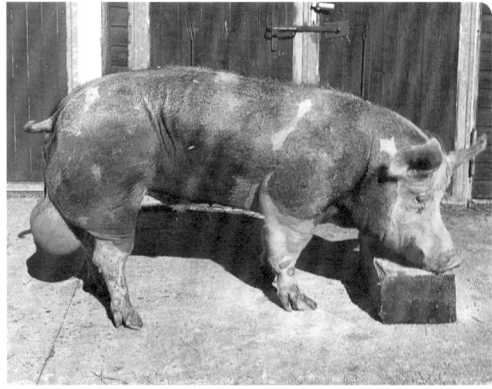

Abb. 9 Eber der Rasse Pietrain

Abb. 10 Eber der Rasse Duroc

bil mit einer mittleren Fruchtbarkeit und Fleischfülle, aber sehr guter Fleischbeschaffenheit. Der intramuskuläre Fettgehalt in der Skelettmuskulatur beträgt über 2%. In bestimmten Hybridzuchtprogrammen (z. B. Dänemark) werden Duroc-Linien mit besonderer Betonung der Fleischfülle gezüchtet und die Eber als Endstufeneber zur Erzeugung von Ferkeln für die Mast eingesetzt.

2.2 Leistungsprüfung

Die gesetzliche Grundlage der Leistungsprüfung ist das Tierzuchtgesetz. Demnach hat sie die Aufgabe, direkte oder über möglichst eng korrelierende Hilfsmerkmale die im Zuchtziel enthaltenen Leistungseigenschaften an den Zuchttieren selbst und/oder an mit diesen verwandten Informanten zum Zweck der Beurteilung des wirtschaftlichen Wertes als Erb- und Zuchtwert zu erheben.

Die erfolgreiche Züchtung auf der Grundlage einer effektiven Leistungsprüfung setzt drei unentbehrliche Voruntersuchungen voraus:
- Beurteilung der wirtschaftlichen Bedeutung der Merkmale,
- eine genügend große genetische Variabilität muss gute Aussichten für einen züchterischen Erfolg bieten und
- die Merkmale müssen mit genügender Genauigkeit und Sicherheit erfassbar sein.

Leistungsprüfungen dienen gleichzeitig der Bewertung von Herkünften von Gebrauchstieren sowie der Wirtschafts-, Gesundheits- und Qualitätskontrolle in Zucht- und Produktionsherden.

Abb. 11 Leistungsmerkmale in der Schweinezucht

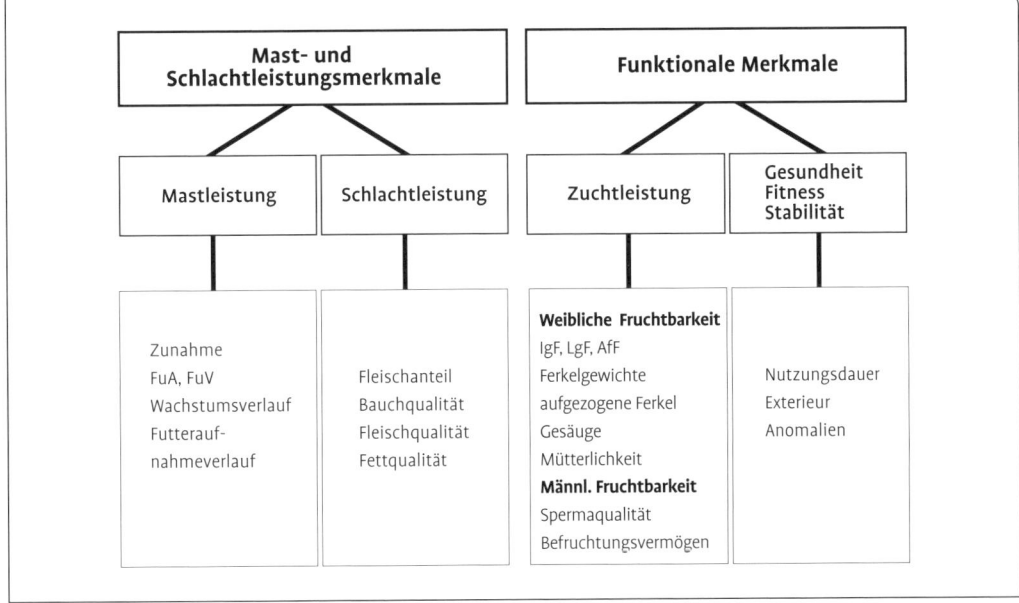

Die zu prüfenden Merkmale werden den Gruppen „Primäre" und „Sekundäre" bzw. „Funktionale" Merkmale zugeordnet (Abb. 11).

2.2.1 Organisation der Leistungsprüfung

Die Leistungsprüfung wird nach drei Aspekten durchgeführt und unterschieden:
- nach dem Verwandtschaftsgrad: Vorfahrenleistung, Eigenleistung, Geschwister- und Nachkommenleistung,
- nach dem Ort der Durchführung: Stationsprüfung oder Feldprüfung,
- nach den Leistungsmerkmalen.

Beim Schwein werden zwei Gruppen von Leistungsmerkmalen geprüft:
- Zuchtleistung: Fruchtbarkeits- und Aufzuchtleistung,
- Fleischleistung: Mastleistung, Schlachtleistung.

2.2.2 Exterieurbeurteilung

Die Exterieurbeurteilung (Bonitur) erfolgt bei Ebern durch eine Benotung während der Körung. Dabei werden folgende Merkmale mit Punkten von 1 bis 9 bewertet, wobei die 9 als die Bestnote gilt:
- Typ (T),
- Rahmen (R),
- Kopf (K),
- Fundament (F),
- Bemuskelung (B),
- Gesäuge (G).

Während bei Ebern der Mutterrassen (DL, DE/LW) alle diese Merkmale beurteilt werden, wird bei Endstufenebern (Pi, Du) das Gesäuge als Ausdruck für die Fruchtbarkeits- und Aufzuchtleistung nicht bewertet.

Bei Sauen wird in die Bonitur vor allem das Gesäuge und das Fundament einbezogen.

Die Durchführung der Exterieurbeurteilung wird in den Zuchtorganisationen im Detail unterschiedlich gehandhabt.

Gesäuge

Die normale Ausprägung von Exterieurmerkmalen, wie Fundamentstabilität und Gesäugeausbildung, ist die Voraussetzung für hohe Aufzuchtleistungen. Exterieurmerkmale werden als funktionale Merkmale bezeichnet.

In direktem Zusammenhang zur Reproduktionsleistung steht die Milchleistung der Sau. Sie muss dem Bedarf der Ferkel entsprechen. Die anatomisch-physiologische Voraussetzung dafür bietet die Ausbildung und Funktionalität des Gesäuges. Wichtige Mindestkriterien müssen dabei erfüllt sein:

- Die Gesäugeleiste sollte gleichmäßig auf der rechten und linken Seite der Bauchdecke angelegt sein. Dabei soll die Anzahl an gut und regelmäßig ausgebildeten Zitzen 7/7, besser 7/8 bzw. 8/8 betragen.
- Die äußere Beschaffenheit eines jeden Zitzenkomplexes muss eine große Anlage für das Drüsengewebe und für eine gute Durchblutung erkennen lassen.
- Die normale Zitze besitzt einen gut ausgebildeten Zitzenkörper. Meist sind zwei Strichkanäle vorhanden, die in die Zitzenkuppe münden.

Ziel: 15 bis 16 funktionstüchtige Zitzen bei jeder Sau!

Stülpzitzen
sind pathologisch veränderte Zitzen – hier münden die Strichkanäle in eine Hautfalte, wodurch der Drüsenkomplex vom Ferkel nicht angesaugt werden kann. Sie sind Erbfehler und müssen durch Zuchtausschluss der davon betroffenen Tiere eliminiert werden.

Fundament
Die Gliedmaßen müssen kräftig genug und tragfähig sein. Nur eine korrekte Beinstellung mit entsprechender Winkelung im Sprung- und Zehengelenk sowie Zehenstellung gewährleistet eine gute Beweglichkeit und ist für eine stabile Gesundheit sowie lange Nutzungsdauer der Sauen wichtig. Hinzu kommt eine hohe Klauenfestigkeit als Voraussetzung für eine gute und stabile Klauengesundheit.

2.2.3 Zuchtleistungsprüfung

Die Zuchtleistung gehört zu den funktionalen Merkmalen und beinhaltet die Teilleistungen der Fruchtbarkeits- und Aufzuchtleistung. Sie wird für weibliche und für männliche Tiere separat ausgewiesen, ist Grundlage für die Zuchtwertschätzung auf Fruchtbarkeit und wird für die Mutterrassen in den Eberkatalogen gesondert dokumentiert.
Für weibliche Tiere werden folgende Teilleistungen erfasst:
- Trächtigkeits- und Abferkelrate,
- Wurfleistung: Anzahl insgesamt (igF) und lebend geborener Ferkel (lgF),
- Aufzuchtleistung: Anzahl aufgezogener Ferkel (agF).

Beispiel: 5/5 W 13,3 LGF/12,5 AGF
Die Sau hat in 5 geborenen und 5 gewerteten Würfen durchschnittlich 13,3 lebend geborene und 12,5 aufgezogene Ferkel erbracht.

Als Lebensleistung für eine Sau werden über 50 aufgezogene Ferkel angestrebt.

Für Eber werden folgende Teilleistungen erfasst:
- **Spermaqualität**,
- **Befruchtungsvermögen** (Trächtigkeits- und Abferkelrate) im Durchschnitt der Würfe.

Beispiel: **50 W 13,2**
Im Durchschnitt von 50 Würfen wurden 13,2 lebend geborene Ferkel/Wurf erbracht.

2.2.4 Fleischleistungsprüfung

Die Fleischleistung wird als Eigenleistung und/oder Geschwister-/Nachkommenleistung erfasst. Darin sind die Mast- und Schlachtleistungsmerkmale einbezogen. Die Eigenleistungsprüfung kann entweder in einer Station (Leistungsprüfanstalt, LPA) oder im Feld durchgeführt werden. Für Reinzuchttiere erfolgt die Geschwister-/Nachkommenprüfung in einer Station, aber auch als Stichprobentest für Kreuzungsherkünfte im Feld.

Die Mastleistung umfasst alle Teilleistungen, die das Wachstum und den Muskelansatz betreffen. Dazu zählen die
- Lebendmassezunahme je Lebenstag und je Prüftag,
- der Futterverbrauch im Prüfzeitraum,
- der Futteraufwand je kg Lebendmassezuwachs,
- die Nettozunahme, bezogen auf das Schlachtgewicht.

Die Schlachtleistung umfasst alle Teilleistungen am Schlachtkörper, wie
- das Schlachtgewicht warm,
- die innere Länge,
- Rückenspeckdicke,
- Fleisch-Fett-Verhältnis mit Fleisch- und Fettmaß,
- den Muskelfleischanteil im Schlachtkörper gemessen mit Sonde (FOM) bzw. mit AutoFOM,
- Anteile der jeweiligen Schlachtkörperteilstücke,
- alle Kriterien der Fleischqualität, wie pH-Werte, Leitfähigkeit, Tropfsaftverlust sowie Anteil an intramuskulärem Fett.

2.2.5 Prüfung auf Stressstabilität

Die Stressstabilität korreliert negativ mit Tierverlusten und positiv mit guter Fleischqualität. Schweinerassen mit starker Muskelhypertrophie neigen häufig bei genetischer Veranlagung zum „Malignen-Hyperthermie-Syndrom" (MHS). Bei solchen Tieren liegt eine Störung der Ca^{2+}-Regulation in der Muskelzelle vor, die beim Schwein eine besondere Stressanfälligkeit verursacht und bei Schlachttieren zur Ausbildung von PSE-Fleisch führt. Dieses Syndrom ist das Resultat einer Mutation am

Tab. 2 Mast- und Schlachtleistungen von Masthybriden unterschiedlicher genetischer Herkunft (TLL 2011)

Mutterrasse	Naima (F1)		DanZucht (F1)		DE/LW × DL (F1)	
Vaterrasse	Pi	Du	Pi	Du	Pi	Du
Anzahl Tiere	26	34	26	27	25	26
Prüftagszunahme (g)	927	1.059	943	1.144	883	1.014
Magerfleischanteil (%)	57,5	56,0	58,5	57,3	57,9	56,0
Kotelettfläche (cm²)	54,7	46,3	54,9	47,1	54,7	46,3
pH-Wert 45 min. p. m.	6,10	6,34	6,28	6,41	6,16	6,31

Ryanodin-Rezeptor, die autosomal rezessiv vererbt wird. Heute wird dieses Defektgen mithilfe des MHS-Gentests als molekulargenetischer Test diagnostiziert. So ist es möglich, die drei Genvarianten NN (homozygot stressstabil), NP (heterozygot/mischerbig) und PP (homozygot stressempfindlich) eindeutig zu bestimmen und für die Zuchttierselektion zu nutzen.

Die Schweinerassen bzw. -herkünfte unterscheiden sich in der Häufigkeit des Auftretens dieser Stressempfindlichkeit. Auch wenn heterozygote Genträger in der Schlachtleistung den homozygot negativen Tieren überlegen sind, ist deren Fleischqualität etwas schlechter als die der homozygot negativen Tiere. Während die Tiere der Mutterrassen weitgehend MHS-Gen-frei sind, werden die Vaterrassen, speziell Pietrain, fortgesetzt auf „Stressstabilität" selektiert. Für Schlachtschweine aus Anpaarungen mit Endstufenebern gilt tendenziell, dass höhere tägliche Zunahmen eine bessere Fleischqualität (höhere pH-Werte 45 min. p. m.) bewirken, jedoch höhere Muskelfleischanteile etwas niedrigere pH-Werte (Tab. 2).

2.3 Züchtung

In der nationalen und internationalen Schweineproduktion dominiert die Kreuzungszucht. Seit den 60er Jahren wurden Zuchtmethoden zur zusätzlichen Nutzung von Kreuzungseffekten etabliert. Lange Zeit war die Einfachkreuzung aus einer Vaterrasse (z. B. Pietrain) und einer Mutterrasse (z. B. Deutsche Landrasse) ein verbreitetes Verfahren zur Erzeugung von Mastläufern. Bald lösten Mehrlinienkreuzungs- bzw. Hybridprogramme die Einfachkreuzung ab. Die „reinen Rassen" verloren damit ihre Bedeutung als Endprodukt-Tiere.

Für die Mutterrassen hatte das weit reichende Auswirkungen, es betraf in erster Linie die Deutsche Landrasse und das Deutsche Edelschwein/Large White. Seitdem wurde ihre systematische Verpaarung zu Kreuzungssauen (F1-Sauen) für die moderne Ferkelerzeugung angewendet. Nach einem solchen System erzeugte Kreuzungsprodukte werden „Herkünfte" genannt. Hier betrifft es die Sauen für die Ferkelerzeugung.

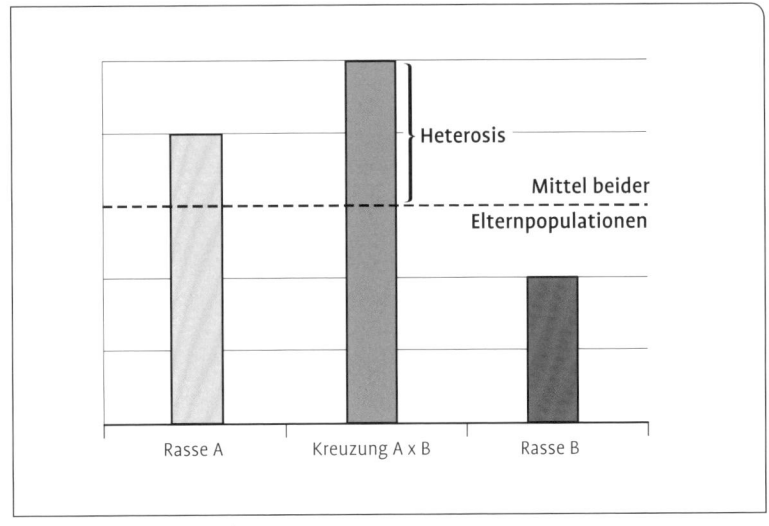

Abb. 12 Beispiel für Heterosis, bei der der Leistungsdurchschnitt beider Elternpopulationen und die individuelle Leistung eines jeden Elter überschritten werden.

Heterosis ist die mittlere genetische Überlegenheit von Nachkommen aus Kreuzungen über dem Durchschnitt beider Elternpopulationen (Abb. 12).

Heritabilität h^2 ist die genetische Verankerung für ein Merkmal = Erblichkeit.

Für die Erstellung der Herkünfte sind Rassen oder Linien die Ausgangsbasis, die in der Regel als „Basislinien" für das jeweilige Kreuzungsprogramm weiterentwickelt werden. Es werden aber auch so genannte „synthetische Linien", die aus Neuzüchtungen erstellt wurden, als Ausgangspopulationen verwendet. Generell gilt, dass für die Kreuzung die Reinzucht als Voraussetzung bleibt.

Ziel der systematischen Kreuzungszucht (Gebrauchskreuzung) ist die Realisierung eines Hybrideffektes, der sich aus der nicht additiven Genwirkung (Heterosiseffekt) in der Stufe der Sauenvermehrung und der additiven Genwirkung in der Stufe der Ferkelerzeugung ergibt.

Heterosiseffekte sind bei der Kreuzung von verwandtschaftlich entfernten Populationen (z. B. Deutsches Edelschwein/Large White und Deutsche Landrasse) mit gleichen Merkmalen zu erwarten. Das trifft besonders für Merkmale mit niedriger Heritabilität zu.

Mit der Kreuzung von zwei Mutterrassen zu einer F1-Population kann vor allem bei der Fruchtbarkeit, bei der Aufzuchtleistung sowie bei der Vitalität und Stabilität der Sauen ein Heterosiseffekt erreicht werden.

Additive Genwirkung tritt dagegen bei Merkmalen mit höherer Heritabilität (h^2) auf. Es handelt sich hier um einen intermediären Erbgang, bei dem der Genotypwert der Nachkommen von den Durchschnittseffekten der Allele der Eltern bestimmt wird. Das wird in der Ebene der Ferkelerzeugung mit der Anpaarung eines Ebers der Vaterrasse an die F1-Sau zur Erzeugung von Mastferkeln mit hohem Magerfleischanteil praktiziert.

Entsprechend dem Ziel, Zucht- und Mastschweine zu erzeugen, ist die Schweineproduktion vertikal in folgende Stufen strukturiert (Abb. 13):

- Basiszucht: von Züchtervereinigungen bzw. Zuchtunternehmen betriebene Ebene, in der Großeltern- bzw. Elterntiere in Reinzucht gezüchtet werden.
- Vermehrungszucht: Erzeugung von F1-Sauen aus der Verpaarung von zwei Mutterrassen bzw. -linien zum Zweck der Erreichung eines Heterosiseffektes.
- Ferkelerzeugung: Anpaarung einer Vaterrasse bzw. -linie an die F1-Sauen zur Erzeugung von Hybridferkeln für die Mast.

2.3.1 Zuchtorganisation (Züchtervereinigungen, Zuchtunternehmen)

In Deutschland wird die kommerzielle Schweinezucht und -produktion von Züchtervereinigungen und Zuchtunternehmen betrieben. In der Ebene der Produktion arbeiten Erzeugergemeinschaften (e. G.) und Erzeugerringe gemäß dem Marktstrukturgesetz. Züchtervereinigungen wirken allgemein auf Landesebene oder in größeren Regionen. Mit Blick auf eine größere Züchtungseffektivität und die Wettbewerbsfähigkeit kommt es über Zusammenschlüsse zu größeren Organisationen.

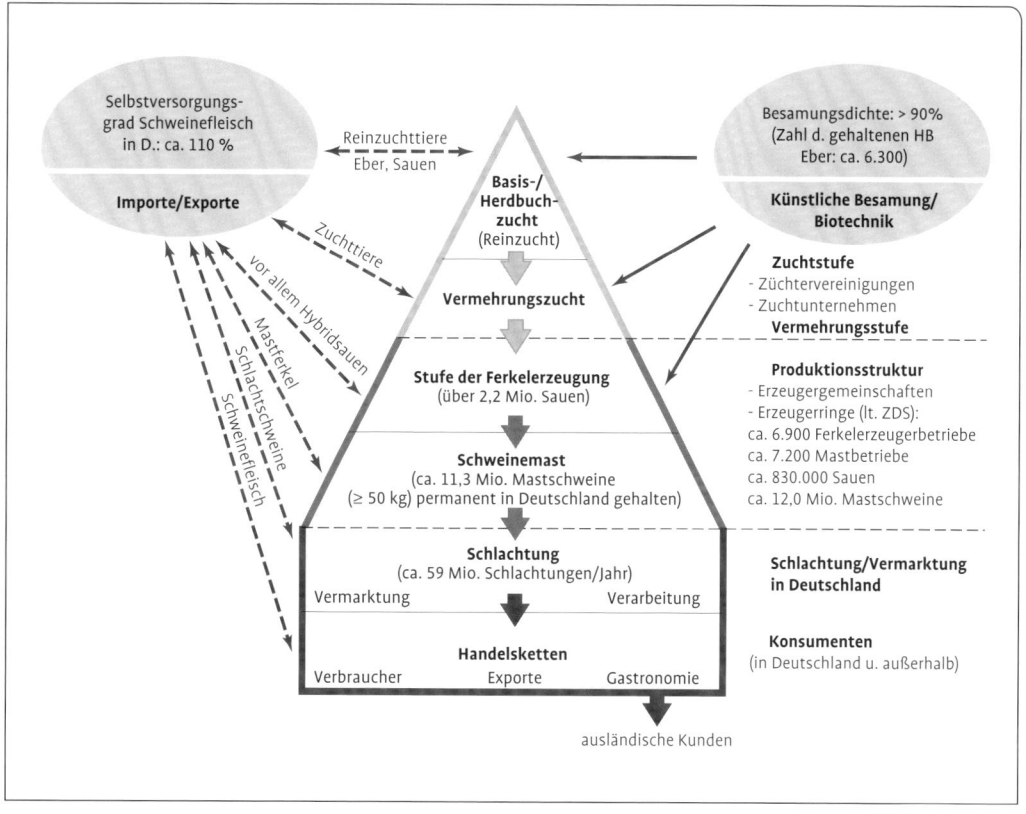

Abb. 13 Struktur/Organisation der deutschen Schweineproduktion (nach von Lengerken, 1997).

Zuchtunternehmen arbeiten kommerziell häufig auf Landesebene, aber zunehmend in größeren Regionen national und international verteilt.

2.3.2 Zuchtverfahren

In der Schweineproduktion wird mehrheitlich die Gebrauchskreuzung angewendet. In dieser werden Eltern- und Großelterntiere, die meist reingezüchtet sind, zum Zweck der Erzeugung von Gebrauchstieren, d. h. von Schlachtschweinen miteinander verpaart. Eine Weiterzucht mit ihnen erfolgt nicht. Die Gebrauchskreuzung erfordert eine Aufspaltung der Population in eine Zuchttier- und eine Nutztierpopulation. Ziel der Gebrauchskreuzung ist die Kombination von Merkmalen auf der Basis der additiven Genwirkung und die Nutzung von Heterosis. Im Rahmen der Gebrauchskreuzung werden diskontinuierliche und kontinuierliche Kreuzungszuchtverfahren angewendet.

Diskontinuierliche Kreuzungen

Es werden Tiere von mindestens zwei Rassen (Populationen) zur Erzeugung von Kreuzungsnachkommen verpaart. Dabei wird immer wieder von den reingezüchteten Ausgangsrassen ausgegangen.

Die **Einfachkreuzung** beinhaltet die programmgemäße Paarung reinrassiger Eltern (Abb. 14). Es ist ein Verfahren der Gebrauchskreuzung, bei dem die Reinzucht bleibende Voraussetzung ist und die Nachkommen zum Gebrauch (Mast und Schlachtung) bestimmt sind. Bei der Einfachkreuzung werden zwei, bei der **Dreiwegekreuzung** drei (Abb. 15) und bei der **Vierwegekreuzung** vier Rassen einbezogen, d. h. auf der Mutter- und auf der Vaterseite jeweils zwei Rassen.

Bei der Dreiwegekreuzung wird die so erzeugte F1-Sau mit einem Eber einer dritten Rasse angepaart. Der genetische Fortschritt wird über das Vatertier und über die zugeführten Jungsauen erlangt.

Abb. 14 Einfachkreuzung.

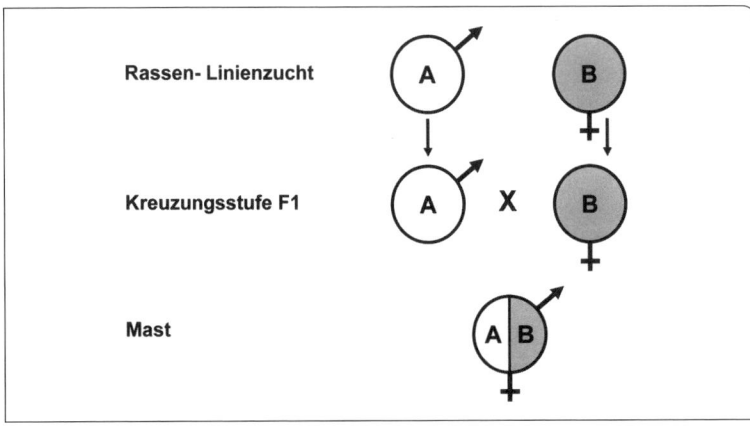

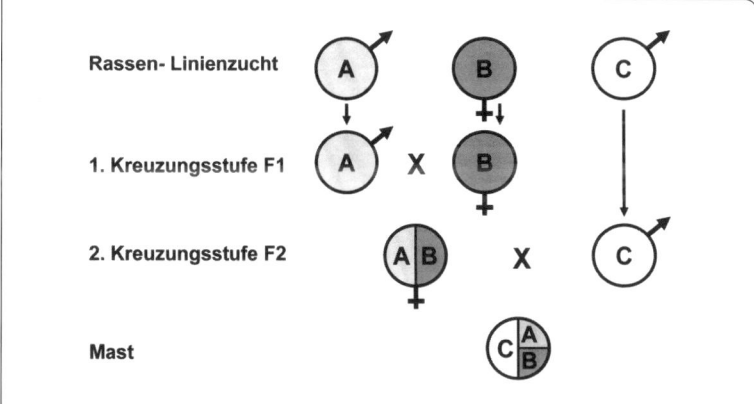

Abb. 15 Dreiwegekreuzung.

Als Vorteile der diskontinuierlichen Kreuzungen erweisen sich neben der hohen maternalen Heterosis bei der Fruchtbarkeit auch die genetische Einheitlichkeit der Nachkommen (Endprodukte) und die relativ einfache Organisation.

Kontinuierliche Kreuzung
Kontinuierliche Kreuzungsverfahren sind die Wechselkreuzung mit zwei und die Rotationskreuzung mit drei Rassen bzw. Linien. Die weiblichen Nachkommen sind prinzipiell sowohl potenzielle Zuchttiere zur Fortsetzung der Zuchtsauenpopulation als auch Gebrauchstiere für die Anpaarung mit einem Eber der Vaterrasse zur Erzeugung von Mastferkeln. In der fortschreitenden Wurffolge kann demnach eine Sau einmal Zucht- und einmal Gebrauchstier sein. Der Zuchtfortschritt wird ausschließlich über den Samen des Ebers in die Sauenherde gebracht. Mit diesem Kreuzungsverfahren ist bei den Sauen eine etwas eingeschränkte maternale Heterosis zu erwarten, weil die Paarungspartner keine derart große genetische Distanz aufweisen wie bei der diskontinuierlichen Kreuzung. Die Bestandsremontierung so bewirtschafteter Sauenherden erfolgt mehrheitlich horizontal über die eigene Jungsauenaufzucht.

Kontinuierliche Kreuzungsverfahren verlangen einen sehr viel höheren organisatorischen Aufwand als die Einfachkreuzung. Das betrifft die exakte und sichere Kennzeichnung der Sauen sowie die präzise Dokumentation als Voraussetzung für den Erfolg. Sie sind die Grundlagen für die richtige Eberanpaarung entsprechend der vorgegebenen Reihenfolge der Rassen bzw. Linien in den fortlaufenden Generationen bei den Sauen.

Bei der Wechselkreuzung werden zwei Rassen (DE/LW; DL) verwendet, die sich in der Generationsfolge als Paarungspartner abwechseln (Abb. 16). Die besten weiblichen Tiere werden zur Weiterzucht ausgewählt, die anderen sind Gebrauchstiere für die Produktion.

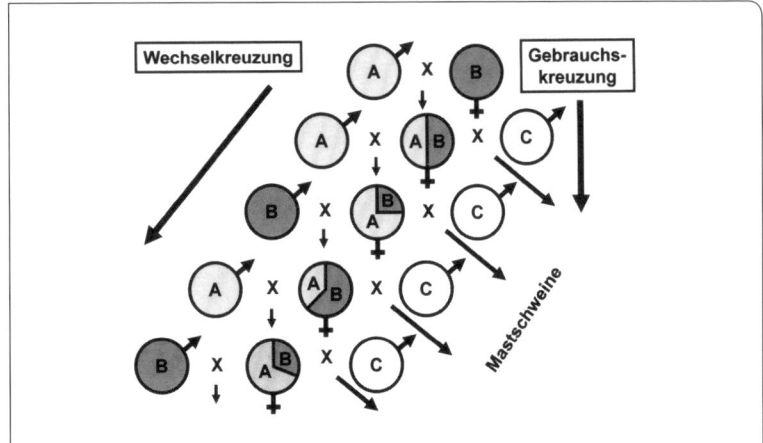

Abb. 16 Gebrauchskreuzung auf der Basis der Wechselkreuzung.

Analog diesem Prinzip wird bei der Rotationskreuzung mit mindestens drei Rassen (Linien) gearbeitet, die in der Generationsfolge nacheinander stets in gleicher Reihenfolge zur Anpaarung an die Kreuzungssauen kommen. Die Rotationskreuzung fand in den sehr großen Betrieben Ostdeutschlands unter Einbeziehung der Mutterrassen Deutsche Landrasse, Deutsches Edelschwein und Leicoma eine starke Verbreitung. Heute wird im Vergleich zur Wechselkreuzung die Rotationskreuzung wenig angewendet.

2.4 Zuchtwertschätzung und Selektion

Die Zuchtwertschätzung beim Schwein ist im Tierzuchtgesetz (TierZG 21.12.2006) rechtlich verankert. Durchführung und Kontrollmaßnahmen obliegen den Zuchtorganisationen. Eine bundesweit einheitliche Bereitstellung von Zuchtwerten gibt es beim Schwein nicht. Vom Zentralverband der Deutschen Schweineproduktion e. V. (ZDS), dem koordinierenden Gremium, werden jedoch zum Zweck einer gewissen Einheitlichkeit Richtlinien für die Leistungsprüfung und Zuchtwertschätzung vorgegeben.

Seit etwa 15 Jahren werden in der Schweinezucht mit dem BLUP-Zuchtwertschätzverfahren (beste lineare unverzerrte Vorhersage) bemerkenswerte Zuchtfortschritte in nahezu allen wirtschaftlich relevanten Merkmalskomplexen erreicht. Es handelt sich um ein statistisches Verfahren zur Schätzung von Effekten, bei deren Realisierung Zufälligkeiten eine Rolle spielen. Es findet dabei das so genannte Tiermodell Anwendung, welches alle zur Verfügung stehenden Leistungsdaten der Population und die aus dem Pedigree bekannten Verwandtschaftsverhältnisse als Informationen optimal nutzt. So können hierfür die bekannten Vorfahren-, die Eigen-, Geschwister- und Nachkommenleistungen sowie die Leistungen der Seitenverwandten berücksichtigt werden. Dabei werden die Zuchtwerte aller männlichen und weiblichen Zuchttiere geschätzt. Gleichzeitig können die systematischen Umwelteffekte korrigiert werden. Dieses Verfahren bildet die Basis für die Selektion im Komplex der Mast- und Schlachtleistungen, aber auch für die Fruchtbarkeits- und Aufzuchtleistung.

Die Veröffentlichung der Ergebnisse der Zuchtwertschätzung erfolgt in einem Katalog für Besamungseber (Abb. 17).

Nr.:	100511 Nordino		GZW: 147 FB : 143
Züchter:	Jungsauen und Mastferkel GmbH, 09618 St. Michaelis		
Aufzüchter:	LfULG, Prüfstation Köllitsch, 04886 Köllitsch		

Geboren:	09.07.2008	1-32-100451 Nordis NN	1-32-100354 Norden
Spitze:	15		2-32-125115 HB-Sau
Rasse:	Deutsche Landrasse		
Zitzen:	8/8	2-32-172946 HB-Sau NN	1-32-100426 Navel
MHS:	NN		2-32-170987 HB-Sau
TRKFBG:	9-9-8-8-8-9		
FB-Mutter:	10/14.1/12.6		

	S(m/w)/F	PTZ	FuA	LTZ	FuV	ML	lgF	FB
Tier								
EL	1(1/-)/-	1181	2.38	813	236			
NK	105(103/2)/733	982	2.33	640	186		12.8	
ZW	-/-			29	3	113	1.36	143
Vater								
EL	1(1/-)/-	1101	2.22	753	223			
NK	249(217/32)/2466	960	2.42	626	199		12.5	
ZW	-/-			35	2	113	1.04	133
Mutter								
EL	-/1			576			14.1	
NK	7(7/-)/29	955	2.46	618	215		12.2	
ZW	-/-			-13	0	97	1.21	138

	MFB	IL	RmFl	FeFl	SSD	SW	FQ
Tier							
EL					11.0		
NK	56.9	105	46.9	17.6	11.0		
ZW			2.3	-0.3	0.3	103	66
Vater							
EL					8.7		
NK	56.4	105	44.9	17.3	10.7		
ZW			2.5	0.6	0.2	105	83
Mutter							
EL					9.8		
NK	58.4	105	48.5	15.8	10.7		
ZW			3.3	-0.7	1.0	112	80

Abb. 17 Beispiel für Ergebnisse der Zuchtwertschätzung für Eber in einem Besamungseberkatalog.

Erläuterungen zur Leistungsprüfung:
Zuchtleistung (FB-Mutter)

10/14,1/12,6	in 10 geborenen Würfen erbrachte die Mutter durchschnittlich 14,1 lebend geborene und 12,6 aufgezogene Ferkel.
MHS	NN: homozygot negativ, stressstabil
	NP: heterozygot, mischerbig stressstabil
	PP: homozygot positiv, stressempfindlich
GZW	BLUP-Gesamtzuchtwert, errechnet aus den Teilzuchtwerten Mastleistung (ML), Fruchtbarkeit (FB), Schlachtkörperwert (SW) und Fleischqualität (FQ)
FB	BLUP-Teilzuchtwert Fruchtbarkeit

Prüfung der Mastleistung, des Schlachtkörperwertes und der Fruchtbarkeit

Die Ergebnisse aus der Eigenleistungs (EL)- und Nachkommenschaftsprüfung (NK) werden für das Tier selbst, für Vater und Mutter ausgewiesen und jeweils als Teilzuchtwert vermerkt.

S(m/w)/F PTZ FuA LTZ FuV ML lgF FB MFB IL RmFl FeFl SSD SW FQ

S(m/w)	Anzahl geprüfter Tiere auf Station, männlich/weiblich
F	Anzahl geprüfter Tiere im Feld, männlich/weiblich
PTZ	Prüftagszunahme (g), tägliche Lebendmassezunahme im Prüfabschnitt
FuA	Futteraufwand (kg) je kg Zuwachs im Prüfabschnitt
LTZ	Lebenstagszunahme (g), Lebendmassezunahme je Lebenstag
FuV	Futterverbrauch (kg) im Prüfabschnitt
ML	Teilzuchtwert Mastleistung
lgF	lebend geborene Ferkel je Wurf
FB	Teilzuchtwert Fruchtbarkeit
MFB	Magerfleischanteil (%) nach Bonner Formel
IL	innere Schlachtkörperlänge (cm)
RmFl	Rückenmuskelfläche, Kotelettfläche (cm^2)
FeFl	Fettfläche (cm^2)
SSD	Ultraschall-Seitenspeckdicke, korrigiert (mm)
SW	Teilzuchtwert Schlachtkörperwert
FQ	Teilzuchtwert Fleischqualität

Mit + oder – versehene Angaben geben die Abweichungen zum Vergleichsmaßstab an.

Dank der Fortschritte in der Molekularbiologie konnten in der Vergangenheit auf der Grundlage von phäno- und genotypischen Informationen so genannte „Quantitative Trait Loci" (QTL) entdeckt werden, die als bestimmte Abschnitte auf der DNA die Ausprägung eines Merkmals beeinflussen. Der Nutzen dieser QTL-Informationen war begrenzt, weil jedes QTL-Allel mit dem jeweils gekoppelten Markerallel während der Vererbung getrennt werden konnte, was möglicherweise zur Selektion der falschen Tiere führte. Außerdem war die Methode der Genotypisierung aufwändig und teuer.

Inzwischen erlaubt die so genannte Hochdurchsatztypisierung die Prüfung mehrerer Tausend (60k) gleichmäßig über das Genom verteilter SNP-Marker in einem Arbeitsschritt mit vertretbarem Aufwand.

Gegenüber früheren Methoden sind die Kosten reduziert und die Wahrscheinlichkeit der Detektion eines QTLs wird deutlich erhöht. Darauf aufbauend wurde eine neue Methodik zur Schätzung von Zuchtwerten aus genomischen Informationen entwickelt, die genomische Selektion. In einem Kalibrierungsschritt werden zunächst mithilfe der Genominformation und Daten aus der Leistungsprüfung von sicher Nachkommen-geprüften Vätern Schätzformeln entwickelt, die in einem nachfolgenden Schritt bei ungeprüften Vätern, potenziellen Elterntieren, zur Vorhersage des genetischen Potenzials genutzt werden können. In der Milchrinderzucht ist es in kurzer Zeit gelungen, ein praxisreifes System zu entwickeln, um Tiere nach genomischen Zuchtwerten zu selektieren. Es wurden deutliche Verbesserungen im Zuchterfolg vorausgeschätzt und nachgewiesen. Die Verbesserungen resultieren vor allem aus der Verkürzung des Generationsintervalls und der Kostenreduzierung in der Aufzucht.

Im Vergleich zum Rind bestehen beim Schwein andere Voraussetzungen, die für die Anwendung der genomischen Selektion wichtig sind. Das Einzeltier hat einen relativ geringen Wert, das Generationsintervall ist sehr viel kürzer und Schweine sind mehrlingsgebärend. Hinzu kommt, dass die Schweinezucht vornehmlich auf Kreuzungszucht orientiert ist und demzufolge die Basiszuchtpopulationen im Umfang sehr begrenzt sind, was den Aufbau von genügend großen Kalibrierungsstichproben erschwert. Dennoch besitzt die genomische Selektion beim Schwein ein hohes wirtschaftliches Potenzial. Die Zuchtwertschätzung kann sehr frühzeitig vorgenommen werden, was die Reduzierung des Generationsintervalls um bis zu einem Jahr ermöglicht. Kooperationen zwischen Zuchtorganisationen zur Erweiterung der Kalibrierungsstichprobe sind notwendig.

SNP = Single Nucleotide Polymorphisms/ Einzelnukleotide-Polymorphismen

Selektion

In der Schweinezucht wird die Selektion zur Leistungsentwicklung und -stabilisierung der neuen Elterngeneration (Eber und Sauen) in 5 Stufen vollzogen. Das erfordert eine permanente Bonitur der Zuchttiere nach Exterieur und Gesundheit.

Stufen der Leistungsselektion
1. Stufe: Auswahl der potenziellen Zuchttiere (Ferkel)

Nur gut entwickelte, gesunde Tiere aus leistungsstarken Würfen von Sauen mit 8/8 Zitzen und korrekten Beinen kommen in die Aufzucht und Eigenleistungsprüfung. Weil während der Aufzucht ständig zuchtungeeignete Tiere selektiert werden, sollten zu Beginn der Aufzucht etwa doppelt so viele Tiere wie notwendig aufgestellt werden.

2. Stufe: Leistungsprüfung
a) MHS-Gentest zur Prüfung auf Stressstabilität
b) Eigenleistungsprüfung der potenziellen Zuchttiere (Lebenstagszunahme, Seitenspeckdicke)
c) Geschwisterprüfung eventuell in Mastprüfanstalt (MPA) auf Mast- und Schlachtleistung

3. Stufe: Zuchtwertschätzung
Berechnung des Zuchtwertes aus den verfügbaren Informationen mit BLUP

4. Stufe: Auswahl zur Zucht
Die nächste Elterngeneration wird unter Berücksichtigung von Pedigree, Zuchtwert und Boniturnote ausgewählt. Bei Ebern erfolgt das mehrheitlich in Absatzveranstaltungen, bei Sauen im Stall des Züchters.

5. Stufe: permanente Leistungsselektion der Zuchttiere
Die unter Stufe 4 ausgewählten Tiere werden einer ständigen Leistungsselektion im Sinne einer Eigenleistungsprüfung unterzogen.

2.5 Fortpflanzung und Fortpflanzungslenkung

Mit Blick auf die Komplexität aller Maßnahmen, welche die Fortpflanzung in Sauenbeständen inklusive der angewendeten Verfahren betreffen, wird vom Fortpflanzungsmanagement gesprochen. Sein Anliegen besteht in der terminlichen, quantitativen und qualitativen Ausrichtung von reproduktionsbestimmenden Faktoren auf wünschenswerte Betriebsabläufe im Hinblick auf eine kontinuierlich hohe Herdenleistung und Sicherung einer hohen Tiergesundheit. Das führte mehrheitlich in den Betrieben zu einer nach dem Gruppenabferkelsystem organisierten Produktion unter Einbeziehung der künstlichen Besamung. Vier wesentliche Vorteile verbinden sich damit:
– Arbeit mit Tiergruppen weitgehend gleicher Alters- und Entwicklungsstadien,
– künstliche Besamung in festgesetzten, kurzen Zeiträumen, sodass die Überwachung des gesamten Fortpflanzungsgeschehens präzise erfolgen kann,
– Konzentration aller Abferkelungen in einer Gruppe von gleichzeitig besamten Sauen,
– Arbeit nach dem Alles rein-Alles raus-Prinzip zwecks Realisierung eines hohen Hygienestandards.

Eine so organisierte Produktion erfordert eine gezielte Lenkung der Fortpflanzungsereignisse.

2.5.1 Fortpflanzungsbiologie beim Schwein

Die Sexualentwicklung junger weiblicher Schweine wird durch endogene und exogene Faktoren beeinflusst. Dazu zählen:

- Genetik,
- Fütterung,
- Wachstumsintensität,
- Jahreszeit,
- Licht,
- zootechnische Stimuli, wie Eberkontakt, Buchten- und Partnerwechsel, Konditionsfütterung, Transporte und Umstallungen.

Die juvenile Wachstumsphase endet mit der Pubertät. Beim weiblichen Schwein tritt sie gehäuft zwischen dem 180. und 240. Lebenstag ein (Tab. 3). Die Tiere sind zu diesem Zeitpunkt etwa 100 bis 130 kg schwer. Mit der Pubertät verbinden sich die erste Brunst und Ovulation. Danach stellt sich ein regelmäßig wiederkehrender, ganzjährig ablaufender Brunstzyklus von durchschnittlich 21 ± 3 Tagen ein.

Weibliche Geschlechtsorgane

Bei weiblichen und männlichen Tieren ist der Geschlechtsapparat nach einem funktionell gleichen Prinzip aufgebaut. Er wird in die Funktionsgruppen keimbereitende (Eierstock/Ovarium bzw. Hoden), keimbewahrende (Eierstock, Gebärmutter bzw. Nebenhoden) und keimleitende Organe (Eileiter bzw. Samenleiter) unterteilt. Hinzu kommen beim männlichen Tier die akzessorischen Geschlechtsdrüsen und bei beiden Geschlechtern die Begattungsorgane (Penis bzw. Vagina).

Der Eierstock (Ovarium) ist bei Säugetieren paarig angelegt. Bei geschlechtsreifen Sauen erfüllen die Ovarien zwei Funktionen: die Bildung der Eizellen in den Follikeln und in Abhängigkeit von der jeweiligen Reproduktionsphase die Sezernierung entweder des weiblichen Geschlechtshormons, des Östrogens, oder des Trächtigkeitsschutzhormons Progesteron.

Beide Funktionen sind im Eierstock eng miteinander verknüpft und an periodisch zu bildende, zeitlich begrenzte Strukturen gebunden. In der dicht gefügten Rindensubstanz des Eierstocks befinden sich die Fol-

Tab. 3 Beziehungen zwischen Brunstverhalten und tatsächlich eingetretener Ovulation bei Jungsauen während der Pubertät (nach Glei und Schlegel 1988)

Brunstmerkmale	Anzahl Tiere n	Anteil an Tieren mit Ovulationen (%)
Rötung und Schwellung der Vulva bis 2 Tage	22	0,0
Rötung und Schwellung der Vulva an mehr als 2 Tagen	37	24,3
Duldung	47	91,5

likel unterschiedlicher Entwicklungs- und Rückbildungsstadien (Abb. 18). Jeder Follikel enthält eine Eizelle und wird nach drei Ausbildungsformen unterschieden:
- Primärfollikel,
- Sekundärfollikel,
- Tertiärfollikel (Graafscher Follikel).

Die Wandzellen der reifenden Follikel produzieren die Östrogene. Diese lösen beim Tier die Brunst mit ihren typischen Verhaltensmustern aus. Nach dem Eisprung (Ovulation), bei dem die Eizelle aus dem Follikel nach Eröffnung der Follikelwand ausgespült wird, füllt sich der Follikel anfänglich mit Blut, später mit Epithel- und Bindegewebszellen und der Tertiärfollikel (Graafscher Follikel) entwickelt sich nun zum Gelbkörper (*Corpus luteum*). Dieser produziert das Progesteron, welches die Gebärmutterschleimhaut auf die Einbettung der befruchteten Eizelle vorbereitet und die Heranreifung neuer Follikel im Eierstock verhindert. Wird die Eizelle nicht befruchtet, bildet sich der Gelbkörper nach dem 12. Tag zurück und die Progesteronproduktion wird eingestellt.

Die beiden Eileiter verbinden als geschlängelter, häutig muskulöser Schlauch die Eierstöcke mit der Gebärmutter. Hier erfolgt die Befruchtung gefolgt von den ersten Zellteilungen.

Abb. 18 Zyklus der Follikelstadien am Eierstock.

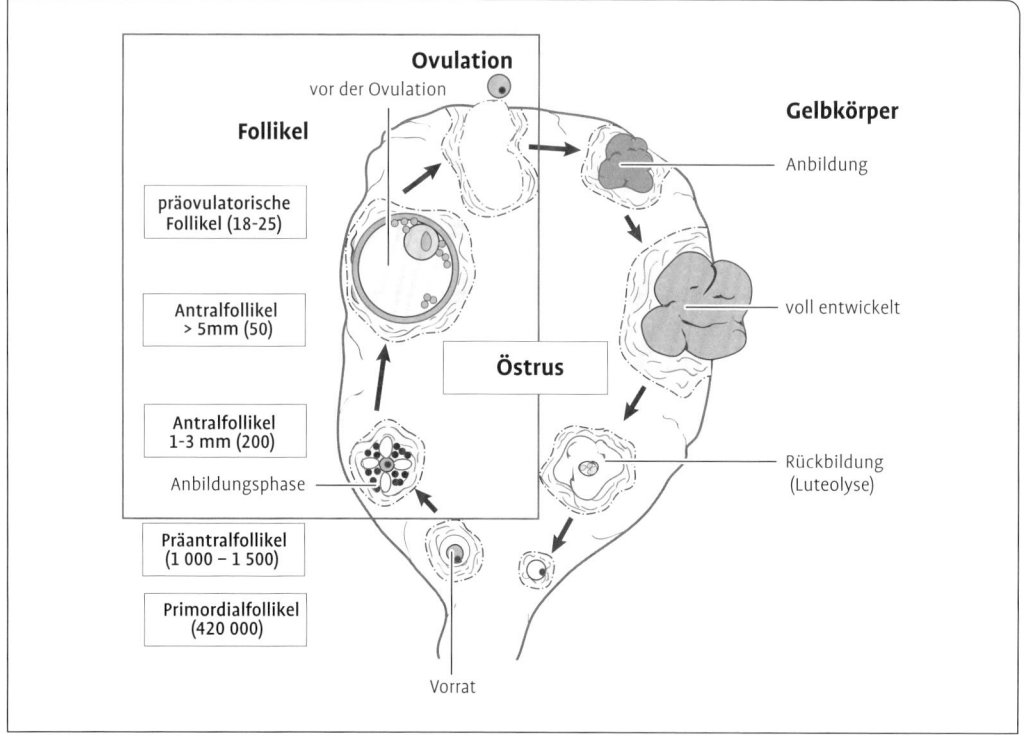

Am 3. Tag nach der Befruchtung gelangen die Embryonen in die Gebärmutter (Uterus). Deren Epithelschicht geht mit den embryonalen Hüllen eine Verbindung ein (Aufbau der Plazenta) und bietet so die Voraussetzung für die Ernährung und das Heranwachsen der Früchte bis zum Fetus. Am Ende der Trächtigkeit wird das Jungtier von hier zur Geburt ausgetrieben. Zyklusphasenabhängig unterliegt die Schleimhaut der Gebärmutter intensiven Auf-, Um- und Abbauprozessen.

Der Gebärmutterhals (Zervix) stellt den 15 bis 25 cm langen Übergang von der Gebärmutter zur Scheide dar. Die längs gefaltete Schleimhaut trägt eine größere Anzahl einander gegenüberstehender, alternierend angeordneter polsterartiger Erhebungen von derber Beschaffenheit, die ineinandergreifend den Verschluss der Zervix gewährleisten.

Die Scheide (Vagina), das Begattungsorgan des weiblichen Tieres, schließt sich dem Gebärmutterhals an. Sie stellt einen wichtigen Abschnitt des Geburtsweges dar. Ab der Stelle, wo von bauchwärts kommend die Harnröhre (Ureter) in die Scheide einmündet, beginnt der Scheidenvorhof. Dessen Schleimhaut enthält Vorhofdrüsen, die den Brunstschleim sezernieren. Das weibliche Begattungsorgan endet mit der Scham (Vulva). Die beiden Schamlippen umgeben die Schamspalte. Im distal gerichteten Schamwinkel befindet sich der Kitzler (Klitoris).

> Die Befruchtung findet im Eileiter statt. Vom 3. bis 18./19. Tag nach der Befruchtung „schwimmen" die Embryonen in der Gebärmutter – ein störungsanfälliger Zeitraum!

Steuerung der Fortpflanzungsfunktionen

Die Fortpflanzungsfunktionen unterliegen einem neurohormonalen Kontrollsystem, in dem Drüsen des Zentralnervensystems, Hypothalamus (Sexualzentrum im Großhirn) und Hypophyse (Hirnanhangsdrüse) sowie die Keimdrüsen des Fortpflanzungsapparates (Eierstock) integriert sind. Ausgelöst durch äußere (exogene) und innere (endogene) Reize werden im Hypothalamus Freisetzungshormone (Releasing Hormone, RH) gebildet, die über den Blutweg in die Hypophyse gelangen und dort im Hypophysenvorderlappen die Sekretion von FSH (Follikelstimulierendes Hormon) und LH (Luteinisierendes Hormon), den Gonadotropinen, bewirken. Hinzu kommt die Produktion von LTH (Prolaktin), dem Laktationshormon. Die Gonadotropine sind geschlechtsspezifisch und bewirken am Eierstock neben morphologisch-funktionellen Veränderungen die Bildung der so genannten untergeordneten Sexualhormone (Sexualsteroide), wie Östrogene und Progesteron.

Das Östrogen (17ß-Östradiol, E2) ist für die Ausprägung der Brunstsymptome sowie für die Vorbereitung von Gebärmutter und Eileiter zur Aufnahme der männlichen Keimzellen verantwortlich.

Die weiblichen Sexualfunktionen sind durch den Geschlechtszyklus gekennzeichnet (Abb. 19), d. h. durch die regelmäßige Wiederkehr der Brunst (Paarungsbereitschaft).

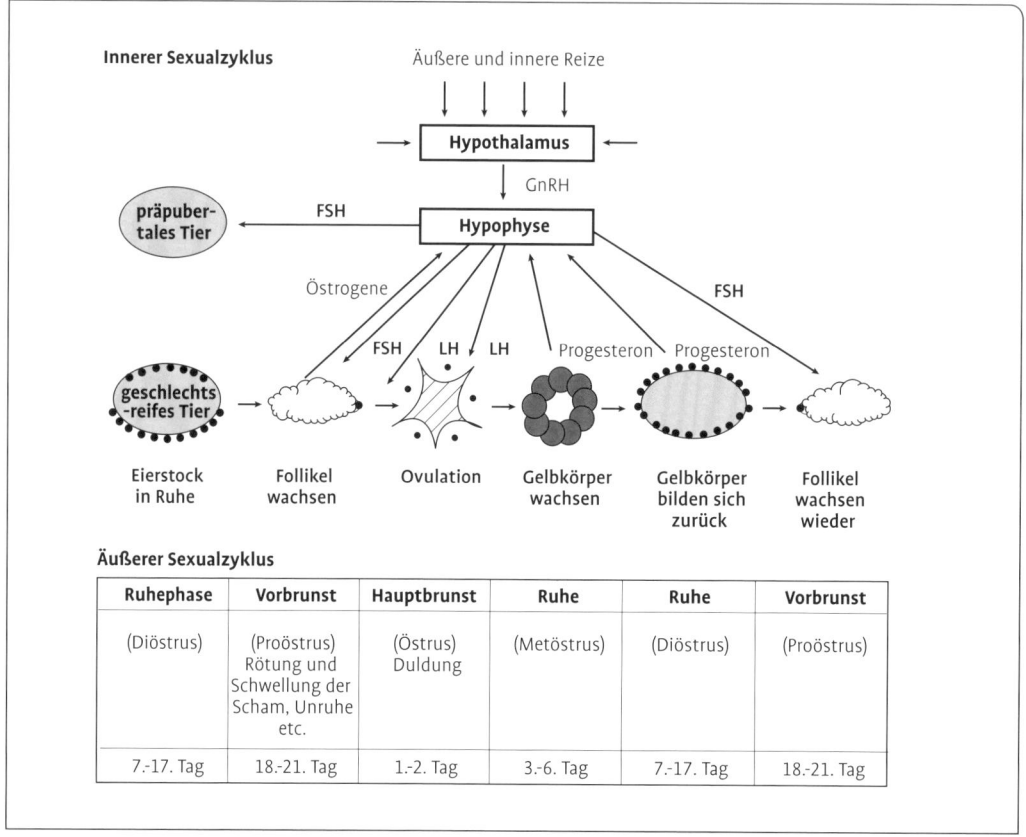

Abb. 19 Aktivitäten während des inneren und äußeren Sexualzyklus beim weiblichen Schwein.

Die Brunst unterteilt sich in drei unterschiedlich lang dauernde Phasen, die der Vorbrunst (Proöstrus), der Hauptbrunst (Östrus, Duldungsperiode) und der Nachbrunst (Metöstrus und Diöstrus). Während der Vorbrunst zeigen die Tiere eine starke Unruhe, sie springen auf andere Tiere auf, ihre Schamlippen schwellen an und es wird ein klarer und dünnflüssiger Brunstschleim abgesondert. In der Hauptbrunst, in der nach dem Ende des zweiten Drittels der Zeit die Ovulation stattfindet, verringert sich bereits die Schwellung der Schamlippen, der Brunstschleim wird zähflüssiger. In dieser Phase duldet das Tier selbst den Aufsprung. Dies ist der günstigste Zeitpunkt für die Befruchtung. Er liegt zwischen 24 Stunden vor bis spätestens 6 Stunden nach der Ovulation. An den Eierstöcken laufen zyklische Prozesse ab, die über neurohormonale Mechanismen reguliert werden (Abb. 20). Drei funktionell verschiedene Phasen sind dabei zu unterscheiden, die Phase von
– Follikelwachstum und -reifung,
– die Ovulations- und
– die Gelbkörperphase.

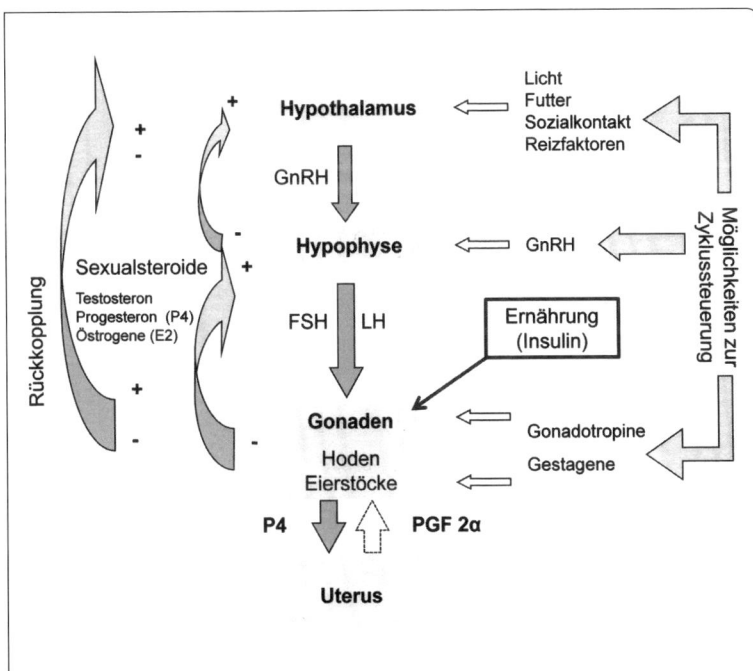

Abb. 20 Hormonregulation im weiblichen Sexualzyklus und Möglichkeiten für äußere Einflussnahmen.

Die Befruchtung ist das Zusammenschmelzen von Eizelle und Spermium zu einer Zelle. Damit ist die Eizelle aktiviert und wird von diesem Moment an als Zygote bezeichnet. Nach etwa 24 Stunden beginnt die erste mitotische Teilung der diploiden Zygote und damit die frühembryonale Entwicklung.

Die Trächtigkeit (Gravidität) umfasst den Zeitraum von der Befruchtung bis zur Geburt. Während dieser Zeit ändern sich das Verhalten und der Stoffwechsel der Sau. An folgenden Merkmalen ist das festzustellen:
- Ausbleiben der Brunst,
- Vergrößerung des Bauchumfanges,
- ruhigeres Verhalten,
- Wachstum und Entwicklung der Milchdrüse.

Die Trächtigkeit bei der Sau dauert durchschnittlich 115 Tage mit einer Variation zwischen 111 und 118 Tagen. In jüngster Zeit ist zu beobachten, dass mit größerer Anzahl an Ferkeln je Wurf die Trächtigkeitsdauer sich um bis zu 3 Tage verlängern kann, was besonders bei Sauen dänischer Genetik beobachtet wird.

Trächtigkeitsdauer im Mittel: 3 Monate, 3 Wochen, 3 Tage.

Während der Trächtigkeit durchläuft die Frucht verschiedene Entwicklungsstadien. Bis zum Stadium der abgeschlossenen Organanlage am 30. Trächtigkeitstag wird die Frucht als Embryo bezeichnet und in der folgenden Zeit bis zur Geburt als Fetus.

Zwischen dem 10. und 11. Tag nach der Befruchtung erfolgt die Bildung der Plazenta. In dieser Zeit erfolgt die Einnistung (Nidation). Dieser gesamte Prozess steht unter der Kontrolle des vom Gelbkörper sezernierten Progesterons. Neben der Wirkung auf die Gebärmutterschleimhaut stellt das Progesteron die glatte Gebärmuttermuskulatur ruhig.

Die Geburt ist der Vorgang, bei dem das Muttertier nach einer physiologischen Trächtigkeitsdauer die herangereiften Jungtiere einschließlich deren Fruchthüllen aus dem Geburtsweg austreibt. Wenn Früchte vor der unteren Grenze der physiologischen Tragezeit abgehen, d.h. bis zum 108. Trächtigkeitstag, wird das als Abort bezeichnet. Bei der Geburt vollzieht sich der Übergang von der Versorgung des Fetus durch die Mutter über die Plazenta zum selbständigen Gasaustausch über die Lunge sowie die Ernährung über den Magen-Darm-Kanal.

Phasen der Geburt
Bei der Geburt lassen sich drei Phasen unterscheiden: Eröffnungsphase, Austreibungsphase und Nachgeburtsphase (Puerperium).

Eröffnungsphase
Der Eröffnungsphase geht die Vorbereitungsphase voran, in der die Tiere unruhig sind und häufig ein Nestbauverhalten zeigen. Nahezu unbemerkt schließt sich danach die Eröffnungsphase an, in der aus der Scham dickflüssiger Schleim austritt. Am Ende dieses Stadiums sind die Schamlippen angeschwollen sowie die Milchdrüsen prall gefüllt und die Körpertemperatur sinkt um etwa 1 °C. Die ersten Tropfen der Kolostralmilch können austreten.

Im Gegensatz zu Rind und Pferd, bei denen mit Einsetzen der ersten Wehen im Abstand zwischen 20 und später 5 Minuten die Fruchtblase in den Geburtskanal gepresst wird, wird das Ferkel, wenn es den Muttermund passiert hat, normalerweise ohne weitere Schwierigkeiten ausgetrieben. Dem zuerst geborenen Ferkel kommt die Aufgabe der Weitung der Geburtswege zu. Die Wehen müssen den Transport durch die sehr langen Gebärmutterhörner gewährleisten. Bei einer Altsau können diese bis über 2 m lang sein.

Austreibungsphase

Geburtsdauer: 2 bis 4 Stunden

Die Austreibungsphase beginnt beim Schwein mit dem Sprung der Fruchtblase, was im Gegensatz zum Rind in der Gebärmutter erfolgt. Insofern werden hier keine Fruchtwässer sichtbar. Hier vollziehen sich kräftige, in regelmäßigen Zeitabständen auftretende Gebärmutterkontraktionen (Wehen), unterstützt durch Bauchpressen. Die Dauer der Austreibungsphase variiert beim Schwein in Abhängigkeit von der Anzahl der Früchte zwischen 2 und 4 Stunden. Die Geburten sollten zügig verlaufen, um für Mutter und Jungtier Belastungen zu begrenzen.

Die gebärenden Sauen liegen flach auf der Seite. Solange noch eine intakte Beziehung zwischen dem Muttertier und dem Jungtier über den Nabelstrang besteht, sollte diese unbedingt erhalten bleiben. Über den Nabel gelangt von der Mutter noch Blut zum Jungtier.

Mehrheitlich läuft die Geburt ohne menschliche Hilfe ab. Sie wird notwendig, wenn falsche Geburtslagen oder sehr große Feten vorliegen. In jedem Fall ist bei einer Geburtshilfe ein hohes Maß an Hygiene notwendig, was die Desinfektion der äußeren Geburtswege sowie Hände und Arme der Geburtshelfer beinhaltet (siehe Kapitel 9.1).

Nachgeburtsphase (Puerperium)
Der Geburt schließt sich die Nachgeburtsphase an, in der sich die Rückbildung des Geschlechtsapparates vollzieht. Die leeren Fruchthüllen (Nachgeburt) werden 0,5 bis 2 Stunden nach dem zuletzt ausgetriebenen Ferkel unter starken Nachwehen ausgestoßen.

Güstzeit im Mittel: 4 bis 8 Tage

Das Puerperium der Sau dauert insgesamt etwa drei Wochen. Es schließt in dieser Zeit den Umbau der Gebärmutterschleimhaut inklusive der uterinen Drüsen ein. Bei der Sau sind das Puerperium und die Laktationsphase durch den so genannten Laktationsanöstrus gekennzeichnet. Das heißt, dass im Hypothalamus der Sau die GnRH-Freisetzung blockiert wird und infolgedessen keine Follikelreifung und auch keine Brunst einsetzen kann, solange der Saugstimulus der Ferkel wirkt. Erst mit Wegfall des Saugstimulus nach dem Absetzen der Ferkel kommt es bei der Sau zur Wiederaufnahme der ovariellen Zyklustätigkeit. Die Brunst setzt allgemein 4 bis 8 Tage nach dem Absetzen wieder ein. Mit längerer Säugezeit verkürzt sich das Absetz-Östrus-Intervall. Bei stark abgesäugten Sauen kann sich der Brunsteintritt verzögern.

2.5.2 Produktionsmanagement – Arbeit nach Produktionszyklogramm

Die intensive Ferkelproduktion basiert auf engen, wechselseitigen Zusammenhängen zwischen der Produktionsorganisation, der Zoo- und Biotechnik für die Fortpflanzungssteuerung und dem Tiergesundheitsmanagement. Die Stallbelegungen nach dem Alles rein-Alles raus-Prinzip, die gruppenweisen Besamungen, Abferkelungen und das gleichzeitige Absetzen der Sauen von ihren Würfen nach der Säugezeit sowie die Absicherung einer fest in das Produktionszyklogramm integrierten Reinigungs- und Desinfektionszeit bieten die Gewähr für ein hohes und sicheres Produktionsniveau mit gesunden Tieren. Die straffe Organisation des gesamten Prozesses beeinflusst so direkt die betriebswirtschaftlich entscheidende Anzahl produzierter Ferkel je Sau und Jahr.

Die Schweineproduktion mit ihren relativ kurzen Produktionszyklen ist eine nach Terminen organisierte Branche der Tierproduktion. Die als Gruppenabferkelung organisierte Ferkelerzeugung im Sauenstall wird somit zum Schlüsselereignis für die Schweineproduktion insgesamt. Dieses ist Voraussetzung und Bestandteil eines betrieblichen Produktionszyklogramms.

In einem Produktionszyklogramm werden die regelmäßig wiederkehrenden biologischen und technologischen Ereignisse zu Fixpunkten für den Produktionsablauf. Das betrifft in erster Linie die Besamung der Sauen, die Abferkelung und das Absetzen der Ferkel. Der gesamte Sauenbestand wird deshalb in Untergruppen unterteilt, die nach dem Produktionsrhythmus zeitlich versetzt die einzelnen Produktionsphasen durchlaufen. Zwei Kennzahlen sind für die Organisation wesentlich: der „Produktionsrhythmus" und die „Anzahl an Sauengruppen", in die der Gesamtbestand unterteilt werden muss.

$$\text{Produktionsrhythmus} = \frac{\text{Belegungsdauer des Abferkelstalles (inklusive Reinigung u. Desinfektion)}}{\text{Anzahl an Abferkelstalleinheiten}}$$

$$\text{Anzahl Sauengruppen} = \frac{\text{Wurfabstand in der Gruppe}}{\text{Produktionsrhythmus}}$$

Die Arbeit nach einem Produktionszyklogramm bietet fünf wesentliche Vorteile:
- Tierhygienische Forderungen können bei einer Stallbewirtschaftung nach dem Alles rein-Alles raus-Prinzip in hohem Maße abgesichert werden. Beim Schwein mit seinen kurzen Produktionsperioden ist die Unterbrechung von Erregerketten von besonderer Bedeutung, um dem Erregerhospitalismus wirkungsvoll begegnen zu können.
- Es wird eine hohe Ausschöpfung des genetischen Leistungspotenzials der Sauen gewährleistet.
- Die Arbeit in den jeweiligen Stallabteilungen erfolgt mit weitgehend einheitlichen Tiergruppen, d. h. ausgeglichen nach Alter, Entwicklung und Reproduktionsstatus.
- Die gesamte Produktion erhält eine langfristige Übersichtlichkeit mit hoher Transparenz, sodass eine gute und sichere Planung möglich ist.
- Die Bewältigung von Arbeitsspitzen, u. a. Geburtsbetreuung, spezielle Arbeiten im Abferkelstall, Absetzen der Ferkel, Besamung, ist arbeitsorganisatorisch langfristig planbar.

Die in größeren Gruppen zeitgleich zur Abferkelung kommenden Sauen erlauben eine gute Auslastung der für die Geburtsbetreuung eingesetzten Arbeitskräfte. Im Hinblick auf die Vermarktung der Ferkel sind Sauengruppen mit mindestens 20 Tieren günstig, weil damit genügend große Absetzferkelgruppen beim Verkauf gute Preiskonditionen ermöglichen können.

Bewährte Produktionssysteme sind in großen Herden der 7-Tage-Rhythmus mit einer bis zu 28-tägigen Säugezeit und in kleineren bis mittleren Sauenbeständen der 21-Tage-Rhythmus mit ebenfalls einer bis zu 28-tägigen Säugezeit. Beispielsweise wäre eine Herde mit 140 Sauen in 7 Gruppen zu unterteilen, sodass im Abstand von 21 Tagen jeweils 20 Sauen zur Abferkelung kämen (Tab. 4 und Abb. 21).

So bewirtschaftete Sauenherden erreichen höhere Reproduktions- und Aufzuchtleistungen als anders organisierte Bestände. Im Jahr 2010 produzierten von insgesamt 4053 erfassten Betrieben 85,0 % nach dem Prinzip des Gruppenabsetzens mit Abferkelabteilen und erreichten ge-

Tab. 4 Eckzahlen für die Bewirtschaftung eines Sauenbestandes im 7-, 14- oder 21-Tage-Rhythmus

Produktionsrhythmus (Tage)	7	14	21
Anzahl Sauengruppen	21	10	7
Säugezeit (Tage)	< 28	21	< 28
Anzahl Abferkelställe	5	2	2
Anzahl Ferkelaufzuchtställe	6	3	3

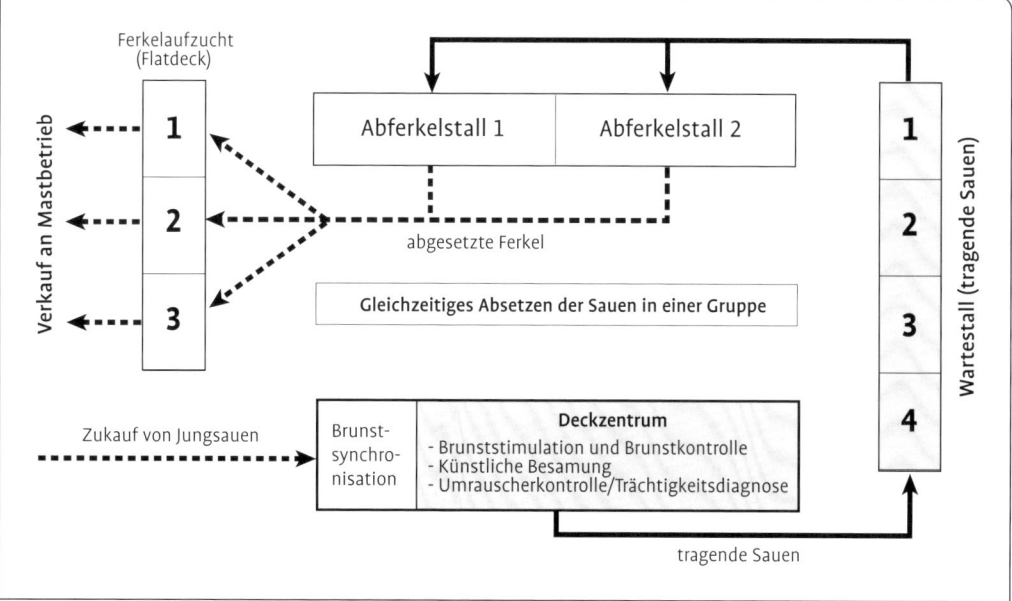

Abb. 21 Schema einer im 21-Tage-Rhythmus programmierten Ferkelproduktion mit künstlicher Besamung, Zukauf von Jungsauen und Brunststeuerung.

genüber den anders bewirtschafteten Herden mit 26,39 signifikant 0,73 mehr lebend geborene Ferkel je Sau und Jahr. Von diesen Beständen wurden 0,63 mehr Ferkel je Sau und Jahr aufgezogen und 0,06 Würfe mehr je Sau und Jahr realisiert als in Herden ohne Abferkelsystem.

2.5.3 Fortpflanzungssteuerung

Ferkelerzeugung nach dem Gruppenabferkelsystem setzt das gleichzeitige Eintreten der Brunst bei den Sauen einer Gruppe voraus, damit die Besamung aller Tiere in einem eng begrenzten Zeitraum erfolgen kann. Dies ist bei Altsauen nach etwa gleich langer Säugezeit durch das gleichzeitige Absetzen der Ferkel relativ sicher zu erreichen. Bei Jungsauen einer Gruppe mit unterschiedlichen Pubertätseintritten und Zyklusphasen ist eine Synchronisation der Brunsten weitaus aufwändiger. Wissenschaftlich erprobte zoo- und biotechnische Verfahren stehen dafür zur Verfügung.

Zootechnische Zyklusstimulation

Als zootechnische Maßnahmen werden Faktoren der Haltung, Fütterung und des Managements, aber auch der zeitlich und nach Intensität abgestuften Reize der Tiere durch Gestaltung von Umweltfaktoren zur Stimulation des Reproduktionsgeschehens verstanden. Die gezielte Anwendung derartiger Faktoren erfolgt in Abhängigkeit von der Produktionsphase, d. h. von der physiologischen Reaktionsbereitschaft der Sauen. Eine Vielzahl an zootechnischen Faktoren wirkt stimulierend auf das Brunstverhalten (Abb. 22).

Der Effekt all dieser Stimulationsmaßnahmen wird vor allem durch den Termin ihrer Durchführung erreicht. Demnach sollte sie zu Beginn der Follikelwachstumsphase erfolgen, d. h. zwischen dem 15. und

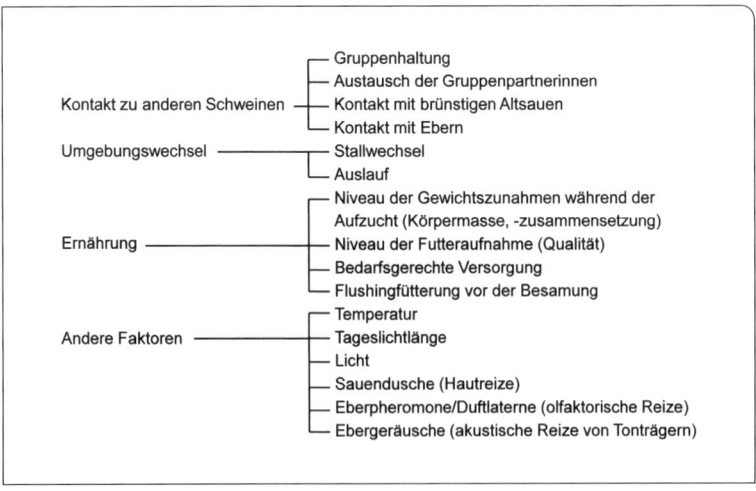

Abb. 22 Komponenten der zootechnischen Brunststimulation bei Sauen.

21. Zyklustag. Bei Altsauen ist das nach dem Absetzen der Ferkel. In eigens dafür eingerichteten Besamungszentren wirkt besonders der intensive Eberkontakt vorteilhaft für einen sicheren Brunsteintritt bei den Sauen.

Bei Jungsauen sind komplex wirkende Maßnahmen anzuwenden, um die Pubertät zu stimulieren. Systematisch sich im 21-Tage-Rhythmus wiederholende Stimulierungsphasen können einen sicheren Pubertätseintritt im Altersbereich zwischen dem 180. und 200. Lebenstag wirkungsvoll unterstützen. Damit werden gute Voraussetzungen für eine Zuchtnutzung der Jungsauen im gewünschten Alter von etwa 240 Lebenstagen und ihre Eingliederung in bestehende betriebliche Abferkelsysteme geschaffen. Das verlangt einen frühzeitigen Beginn der systematischen Mehrfachstimulation, in deren Ablauf betriebliche und züchtungsrelevante Ereignisse, wie Wägung, Umstallung etc., die im Moment ihrer Anwendung gleichzeitig als zootechnische Stimulation wirken, in das System integriert werden (siehe auch Kap. 9.3).

Biotechnisch unterstützte Verfahren zur Fortpflanzungssteuerung
Diese Verfahren haben das Ziel, die Gleichschaltung der Brunsteintritte bzw. der Ovulationen zum Zweck der gleichzeitigen Besamung aller Jung- und Altsauen in einer Gruppe zu erreichen. Das basiert auf der Wechselwirkung zwischen Blockade und Stimulation der ohnehin selbständig im Organismus ablaufenden fortpflanzungsendokrinologischen Prozesse. Dafür stehen exogene Hormonpräparate zur Verfügung, wie Steroide (Altrenogest), Gonadotropine (PMSG = Pregnant Mare Serumgonadotropin – heute mehrheitlich bezeichnet als eCG = equine Choriongonadotropin; hCG = human Choriongonadotropin) sowie Releasinghormone (GnRH).

Hinzu kommt die Steuerung der Geburten bei einer Gruppe gleichzeitig besamter Sauen im Sinne einer Synchronisation. Für die Geburtsinduktion haben sich Prostaglandine ($PGF_{2\alpha}$) häufig in Kombination mit oxytocinwirksamen Präparaten bewährt.

Grundlage jeglicher Anwendung biotechnischer Verfahren ist die Verwendung gesunder, physiologisch normal entwickelter geschlechtsreifer Tiere. Zu Beginn der biotechnischen Behandlung müssen die Jungsauen zuchtreif sein. Altsauen müssen eine normale Reproduktionsphysiologie aufweisen und sich in Zuchtkondition befinden. Folgende Verfahren sind wissenschaftlich und praktisch langjährig erprobt:
– Brunststimulation bei abgesetzten Sauen,
– Brunstsynchronisation bei Jungsauen,
– Ovulationssynchronisation bei Jung- und Altsauen mit anschließender terminorientierter Besamung,
– Geburtensynchronisation.

BS = Brunstsynchronisation
OS = Ovulationssynchronisation

Brunstsynchronisation mit duldungsorientierter Besamung

Bei Altsauen ist das gleichzeitige Absetzen der Ferkel am Ende der Säugezeit das entscheidende Ereignis für den danach nahezu gleichzeitigen Brunsteintritt. Während der Säugezeit wirkt bei der Sau der Laktationsanöstrus, d. h. die Sau wird solange nicht in die Brunst kommen, wie die Ferkel von ihr gesäugt werden. Das ist im Vergleich zu anderen Tierarten eine Besonderheit des Schweins. Das Absetzregime für die Altsauen bestimmt somit den betrieblichen Produktionsrhythmus. Nach einer drei- bis vierwöchigen Säugezeit ist bei Sauen mit einem spontanen Brunsteintritt nach 3 bis 8 Tagen zu rechnen. Eine straff organisierte Produktion nach Zyklogramm verlangt sehr kurze Zeitspannen für die Besamung aller Sauen einer Gruppe.

Verschiedene äußere Einflussfaktoren, wie unterschiedliche Körperkondition, Alter der Sau oder Jahreszeit, können gegebenenfalls Unsicherheiten im rechtzeitigen Brunsteintritt verursachen. Eine hormonelle Zyklusstimulation mit eCG-Präparaten hat sich hierbei bewährt. Das Stutenserum Gonadotropin eCG stimuliert das Follikelwachstum. Nach einer bis 28-tägigen Säugezeit erhalten die Sauen exakt 24 Stunden nach dem Absetzen der Ferkel in Abhängigkeit von ihrer Wurfnummer eCG, primipare Sauen erhalten 1000 IE eCG, Tiere höherer Wurfnummer bekommen 800 IE eCG (Abb. 23).

Bei Jungsauen basiert die Gleichschaltung der Brunst auf der scheinbaren Verlängerung der Gelbkörperphase durch Verabreichung von Präparaten mit dem Wirkstoff Altrenogest. Die Wirksubstanz (Allyl-

> Primipare Sauen = Sauen nach dem ersten Wurf

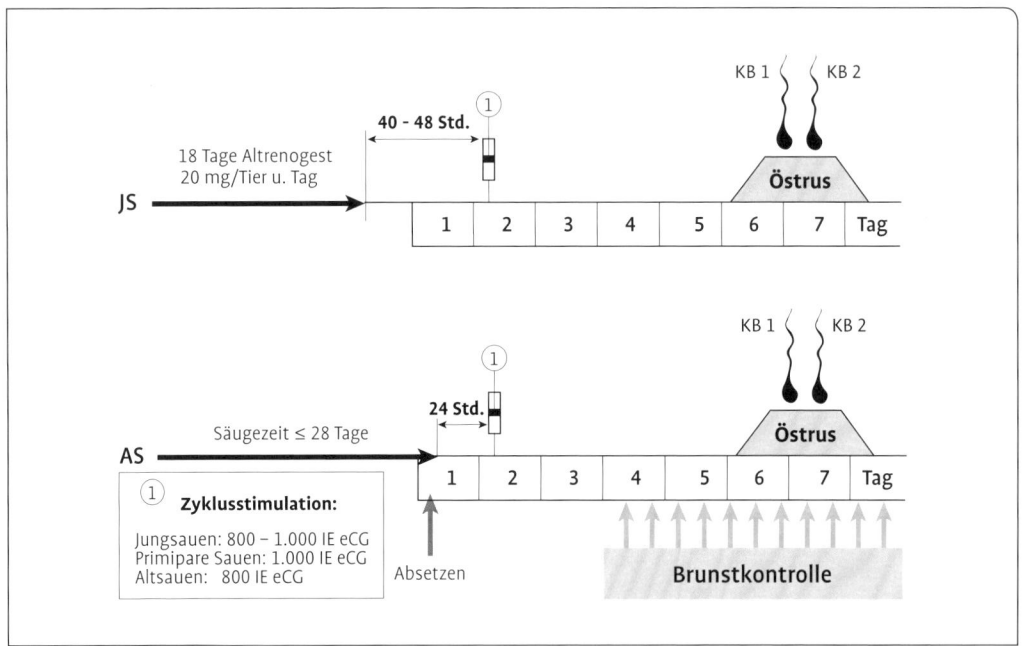

Abb. 23 Brunstsynchronisation bei Jung- und Altsauen mit duldungsorientierter Besamung.

trenbolon) blockiert künstlich das nach dem Gelbkörperabbau (Luteolyse) einsetzende Follikelwachstum. Den Tieren werden täglich 20 mg Altrenogest oral verabreicht. Während dieser Zeit vollzieht sich der spontane Gelbkörperabbau. Bei den Tieren, bei denen dieser schon beendet ist, verhindert das Progestagen den Start der Follikelphase des neuen Zyklus. Diese Zyklusblockade muss bei den Tieren einer Gruppe über einen Mindestzeitraum von 18 Tagen durchgeführt werden. Dieser gewährleistet, dass die Gelbkörper bei allen Sauen der Gruppe abgebaut sind. Am Ende dieser Behandlung liegt bei allen Tieren der Gruppe ein einheitlicher Ovarstatus vor, von dem aus das Follikelwachstum synchron wieder beginnen kann (Abb. 23).

Mithilfe einer eCG-Injektion, die 40 bis 48 Stunden nach der letzten Altrenogest-Gabe injiziert wird, kann der anlaufende Brunstzyklus und dessen Synchronität bei allen Jungsauen der Gruppe verbessert werden. Die so synchronisierten Östren konzentrieren sich zu 85 bis 90 % auf den 4. bis 6. Tag nach der eCG-Injektion. Die Besamungen erfolgen duldungsorientiert unter Zuhilfenahme eines Stimulierebers, wobei die erste Besamung 8 bis 12 Stunden nach der ersten Feststellung des Duldungsreflexes und die zweite Besamung spätestens 16 Stunden nach der ersten vorgenommen werden.

DOB = Duldungsorientierte Besamung.

Ovulationssynchronisation mit terminorientierter Besamung
Das biotechnische Verfahren der Ovulationssynchronisation baut auf dem der Brunstsynchronisation auf und beinhaltet den zusätzlichen Behandlungsschritt der hormonellen Ovulationsstimulation. Dieser dient der Gleichschaltung der Ovulationseintritte bei allen Jung- und Altsauen der Gruppe innerhalb der bereits gleichgeschalteten Zyklen und ermöglicht nun die Anwendung der terminorientierten Besamung zu festen Zeitpunkten. Zur Ovulationsstimulation wird nach der Zyklusstimulation mit eCG ein hCG-Präparat mit seinen LH-wirksamen Komponenten oder mehrheitlich ein GnRH-Analogon injiziert. Dabei ist bei Jungsauen zwischen der eCG- und der GnRH-Injektion ein Zeitabstand von 78 bis 80 Stunden und bei Altsauen mit bis zu 4-wöchiger Säugezeit ein solcher von 72 Stunden einzuhalten.

TOB = Terminorientierte Besamung.

Dieses Vorgehen ermöglicht eine verbesserte Planbarkeit der Besamungsorganisation und -durchführung. Für die terminorientierte Besamung empfehlen sich zwei Inseminationszeitpunkte. Die erste Besamung (KB 1) soll 24 Stunden nach der Ovulationsstimulation (GnRH) erfolgen und die zweite (KB 2) spätestens 40 Stunden danach abgeschlossen sein.

Bei unbefriedigenden Fruchtbarkeitsleistungen der Jung- und Altsauen sollten die genannten Applikationszeitpunkte für hCG bzw. GnRH herdenspezifisch geprüft werden. Grundlage dafür ist eine sehr sorgfältige Diagnose und Analyse der Brunst insgesamt und speziell der Duldung vom Beginn bis zum Ende bei allen Sauen.

2.5.4 Künstliche Besamung

KB = Künstliche Besamung

In der Schweinezucht und Ferkelerzeugung dominiert die künstliche Besamung. Diese beinhaltet die Samengewinnung von Ebern, die Beurteilung des Samens, seine Konfektionierung und die Samenübertragung auf Sauen. Vier wesentliche Aspekte sprechen für die künstliche Besamung in der Sauenhaltung:
- Sicherung tiergesundheitlicher Richtlinien durch Unterbrechung von Infektionsketten,
- Nutzung tierzüchterischer Vorteile für die Leistungsentwicklung in den Beständen,
- Verbesserung betriebswirtschaftlicher Kennwerte,
- Voraussetzung für eine Produktionsorganisation nach Zyklogramm mit Gruppenabferkelung.

Der zuletzt genannte Aspekt steht in enger Beziehung zur Betriebswirtschaft.

Der Anwendungsumfang der künstlichen Besamung beim Schwein ist in den letzten Jahren stark angestiegen. In Deutschland liegt der Anteil über 87 %.

Die künstliche Besamung beim Schwein wird in drei Organisationsformen praktiziert:
- Fernbesamung,
- Eigenbestandsbesamung, Zustellbesamung,
- Standortbesamung.

Fernbesamung: Die Besamung der Sauen wird von einem qualifizierten Besamungsbeauftragten der Eberstation durchgeführt. In Einzelfällen übernehmen diese Aufgabe auch Tierärzte. Der Anteil der Fernbesamung ist in den letzten Jahren sehr stark zurückgegangen und liegt heute nur noch bei etwa 1,5 %.

Zustellbesamung: Der Ebersamen wird nach vorheriger Bedarfsanmeldung durch Kurier von der Eberstation dem Sauen haltenden Betrieb zugestellt. Die Besamung der Sauen wird vom Personal des Betriebes vorgenommen und wird deshalb als Eigenbestandsbesamung bezeichnet. Über 98 % der besamenden Betriebe wenden die Eigenbestandsbesamung an.

Standortbesamung: Die Spermaproduktion und die Besamung erfolgen in einem Betrieb. Die Sauen des Bestandes werden vom Personal des Betriebes besamt. Sie ist wenig verbreitet.

Spermaproduktion

Die Spermagewinnung erfolgt in zentralen Eberstationen unter Zuhilfenahme eines Phantoms. Das Absamen des Ebers wird mehrheitlich mit der so genannten „Handmethode", mit dem System „Collectis" und sehr selten mit der künstlichen Vagina durchgeführt. Anschließend folgt die makroskopische und mikroskopische Beurteilung des Spermas:

Kriterien der makroskopischen Beurteilung:
- Volumen nach Filtration,
- Geruch,
- Farbe.

Kriterien der mikroskopischen Beurteilung:
- Motilität (Funktionstest zur Beurteilung der Bewegungsintensität mit Anteil vorwärtsbeweglicher Spermien)
- Spermienkonzentration,
- Morphologie der Spermien.

Das Ziel der In-vitro-Beurteilung von Sperma ist die Selektion von Ejakulaten mit eingeschränkter Qualität. Insofern müssen Mindestwerte für die befruchtungsrelevanten Parameter garantiert werden. Je nach Dichte erfolgt der Zusatz eines Konservierungsmittels, sodass je 100-ml-Samenportion bis etwa 2 Milliarden Samenzellen enthalten sind, wovon mindestens 50 % eine Vorwärtsbewegung zeigen sollen sowie nur 20 % morphologische Anomalien erkennen lassen dürfen. Je Ejakulat werden bis zu 40 Samenportionen hergestellt. Die Konfektionierung erfolgt beim Ebersamen mithilfe eines Langzeitflüssigkonservierungsmittels. Es wird eine Befruchtungsfähigkeit bis zu 80 Stunden gewährleistet. Eine Tiefgefrierkonservierung (TG-Sperma) von Ebersamen wird nur vereinzelt in gesonderten Fällen praktiziert. Die Befruchtungsfähigkeit des Samens ist nach dem Auftauen häufig beeinträchtigt.

> Eine Spermaportion enthält bis 2 Milliarden Spermien.

Samenübertragung

Der Samenübertragung geht eine intensive Brunstkontrolle bei den Sauen voraus. Eine biotechnische Steuerung des Zyklus erleichtert diese Tätigkeit, weil gleich behandelte Tiere sich in der gleichen Zyklusphase befinden. Die Brunstkontrolle wird jedoch dadurch nicht überflüssig. Die Besamung sollte unmittelbar nach der Brunststimulation in Gegenwart eines Stimulierebers erfolgen. Die genaue Vorhersage der Ovulation verlangt die möglichst genaue Bestimmung des Brunsteintritts. Es ist davon auszugehen, dass die Ovulationen zu Beginn des letzten Drittels der Duldungsphase erfolgen. Diese kann jedoch teilweise tierindividuell stark variieren. Ein früher Duldungseintritt nach dem Absetzen der Ferkel ist meist mit einer längeren Duldungsphase verbunden. Spät duldende Sauen weisen meist eine kurze Duldung auf. Dementsprechend muss der richtige Besamungstermin gewählt werden (Abb. 24).

Abb. 24 Schema für die Besamung von Sauen mit Beachtung des Beginns und der Dauer der Duldung (nach Weitze u. a., 1994).

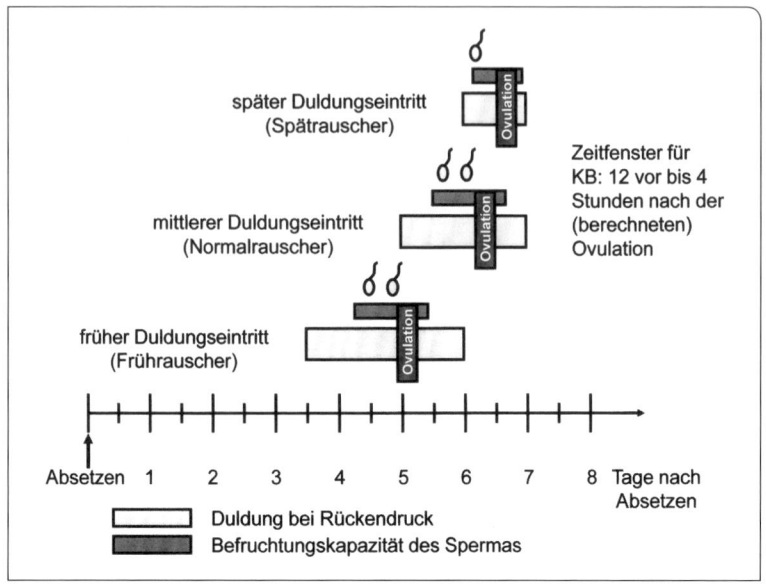

Eine zweimalige Besamung hat sich allgemein als vorteilhaft erwiesen. Bei frühem Brunsteintritt sollte die erste Besamung 24 Stunden nach der ersten manuellen Duldungsfeststellung erfolgen. Bei Sauen mit mittlerem Duldungseintritt ist ein Zeitabstand von 12 und bei spätem Duldungseintritt ein solcher von nur 1 bis 2 Stunden einzuhalten.

Für die Samenübertragung hat sich das klassische Verfahren der intrazervikalen Besamung behauptet. Eine intrauterine Besamung mit dem Katheter-in-Katheter-System zielt auf ein verbessertes Befruchtungsergebnis und vor allem auf eine Reduzierung der Anzahl Spermien in der Spermadosis (Abb. 25), findet jedoch nur eine begrenzte Akzeptanz.

Grundsätzlich ist für den Erfolg der Besamung die Einhaltung wichtiger Hygieneaspekte entscheidend. Mit einem umhüllten Besamungskatheter (z. B. Clean Blue®), bei dem während der Einführung in das Genitale die Plastikhülle abgezogen wird, kann die Gefahr des Einbringens von Erregern aus der Umgebung des Tieres reduziert werden.

Auch beim Schwein ist grundsätzlich eine Trennung von X- und Y-Chromosomen-tragenden Spermien möglich. Somit kann mit gesextem Sperma das Geschlecht der Nachkommen im Voraus weitgehend bestimmt werden.

Eberspermien unterscheiden sich darin, dass das X-Spermium etwa 3,6 % mehr DNA enthält als das Spermium mit dem Y-Chromosom. Der individuelle Spermien-DNA-Gehalt kann nach Aufbringen eines Fluoreszenzfarbstoffes mithilfe eines Durchflusszytometers bestimmt wer-

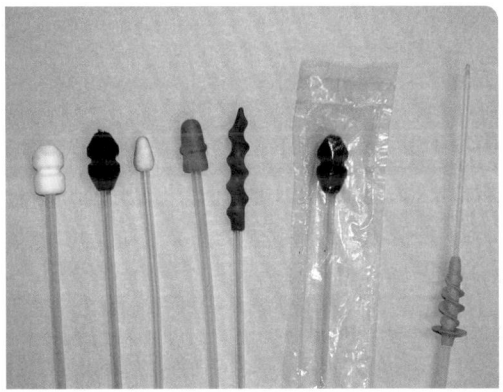

Abb. 25 Besamungskatheter für Sauen, von links: klassischer Katheter (die ersten 5 von links), Clean-Blue-Katheter®, Katheter mit Innenkatheter.

den. Der Innovationsgehalt dieser Thematik ist für die Züchtung generell und speziell für Jungsauen- bzw. Eberproduzenten sehr hoch. Es ist zu erwarten, dass die Entwicklung hier sehr rasch weiter voranschreitet.

Embryotransfer
Im Vergleich zum Rind hat beim Schwein der Embryotransfer eine begrenzte Bedeutung. Dies beruht auf dem kurzen Generationsintervall und dem relativ niedrigen Wert des Einzeltieres. Hinzu kommt, dass nicht-chirurgische Verfahren der Embryonengewinnung nicht möglich sind, sondern nur Verfahren zur Auswahl stehen, welche die Schlachtung des Tieres oder einen operativen Eingriff inklusive einer Endoskopie vorsehen.

Die in-vitro-Produktion von Embryonen hat beim Schwein ebenfalls eine sehr geringe Bedeutung, weil die Eizellen nur mit einem hohen Aufwand oder nach Schlachtung gewonnen werden können. Außerdem liegen die in-vitro-Reifungsraten der aus Primärfollikeln gewonnenen Eizellen unter 5 % und die Befruchtungsraten unter 0,5 %.

Im Zusammenhang mit dem Export von genetischem Material zum Aufbau von Zuchtbeständen in anderen Ländern hat der Embryotransfer beim Schwein dennoch eine gewisse Bedeutung.

2.5.5 Trächtigkeitsdiagnostik
Die Trächtigkeitsdiagnose dient der Feststellung der Trächtigkeit bei Sauen durch geeignete zootechnische Verfahren bzw. technische Hilfsmittel. Im Sinne einer hohen Stallplatzauslastung wird angestrebt, schon frühzeitig eine größtmögliche Sicherheit in den Aussagen „tragend" bzw. „nichttragend" zu erreichen. Für Sau und Frucht dürfen dabei keine Gefahren entstehen und der Aufwand soll möglichst gering sein. Alle derzeitig angewendeten Verfahren sind mit Fehlern behaftet. Deshalb wird empfohlen, Sauen zweimal zu testen, um die Häufigkeit falscher Diagnosen zu minimieren. Die Trächtigkeitsdiagnose wird all-

Umrauscherkontrolle: Mithilfe eines sexuell aktiven Ebers werden nicht tragende, brünstige Sauen erkannt.

gemein nach dem 20. Tag nach der Belegung durchgeführt. Die am häufigsten angewendete Methode ist die Umrauscherkontrolle zwischen dem 18. und 24. Tag nach der Belegung, bei der nach sorgfältiger Durchführung nichttragende Tiere erkannt werden. Häufig werden auch technische Geräte als Hilfsmittel angewendet. Die Ultraschalldiagnostik hat hierbei die größte Bedeutung. Untersuchungen mit solchen Geräten erfolgen transkutan. Die reflektierten Ultraschallwellen werden vom Schallkopf aufgenommen und je nach Methode interpretiert. Es werden Geräte angewendet, die nach dem Prinzip des Echolots, des Dopplers und der Ultrasonographie (Scanner) arbeiten. Die Trächtigkeitsdiagnose wird zumeist von Mitarbeitern des Betriebes durchgeführt. Sie wird aber auch als Dienstleistung von Zucht- und Besamungsorganisationen für Sauen haltende Betriebe im Rahmen eines Scannerdienstes angeboten.

2.5.6 Geburtensynchronisation und -management

Für das Geburtsmanagement im Rahmen der Gruppenabferkelung ist die zeitliche Konzentration der Geburten aller Sauen einer Gruppe bei zügigem Ablauf derselben wesentlich. Das setzt die gleichzeitige Besamung aller Sauen in einer Gruppe voraus. In das Geburtsmanagement sind die Geburtsüberwachung sowie die partielle Auslösung (Induktion) und Gleichschaltung (Synchronisation) der Geburten eingeschlossen. Es wird damit eine sachgerechte Betreuung für die Sau und eine hohe Überlebensrate der Neugeborenen gesichert.

Der für die Gruppenabferkelung erforderlichen Konzentration der Abferkeltermine steht die natürliche Schwankungsbreite der Trächtig-

Abb. 26 Geburtseintritte bei Sauen nach unterschiedlicher biotechnischer Behandlung.

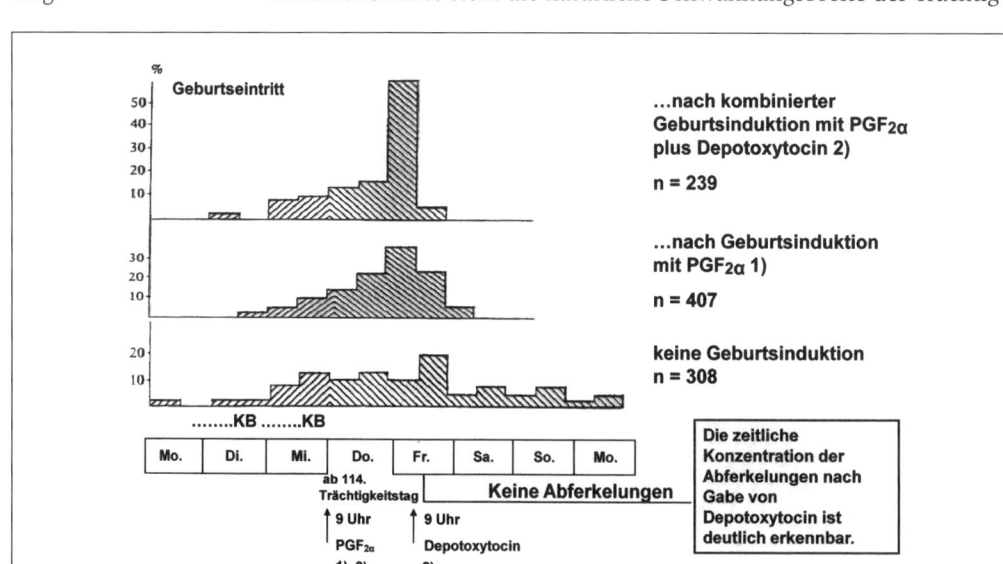

keitsdauer entgegen, die selbst bei Tieren mit gleichem Belegungsdatum individuell um mehrere Tage variieren kann.

Die Geburtensynchronisation sieht vor, dass partiell bei den Sauen mit Tragezeiten von mehr als 115 Tagen die Geburten induziert werden. Das betrifft etwa 60 % der Sauen. Dabei hat sich die Anwendung eines heute meist synthetisch hergestellten Prostaglandin-Präparates bewährt.

Das Prostaglandin $F_{2\alpha}$ ($PGF_{2\alpha}$) ist ein Gewebshormon, das in der Plazenta und in den Epithelzellen der Gebärmutterschleimhaut gebildet wird. Es bewirkt die Regression des Gelbkörpers. Damit wird die Sekretion von Progesteron eingestellt und zusammen mit der daraufhin einsetzenden Oxytocinwirkung beginnen die für die Geburt wichtigen Gebärmutterkontraktionen.

Der Effekt der partiellen Geburtsinduktion kann erhöht werden, wenn 24 Stunden nach der geburtsauslösenden $PGF_{2\alpha}$-Injektion noch zusätzlich Oxytocin injiziert wird. Damit werden die durch das $PGF_{2\alpha}$ indirekt initiierten Gebärmutterkontraktionen weiter unterstützt und die Geburten verlaufen zügiger. Um den zeitlichen Eintritt und insbesondere die tageszeitliche Verteilung der induzierten Geburten noch besser steuern zu können (Abb. 26), empfiehlt sich die Verwendung eines synthetischen Oxytocinanalogons mit längerer Halbwertszeit (Langzeitoxytocin – Depotocin).

> Die Feten nehmen in den letzten Tagen der Trächtigkeit 80 bis 100 Gramm pro Tag zu, daher darf die Geburt keinesfalls zu früh eingeleitet werden.

Zügig verlaufende Geburten fördern die Vitalität der neugeborenen Ferkel, senken die Aufzuchtverluste und beeinflussen den Puerperalverlauf bei den Sauen positiv.

Die Wahl des **Injektionszeitpunktes** für das $PGF_{2\alpha}$ ist von großer Bedeutung. Dieser sollte bei Jung- und Altsauen nicht vor dem 114. Trächtigkeitstag erfolgen, weil das verminderte Geburtsmassen der Ferkel zur Folge hätte und ihre weitere Entwicklung dadurch beeinträchtigt wäre. Für die richtige Berechnung des Injektionstages wird der Tag

Tab. 5 Bezugspunkte und Berechnungsweise der Trächtigkeitsdauer beim Schwein

Durchführung der KB*		Wochentage, auf welche die Trächtigkeitstage und Abferkelungen fallen				
KB 1 Trächtigkeitstag 0	KB 2 Trächtigkeitstag 1	113	114	115	116	117
Montag	Dienstag	Dienstag	Mittwoch	Donnerstag	Freitag	Sonnabend
Dienstag	Mittwoch	Mittwoch	Donnerstag	Freitag	Sonnabend	Sonntag
Mittwoch	Donnerstag	Donnerstag	Freitag	Sonnabend	Sonntag	Montag
Donnerstag	Freitag	Freitag	Sonnabend	Sonntag	Montag	Dienstag
Freitag	Sonnabend	Sonnabend	Sonntag	Montag	Dienstag	Mittwoch

*Künstliche Besamung

der letzten Belegung/Besamung als erster Trächtigkeitstag gezählt (Tab. 5).

Zum Geburtsmanagement gehört die Geburtsüberwachung. Sie dient grundsätzlich dem reibungslosen und verlustarmen Verlauf der Geburt. Es hat sich dafür die Einteilung einer verantwortlichen Person als sinnvoll und nützlich erwiesen.

2.6 Bestandsremontierung

Für Sauen haltende Betriebe aller Zuchtebenen ist die Remontierung ihrer Bestände eine wesentliche Voraussetzung, um die Leistung der Herde auf hohem Niveau und den Betrieb wettbewerbsfähig zu halten. Mit ihr verbinden sich drei Zielstellungen:
- Ersatz der aus der Zucht ausscheidenden Sauen,
- Übertragung des züchterischen Fortschritts in die Herde,
- positive Beeinflussung der Herdenleistung durch optimale Gestaltung der Altersstruktur.

Züchten heißt in Generationen denken.

Die Bestandsremontierung verlangt demzufolge sehr viel Sachkenntnis und Weitsicht.

Generell muss der Sauenhalter dabei einen Kompromiss zwischen dem zu erwartenden Leistungsfortschritt (infolge einer etwas höheren Bestandsergänzung mit züchterisch hoch veranlagten Jungsauen) und der Begrenzung der Tiereinsatzkosten eingehen. Die Zuführung von Remonte-Tieren zur Erstbesamung/-belegung kann dabei über Zukaufs- oder Eigenbestandsremontierung erfolgen. Ihr Umfang wird grundsätzlich von zwei Faktoren beeinflusst:
- Nutzungsintensität des Altsauenbestandes: Sie schlägt sich in der Wurfhäufigkeit je Sau und Jahr nieder. Diese wird im Wesentlichen durch die Säugezeit und besonders durch das Niveau von Trächtigkeits- und Abferkelraten bestimmt.
- Selektionsintensität bei den Sauen: Anteil der als leistungsschwach selektierten Sauen und Ersatz derselben durch leistungsstarke Jungsauen.

Die Intensität der Remontierung des Sauenbestandes wird von der Kennzahl Remontierungsquote, die meist nur als Remontierung bezeichnet wird, beschrieben:

$$\text{Remontierung(-squote) (RQ)} = \frac{\text{Anzahl zugeführter Jungsauen} \times 100}{\text{Anzahl Sauen im Durchschnittsbestand ab 1. Belegung}}$$

Die Remontierungsquote drückt den relativen Anteil an Jungsauen aus, der im Verhältnis zum Durchschnittsbestand jährlich der Herde zugeführt wird. Mit dieser Kennzahl werden auch wirtschaftliche Aspekte berücksichtigt, wie die Ausfallquote der Jungsauen bis zum ersten Wurf und indirekt auch die Tiereinsatzkosten.

Je nach Höhe der Abferkelrate der eingegliederten Jungsauen und der Gesamtabferkelrate differieren die Remontierungsquoten zwischen Betrieben. Die Bestandskonzentration hat dabei einen Einfluss.

Eine niedrigere Bestandsergänzung bringt im Vergleich zur höheren Remontierung nachweisbare Kosten- und Erlösvorteile und eine stabilere immunologische Herdensituation. Eine höhere Remontierung führt dagegen unter Berücksichtigung des Selektionserfolges für die im Bestand verbleibenden Sauen und des Zuchtfortschritts über die zugeführten Jungsauen eher zu einer Steigerung der Fruchtbarkeitsleistung.

Eine hohe Remontierung ist auch mit betrieblichen Konsequenzen verbunden. Ein sehr hoher Anteil an Jungsauen in der Herde wirkt sich in mehrfacher Hinsicht negativ aus. Erstlingssauen erbringen im Vergleich zu Altsauen im Durchschnitt niedrigere Abferkelraten und niedrigere Geburtsgewichte bei den Ferkeln und realisieren etwas eingeschränkte Aufzuchtleistungen.

Eine hohe Remontierung hat neben dem hohen Anteil an Jungsauen auch einen hohen Anteil an primiparen Sauen in der Herde zur Folge. Diese weisen unter Umständen Unsicherheiten beim Brunsteintritt nach dem Absetzen der Ferkel auf. Tiergesundheitliche Konsequenzen ergeben sich aus einer zu hohen Bestandsremontierung in der Form, dass die Gefahr einer instabilen Immunitätslage in der Herde anwächst.

Die richtige Remontierung unterliegt folglich einer betriebsindividuellen Optimierung, die ganz wesentlich vom Potenzial der genetischen Sauenherkunft für eine lange Nutzungsdauer und hohe Lebensleistung bestimmt wird. Zumeist werden Remontierungsquoten von 40 bis 55 % empfohlen. Damit die Zuchtsauen mindestens 5 Würfe erbringen können, darf der erforderliche Anteil an Jungsauenwürfen 20 % nicht übersteigen.

Zweifellos ist die Leistungshöhe der Herde für die Bestandsergänzung mit ausschlaggebend. Letzteres betrifft vor allem die erzielten Trächtigkeitsergebnisse und Abferkelraten (Tab. 6). Die durchschnittlichen Abferkelraten von Jung- und Altsauen schwanken häufig um 85 %, die der Jungsauen liegt dabei im Durchschnitt um 5 bis 7 % niedriger als die der Altsauen.

Sehr häufig ist die Bestandsremontierung in den Betrieben zu hoch, weil zu viele Sauen krankheitsbedingt zu früh abgehen. Diese ungewollte Zwangsselektion liegt häufig über 12 %, sodass für eine angemessene Leistungsselektion bei den Sauen nahezu kein Raum mehr verbleibt.

Die beispielhaft aufgezeigten Zusammenhänge spiegeln sich bei den Abferkelraten in den verschiedenen Niveaustufen in den Ferkelerzeu-

AFR = Abferkelrate

gerbetrieben wider. Die in Tabelle 6 vorgenommene Berechnung geht von wöchentlich 60 zu belegenden Abferkelplätzen aus. Es wurde eine Wurfhäufigkeit von etwa 2,30 bis 2,35 Würfen je Sau und Jahr und eine etwa 10 %ige Selektion aus Alters- und Leistungsgründen nach dem Absetzen zu Grunde gelegt. Es ergibt sich daraus die Schlussfolgerung:

Steigt die Gesamtabferkelrate (Altsauen) um 3 %, dann kann der Anteil erster Würfe insgesamt um 2,6 % abgesenkt werden. Die Remontierung verringert sich um reichlich 5 %.

Tabelle 7 zeigt den Zusammenhang zwischen der Wurfhäufigkeit und der Höhe der Bestandsremontierung in einer Herde mit 100 Sauen. Demnach bewirkt eine steigende Wurfhäufigkeit um 0,1 eine Reduzierung der Remontierungsrate um 1 %.

Tab. 6 Einfluss der Abferkelrate (AFR) auf die Remontierung in Sauenherden

	niedriges Niveau AS-AFR: 80 % JS-AFR: 80 %		hohes Niveau AS-AFR: 95 % JS-AFR: 85 %	
	AS	JS	AS	JS
Sauen zur KB	51	26	53	14
abferkelnde Sauen	41	21	50	12
aufgezogene Würfe (∑ = 60)	40	20	49	11
Sauen erneut zur KB	35	15	44	8
Umrauscher aus vorheriger Gruppe	1	3	1	1
Neuzuführung JS		23		13
Remontierung	~70		~48	

AS = Altsau, JS = Jungsau   z. B. 35 + 15 + 1 AS = 51 AS zur KB
                             z. B. 3 + 23 = 26 JS zur KB

Tab. 7 Anteil an Jungsauen (JS)- und Altsauen (AS)-Würfen bei unterschiedlicher Wurfhäufigkeit bei konstanter Remontierung von 50 % in einem Bestand von 100 Sauen

Wurfhäufigkeit	Würfe insgesamt	JS-Würfe		AS-Würfe
		St.	% (RR)	%
2,1	210	50	23,8	76,2
2,2	220	50	22,7	77,3
2,3	230	50	21,7	78,3
2,4	240	50	20,8	79,2

50 JS-Würfe = 53 JS-Zukäufe = RQ = 53 %

Grundsätzlich müssen die Höhen der Bestandsergänzung in den Betrieben der verschiedenen Zuchtebenen unterschiedlich bewertet werden. In der Basiszucht wird infolge des anzustrebenden höheren Zuchtfortschritts die Remontierung allgemein etwas höher gehalten. In Betrieben der Ferkelerzeugung für die Mast sollten die Remontierungen wegen der gewünschten längeren Nutzungsdauer bei hoher Leistungspersistenz der Sauen dagegen etwas niedriger liegen.

Verfahren zur Bestandsremontierung
Die Zuführung von Remonte-Tieren in den Bestand kann entweder über Zukaufs- oder Eigenbestandsremontierung erfolgen. Beide Verfahren haben Vor- und Nachteile und unterscheiden sich durch das anzuwendende Kreuzungsverfahren (Abb. 27). Entscheidend für die Anwendung dieses oder jenes Verfahrens ist dabei die Bestandsgröße.

2.6.1 Eigene Jungsauenaufzucht – horizontale Remontierung/Eigenremontierung

Die Eigenremontierung basiert auf der Jungsauenaufzucht im eigenen Betrieb. Das geschieht in Ferkelerzeugerbetrieben meist mithilfe der Wechselkreuzung.

Der wesentliche Vorteil dieses Remontierungsverfahrens liegt in der hygienischen Sicherheit, weil keine Tierzuführungen von außen erfolgen, sodass es besonders für größere Bestände in Betracht kommt. Hinzu kommt die Unabhängigkeit des Ferkelerzeugerbetriebes von Betrieben der Jungsauenvermehrung. Die Tiereinsatzkosten sind wegen des Wegfalls der Zuchtzuschläge niedriger.

Züchterisch fällt der Heterosiseffekt in den Merkmalen Fruchtbarkeit und Aufzuchtleistung im Vergleich zu Sauen aus Einfachkreuzungen etwas niedriger aus. Anderseits kann bei der Auswahl der zur Zucht vorgesehenen weiblichen Ferkel ein etwas höherer Selektionsdruck an-

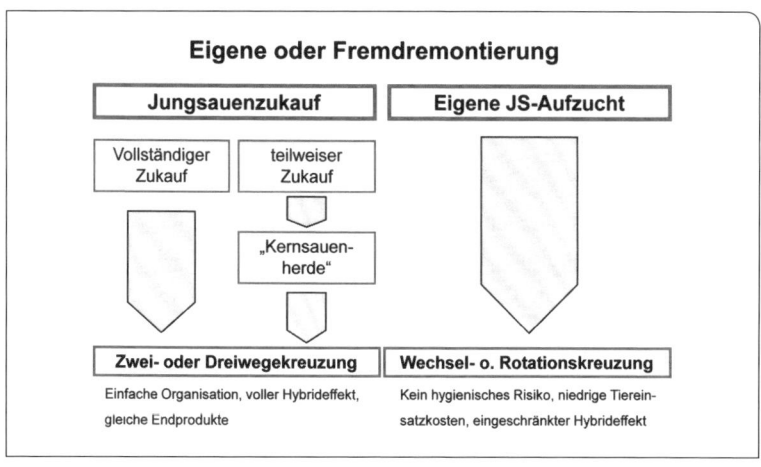

Abb. 27 Verfahren zur Organisation der Bestandsremontierung.

Tab. 8 Notwendiger Anteil an Reinzuchtsauen für eine „Kernsauenherde" (Modell)

Remontierungsquote in der Hauptherde (%)	zuchtverwendungsfähige Jungsauen aus jedem Wurf (St.)		
	1,6	2,0	2,4
	Anteil Sauen in der Kernsauenherde am Gesamtbestand (%)		
50	31	25	21
40	25	20	17
30	19	15	13
20	13	10	9

gewendet werden. Es ist aber zu berücksichtigen, dass die dabei anfallenden Zuchtnebenprodukte (Kastrate und nicht zuchtverwendungsfähige weibliche Ferkel) infolge geringerer Magerfleischanteile im Schlachtkörper am Ende der Mast bei der Vermarktung zu Mindererlösen führen.

Eine andere Möglichkeit ist die eigene Aufzucht von Jungsauen mithilfe einer so genannten „Kernsauenherde". Darunter ist ein in Reinzucht gehaltener Teil der Gesamtherde zu verstehen (Abb. 27). Sie dient der Erzeugung von F1-Jungsauen für die Bestandsergänzung der Hauptherde, wobei die zweite Rasse über künstliche Besamung angepaart wird. Weil die Remonten im eigenen Betrieb erzeugt werden, entfällt auch hier das hygienische Risiko. Die Arbeit mit einer „Kernsauenherde" empfiehlt sich nur in sehr großen Beständen. In Abhängigkeit von der Höhe der Bestandsremontierung der Hauptherde ist der notwendige Anteil an Reinzuchtsauen entsprechend zu kalkulieren (Tab. 8).

2.6.2 Jungsauenzukauf – vertikale Remontierung/Fremdremontierung

Über die Zukaufsremontierung (Fremdremontierung) wird ein schnellerer Zuchtfortschritt in den Bestand getragen. Er kann jährlich mit etwa 1 %, d. h. 0,10 bis 0,15 lebend geborenen Ferkeln/Wurf kalkuliert werden.

Von entscheidendem Vorteil ist der hohe Heterosiseffekt bei den F1-Sauen in den Merkmalen Fruchtbarkeit und Aufzuchtleistung. Mit der Wahl des Herkunftsbetriebes ist eine langfristige Entscheidung für das züchterische Niveau der Sauenherde gefallen. Ein kurzfristiger und häufiger Wechsel ist ungünstig, weil er bekanntlich große hygienische Risiken in sich birgt.

Organisatorisch bietet die Zukaufsremontierung drei wesentliche **Vorteile**:
- Infolge der Einfachkreuzung entstehen immer die gleichen, reproduzierbaren Produkte als F1-Sauen aus z. B. DE/LW × DL. Bei den

Sauen sind stets Tiere der gleichen Genetik vorhanden, und das zu versamende Ebersperma stammt ebenso nur von einer Rasse (Vaterrasse).
- Die Dokumentation der züchterischen Arbeit ist relativ einfach und übersichtlich.
- Es sind keine zusätzlichen Stallplätze sowie personelle Kapazitäten mit hohem Fachwissen für die Jungsauenaufzucht notwendig.

Als **Nachteil** müssen die hohen Tiereinsatzkosten benannt werden, die einen gewissen Zuchtzuschlag beinhalten.

Die genannten Vor- und Nachteile lassen erkennen, dass die Bestandsergänzung über den Jungsauenzukauf in erster Linie für kleinere bis mittlere Betriebe in Betracht kommt.

3 Haltungsverfahren in der Ferkelerzeugung

(S. HOY)

Die Haltungsverfahren in der Ferkelerzeugung sind in folgende Stufen bzw. Bereiche eingeteilt:
- Abferkelstall,
- Arena oder Stimubucht (optional),
- Besamungsstall,
- Wartestall und Ferkelaufzuchtstall.

Stimuliereber werden zumeist in der Nähe des Besamungsstalles oder darin gehalten.

3.1 Gesetzliche Rahmenbedingungen

Die Haltung von Sauen und Ferkeln in Deutschland wird durch viele Gesetze und Verordnungen reglementiert. Für die Haltung im engeren Sinn sind das Tierschutzgesetz (TSchG), die Tierschutz-Nutztierhaltungsverordnung (TierSchNutztV) und die Schweinehaltungshygieneverordnung zu nennen. Zur Präzisierung der Vorgaben der TierSchNutztV dienen die Ausführungshinweise der Bundesländer. Weitere gesetzliche Vorschriften (z. B. Tierzuchtgesetz, Bundesimmissionsschutzgesetz) werden in den diesbezüglichen Kapiteln dieses Buches behandelt.

3.2 Abferkelstall

Abferkelställe werden konsequent nach dem Alles raus-Alles rein-Prinzip mit dazwischen liegender Reinigung und Desinfektion bewirtschaftet. Als Fußbodenmaterialien in der Abferkelbucht werden Kunststoffroste, Kunststoffummantelte Roste, Gussroste, Dreikantstahl oder Spezialbetonböden angewendet. Der Trend geht derzeit hin zum Kombinationsboden („Inlay-Fußboden").

Für die Abferkelbuchten wird im Liegebereich der Sau der Einsatz eines gut wärmeableitenden Materials (z. B. Gussroste), im Aktionsbereich der Ferkel dagegen ein wärmedämmendes Material (z. B. Kunststoffboden oder kunststoffummantelter Streckmetallrost) empfohlen. Spezialbeton (PCC)-Fußböden in der Abferkelbucht gibt es in verschiedenen Größen (Länge: 100, 105, 120 und 125 cm; Breite: 40 und 60 cm). Sie können bei Bedarf mit Gussrosten im hinteren Bereich des Sauenstandplatzes kombiniert werden. Der Einbau von 80 cm, ggf. sogar 100 cm breiten Gussrosten mit höherem Perforationsanteil hinter der Sau hat den Vorteil, dass beim Urinieren die Flüssigkeit besser ab-

> Kombinationsboden: Kombination aus einem gut wärmeableitenden Fußboden unter der Sau (z. B. Gussroste) und einem gut wärmedämmenden Fußboden im Aktionsbereich der Ferkel (z. B. Kunststoffroste).

läuft und nicht alles nass spritzt. Die Segmente aus Polymerbeton haben ein günstiges Verhältnis von Schlitzweite (10 mm) zu Auftrittsbreite (50 mm) für die Ferkel und für die Sauen. Neben der Balken- bzw. Stegbreite sind die Verarbeitungsqualität (z. B. Grate) und die Eignung für die Reinigung und Desinfektion (z. B. Restschmutz am Unterboden) zu beachten.

Die gerade Anordnung der Abferkelstände in der Abferkelbucht (siehe Abb. 32) bietet durch die geraden Unterzüge eine bessere und preiswertere Möglichkeit der Kombination verschiedener Fußbodenmaterialien. In Verbindung mit einem geeigneten Fußboden (z. B. Ferrocast-Gussrost) kann die Häufigkeit von Zitzenverletzungen bei den Sauen im Vergleich zur diagonalen Aufstellung deutlich niedriger sein (Tab. 9). Der Fußboden (Material, Qualität) beeinflusst darüber hinaus auch signifikant die Häufigkeit von Schürfwunden und Zitzennekrosen bei den Ferkeln. Untersuchungen zeigten, dass die geringsten Häufig-

Tab. 9 Häufigkeit von Zitzenverletzungen bei Sauen in Abhängigkeit von der Aufstallung und dem Fußbodentyp (Meyer und Müller 2006)

	Gerade Aufstallung		Diagonale Aufstallung	
	Sauen	Zitzenverletzungen (%)	Sauen	Zitzenverletzungen (%)
Zeitraum vor Bodentausch	317	26,5	341	46,7
ohne Umbau [1]	98	15,3	209	36,3
Umbaulösung I [2]	64	9,4	77	40,3
Umbaulösung II [3]	66	14,7	133	27,1

[1] Kontrolle [2] Schonlau (Ferrocast-Gussrost) [3] MIK- bzw. Durotec-Kunststoff

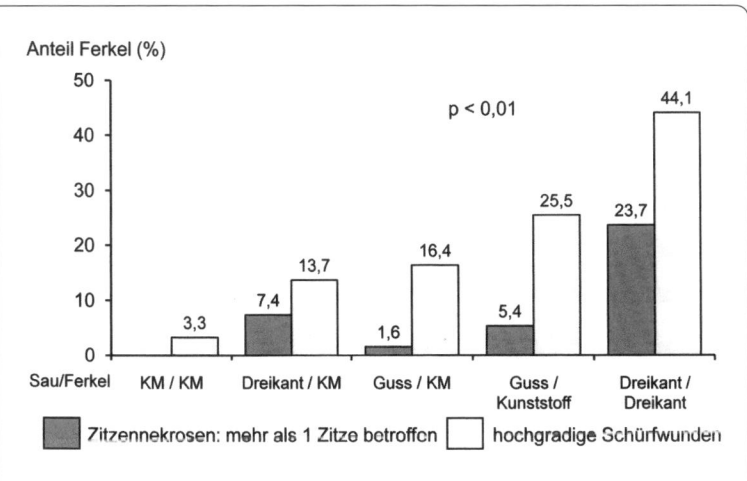

Abb. 28 Häufigkeit von Schürfwunden und Zitzennekrosen bei Ferkeln in verschiedenen Fußboden-Kombinationen (Ruetz und Hoy 2007).

keiten hochgradiger Schürfwunden (3,3 %) und Zitzennekrosen (0 %) auf kunststoffummantelten Streckmetallrosten (KM) in der gesamten Abferkelbucht, die höchsten Frequenzen (44,1 bzw. 23,7 %) auf Dreikantstahlrosten im Sauen- und im Ferkelaufenthaltsbereich auftraten (Abb. 28).

Zu beachten ist, dass bei Kombinationsfußböden (Inlayböden) der Übergang zwischen dem Fußbodenbereich „unter der Sau" und dem Ferkelbereich mit großer Sorgfalt gestaltet werden muss. Unebenheiten, Vorsprünge oder Verlegungsungenauigkeiten können die Quote verletzter Ferkel deutlich ansteigen lassen. Wenn beide Teilfußbodenbereiche ineinander integriert und genau angepasst sind, ist das Verletzungsrisiko deutlich geringer (Abb. 29).

Generell liegt die Häufigkeit von Schürfwunden auf modernen Fußböden deutlich niedriger als in älteren Abferkelbuchten. Die größte Häufigkeit von hochgradigen Schürfwunden tritt in älteren Ställen mit kompaktem rauem Betonboden auf. Vor allem die Karpalgelenke sind davon betroffen, an denen Schürfwunden Eintrittsstellen für bakterielle Krankheitserreger (Streptokokken) bilden, die zu Gelenkentzündungen führen. Einstreu hilft nicht, da sowohl die Sau als auch die Ferkel das Stroh beiseite schieben. Die Sauen wollen ihre Gesäugeleiste auf einen gut wärmeableitenden Fußboden legen, um ihre Wärmeabgabe zu unterstützen. Die Saugferkel befördern durch ihre strampelnden Bewegungen die Einstreu zur Seite. Zur Geburt schwere Ferkel sind bezüglich der Häufigkeit von Hautabschürfungen und Behandlungen wegen Gelenkentzündungen stärker als die leichteren Wurfgeschwister betroffen. Die Ursache liegt darin, dass bei schwereren Ferkeln der Druck auf die Gelenke während des Saugens stärker ist und sie kräftiger strampeln. Bei rauer Betonoberfläche wird die Haut dadurch schneller abgerieben („Radiergummi-Effekt").

Abb. 29 Eine bestmögliche Integration des Fußbodens unter der Sau in den Fußboden des Ferkelaktionsbereiches beugt Verletzungen der Ferkel vor.

Abb. 30 Koteinwurfluken in jeder 2. Bucht erleichtern die Arbeit.

Durch eine Oberflächenbeschichtung des Betonbodens lässt sich die Häufigkeit von mittel- bis hochgradigen Schürfwunden am 14. Lebenstag auf etwa ein Viertel senken.

Der Stallfußboden in der Abferkelbucht muss griffig und rutschfest sein (charakterisiert durch den Gleitreibwert μ – Richtwert der DLG = 0,25). Je höher der Gleitreibwert, desto trittsicherer ist der Fußboden. Gussroste und Betonböden besitzen aus dieser Sicht Vorteile für Sauen. Kunststoffummantelte Streckmetallroste sind sehr „tierfreundlich". Aber auch bei diesem Boden sind Schürfwunden bei den Ferkeln nicht völlig auszuschließen. Die Reinigung ist als sehr gut einzuschätzen. Der Kotdurchtritt ist aber bei der Sau schlechter, sodass bis etwa 2 Wochen nach der Abferkelung ggf. der Kot manuell entfernt werden muss. Koteinwurfluken erleichtern die Arbeit (Abb. 30).

Kunststoff- bzw. kunststoffummantelte Roste sind glatter als Gussroste, d.h. sie haben einen niedrigeren Gleitreibwert. Manche Gussroste haben mit 0,42 bzw. 0,46 (nasser bzw. trockener Boden) deutlich höhere Gleitreibwerte als der Richtwert von 0,25. Damit ist die Trittsicherheit dieser Roste fast doppelt so hoch wie bei manchen Kunststoffrosten. Um das Wegrutschen der Sauen einzuschränken, werden Erhöhungen auf der Rostoberfläche in Form von Leisten oder Profilen angeboten. Auch silikonbeschichtete Kunststoffroste für den Sauenplatz kommen zum Einsatz, um die Trittsicherheit der ferkelführenden Sauen zu verbessern. Kunststoff-Fußböden haben durch ihre glatte Oberfläche Nachteile für den Klauenhornabrieb.

Eine um bis zu vier Zentimeter angehobene Standfläche für die Sau („Step two") (Abb. 31) bringt keine Vorteile für die Ferkel. Im Gegenteil – kleine Ferkel haben Probleme, die obere Zitzenleiste zu erreichen, sodass bei diesen Ferkeln die täglichen Zunahmen vermindert sind und die Zahl der Verluste und Kümmerer zunimmt. Eine Sau mit guten

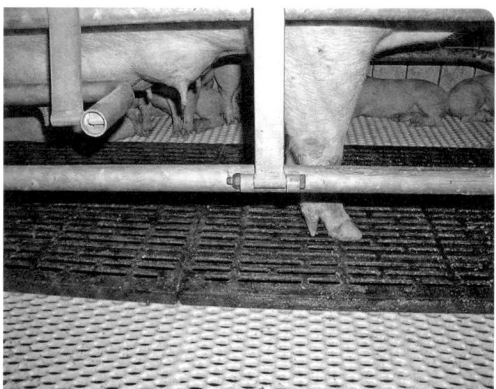

Abb. 31 Ein angehobener Fußboden im Sauenbereich (Step two) bringt keine Vorteile für die Ferkel.

Muttereigenschaften wirft auch ohne die erhöhte Liegefläche das Gesäuge auf, sodass die untere Gesäugeleiste zugänglich wird.

Die Abferkelbuchten und vor allem der Sauenstand darin müssen leicht bedienbar sein und ein geringes Verletzungsrisiko für Sau und Ferkel aufweisen. Die Sau soll viel Bewegungsfreiheit beim Abferkeln haben. Werden Ferkel nach dem Absetzen noch einige Tage in der Abferkelbucht gehalten, sollte der Stand hochklappbar sein.

Die Abferkelbuchten lassen sich zwei- oder mehrreihig anordnen. Der Gang dazwischen ist 80 cm breit und fungiert als Treib- und Kontrollgang. Ein betonierter Laufgang erzeugt weniger Trittgeräusche bei der Ein- und Austallung und ist trittsicherer als Kunststoffroste. Es sollten nicht mehr als 10 Abferkelbuchten hintereinander angeordnet sein, damit die Wegstrecken für die Tierbetreuer bei der täglichen Arbeit und für die Sauen beim Ein- und Ausstallen nicht zu lang werden. Die Trennwände aus Kunststoffprofilen sollten aus einem Brett (aufgrund der Hygiene mit Kappen stirnseitig verschlossen) und aus arbeitswirtschaftlichen Gründen 30 bis 50 cm hoch sein. Bei einer zu niedrigen Buchtentrennwand (z. B. 30 cm) springen (vor allem spät umgesetzte) Ferkel darüber. Ein Querrohr über der Trennwand kann das verhindern, allerdings sind dann die arbeitswirtschaftlichen Vorteile nicht mehr vorhanden.

> Gangbreite im Abferkelstall: 80 cm
>
> Kein zusätzlicher Gang zur Kontrolle der Futtertröge.

Ein zusätzlicher Kontrollgang an der Wand wird nicht benötigt, da die Fütterung über Rohrkette mit Volumendosierern erfolgt. Die Anordnung der Buchten kann längs oder quer zum Gang erfolgen, und die Sauenstände darin können gerade oder diagonal angeordnet werden (Abb. 32).

Es gibt einen neuen Trend, die Sauen mit den Köpfen zum Stallgang zu platzieren, um den Trog besser kontrollieren zu können. Aus der Sicht der Tiergesundheitsüberwachung (z. B. Beobachtung von Ausfluss) und der Geburtshilfe ist dies jedoch ein Nachteil. Bei der geraden Aufstallung längs zum Gang ist sowohl die Kontrolle der Futteraufnahme (Trogbonitur) als auch des Hinterteils der Sau (Puerperalstörungen, Ausfluss) vergleichsweise einfach möglich. Gegenwärtig wird die gerade Aufstallung längs zum Gang mit dem Ferkelnest vor dem Kopf der Sau, einem breiten Gang an dieser Stelle und einer Pendelklappe erprobt, sodass sich bei entsprechender Einstellung dieser Klappe (Ein-Weg-Betrieb) die Ferkel selbst im Ferkelnest einsperren (Abb. 33). Dies erleichtert das Fangen der Ferkel vor Impfungen oder anderen Maßnahmen am Tier. Bei dem schmaleren Ferkelnest muss der Betreuer zum Einfangen der Ferkel nicht die Bucht betreten, sodass die Gefahr, mit den Stiefeln Keime von Bucht zu Bucht zu verschleppen, geringer wird. Die Aufstallung der Sauen mit dem Kopf zur Wand erleichtert dagegen die manuelle Entfernung des Kotes, erschwert allerdings die Kontrolle der Troghygiene.

Der Trend für die Fläche der Abferkelbucht geht zu Maßen von 2,60 × 1,90 m für die gerade und von 2,50 × 2,0 m für die diagonale Aufstallung. Größere Buchten sichern die Fluchträume für die Ferkel und reduzieren den Prozentsatz erdrückter Ferkel um 1 bis 2 %. Bedeutsam ist auch die Vermeidung von Engstellen (z. B. durch die Anordnung des Sauenstandes) in der Bucht.

Bei gleicher Buchtenzahl sind in der **Queraufstallung** (Abb. 34) die Abteile breiter (5,40 bis 5,60 m) und kürzer als bei der Längsaufstallung. Der Flächenanteil für den Mittelgang ist niedriger, sodass die Kosten pro Abferkelbucht etwas niedriger sind (beim Neu- bzw. Umbau).

Abb. 32 Varianten der diagonalen und geraden Aufstallung (de Baey-Ernsten 1997).

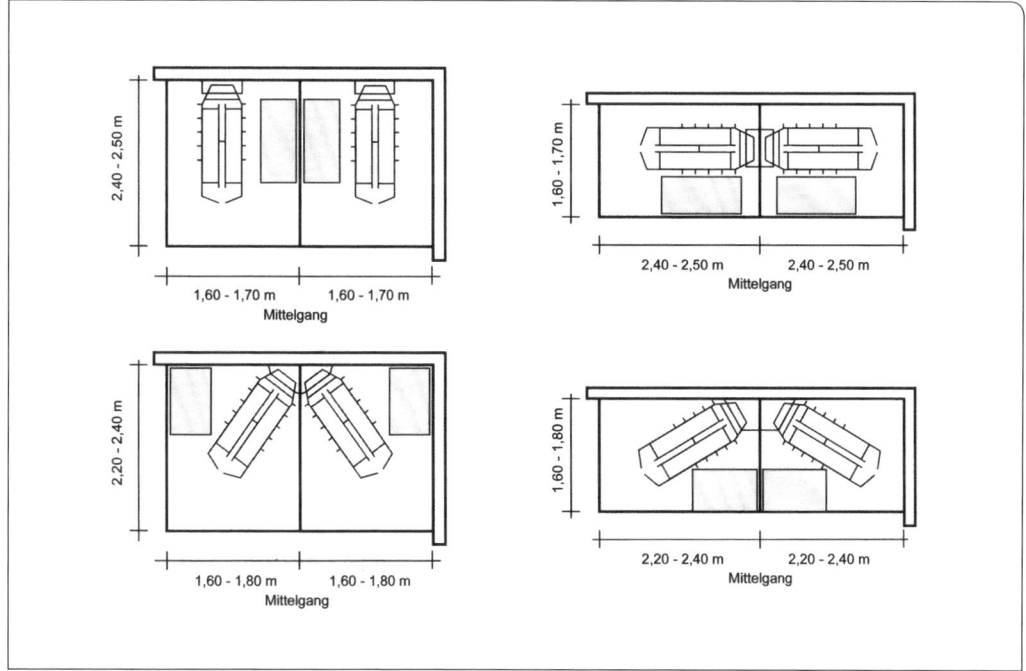

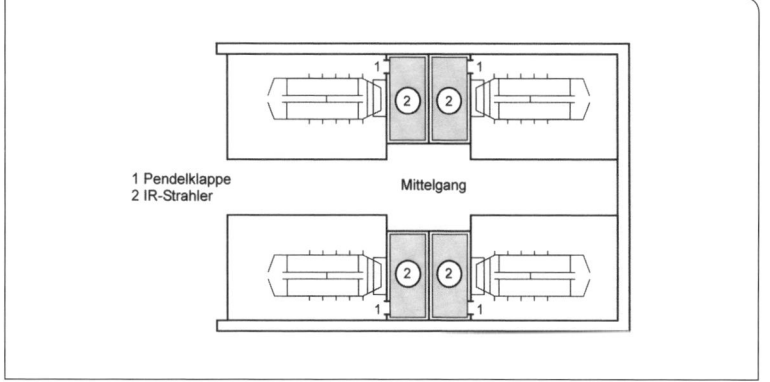

Abb. 33 Gerade Aufstallung der Sau längs zum Gang mit dem Ferkelnest vor dem Kopf der Sau und einer Pendelklappe zum „Selbstfangen" der Ferkel.

Bei der **Längsaufstallung** (Abb. 35) befindet sich das Ferkelnest am Kontrollgang, was folgende Vorteile bietet:
- gute Kontrolle der Ferkel im Nest,
- einfache Trogbonitur,
- gute Gesäugekontrolle und
- leichtes Fangen der Ferkel vom Gang aus.

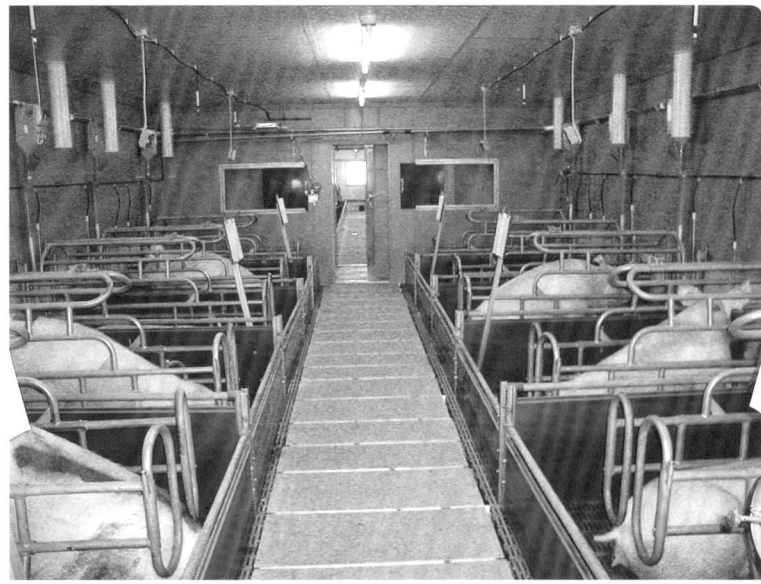

Abb. 34 Zweireihige gerade Aufstallung quer zum betonierten Kontrollgang.

Abb. 35 Gerade Aufstallung längs zum Gang.

Die Abteile können schmaler sein als bei der Queraufstallung. Allerdings ist die Ausstallung großrahmiger Sauen etwas schwieriger.

Die **Geradeaufstallung** ist dadurch gekennzeichnet, dass sich das Ferkelnest neben dem Sauenplatz befindet und 40–50 cm × 100–120 cm groß ist. Bei schmalen Buchten (< 1,80 m breit) kann die Sau die Beine bis in das Ferkelnest ausstrecken, was eine Verletzungsgefahr für die Ferkel bedeutet. In breiten Buchten (1,90) und bei Anordnung des Ferkelnestes in der Buchtenecke ist diese Gefahr deutlich geringer. Der größte Vorteil der Geradeaufstallung besteht in der besseren und preiswerteren Möglichkeit der Kombination verschiedener Fußbodenmaterialien auf den geraden Unterzügen.

Bei der **Diagonalaufstallung** ist das Ferkelnest neben dem Kopf der Sau angeordnet, wobei drei Platten „über Eck" angeordnet werden können, sodass mit etwa 0,72 m^2 beheizter Fläche auch große Würfe optimal versorgt werden.

Auf der gegenüberliegenden Seite des Ferkelnestes entsteht bei der Diagonalaufstallung ein spitzer Winkel, und das Fangen der Ferkel gestaltet sich schwieriger – insbesondere dann, wenn diese unter den hochgelegten Trog flüchten. Das Fußbodenprofil mit unterschiedlichen Materialien ist schwieriger und teurer zu realisieren, sodass die Diagonalaufstallung zunehmend kritisch diskutiert wird. Außerdem treten mehr Zitzenverletzungen bei den Sauen auf.

Die Entscheidung für eine dieser Varianten hängt beim Stallumbau von den räumlichen Gegebenheiten ab (z. B. passt in vorhandene Stallabteile gelegentlich nur eine diagonale oder nur eine Längsaufstallung hinein). Ansonsten ist wegen tiergesundheitlicher (geringe Verletzungshäufigkeit) und baulicher Vorteile (Kombination verschiedener Fußbodenmaterialien) der Quer- oder der Längsaufstallung mit gerader Anordnung des Sauenstandes der Vorzug zu geben.

Der Sauenstand („Kastenstand" – besser: Ferkelschutzstand, denn genau diese Funktion erfüllt der Stand) als Schutzvorrichtung gegen ein Erdrücken der Saugferkel ist ausdrücklich erlaubt. Eine Auswertung der weltweit durchgeführten Untersuchungen zur Haltung von Sauen in der Abferkelbucht mit oder ohne Ferkelschutzstand (insgesamt 26 Arbeiten, darunter 24 Vergleichsuntersuchungen) ergab, dass im direkten Vergleich beider Systeme die Ferkelverluste bei der Haltung ohne Kastenstand deutlich höher waren als bei der fixierten Haltung (Abb. 36).

In 21 Untersuchungen weltweit waren die Ferkelverluste zum Teil fast doppelt so hoch wie bei der Haltung der fixierten Sauen. Nur in 2 Studien trat ein umgekehrtes Ergebnis auf. Der Sauenstand muss in Länge und Breite an die Größe der jeweiligen Sau anpassbar sein, zumal die Sauen in den letzten Jahren großrahmiger und schwerer geworden sind. Außerdem bestehen innerhalb einer Sauenherde Unterschiede in der Rückenhöhe bis zu 23 cm zwischen einzelnen Tieren.

> Als Orientierung ist eine Fläche des beheizten Ferkelnestes von 0,06 bis 0,07 m^2 pro Ferkel in Abhängigkeit von der Säugedauer zu kalkulieren.

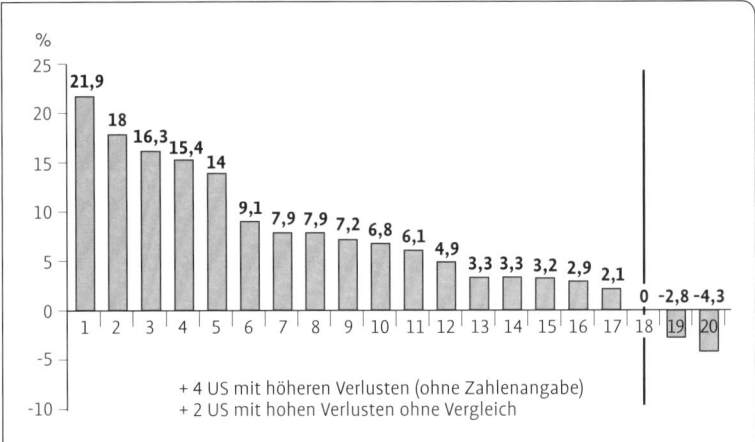

Abb. 36 Differenz der Ferkelverluste bei nicht fixierter gegenüber fixierter Haltung.

Das muss bei den Maßen von Bucht und Stand beachtet werden, damit die Tiere sich bequem hinlegen und entspannt liegen können. Als Orientierung ist eine Breite (lichtes Maß) von 65 cm (Jungsau) bzw. von 70–75 cm (Altsau) unter Beachtung der Genetik anzusetzen. Ist der Stand zu breit (vor allem bei Jungsauen), können die Tiere sich drehen („Rolle vorwärts") und den Trog verkoten. Eine kurzzeitige Verengung des Standes (z. B. durch ein Brett o. Ä.) kann das verhindern.

Der Abstand zwischen dem Fußboden und dem unteren Querholm des Kastenstandes soll je nach Körpergröße der Sauen mindestens 33 cm betragen. Andernfalls kann die obere Gesäugeleiste verdeckt werden und die Ferkelverluste können steigen.

Die Länge des Standes ab hinterer Trogkante beträgt 180 cm (bei hochgelegtem Trog) bis 200 cm (wiederum unter Beachtung der Größe der Sauen). Auf jeder Seite des Kastenstandes befinden sich bis zu 7 Abweiser.

Wenn eine Abstützung des Kastenstandes im hinteren Bereich notwendig ist, muss die Stütze (gekragt) außerhalb des Standes auf dem Spaltenboden verankert werden. Bei einem hinten abgestützten Kastenstand können Ferkel zwischen Sau und Metallstütze gelangen, wenn diese gerade ist und die Sau sich hinsetzt. Ist die hintere Stütze dagegen nach außen gebogen, entsteht ein „Schutzraum" für die Ferkel. Bei einem freitragenden Kastenstand kann sich der Stand im Laufe der Zeit absenken, wodurch höhere Ferkelverluste entstehen können.

Der Abstand vom Boden zur Trogunterkante sollte mindestens 15 cm sein (hochgelegter Trog) und die Trogkantenhöhe 35 cm. Der Trog bleibt sauberer, wenn die sauenzugewandte Seite nicht zu steil ist (< 90°).

Als Fütterungstechnik sind **Rohrketten mit Volumendosierern** weit verbreitet, in größeren Anlagen auch die Flüssigfütterung. Die Vorratsbehälter der Trockenfütterung können individuell für jede Sau eingestellt werden – es muss nur konsequent vollzogen werden. Der Zugang zu den Behältern bei der Reinigung ist wichtig; ebenso müssen die Fallrohre schnell nach der Reinigung abtrocknen. Eine Öffnung im Volumendosierer (Abb. 37) unterstützt das.

Die Befüllung der Volumendosierer erfolgt automatisch, die Auslösung zentral. Während der Fütterung besteht eine gute Möglichkeit der Tiergesundheitskontrolle (Futteraufnahme, Ausfluss, Lahmheit etc.). Daher wenden einige Ferkelerzeuger auch die Handfütterung in Vorratsbehälter (Abb. 38) an, um die individuelle Futteraufnahme sehr exakt zu kontrollieren.

Mit drei Mahlzeiten pro Tag werden die Futteraufnahme der Sauen gesteigert und die Aufzuchtleistung verbessert. Die Ferkelverluste und die Umrauscherquote können verringert und die Absetzgewichte und Wurfgröße beim Absetzen erhöht werden. Die Tränkwasseraufnahme der Sauen sollte unbedingt kontrolliert werden (Wasseruhren einbauen!).

Die **Durchflussmenge** der Sauentränken muss hoch sein. Wenn nur eine Durchflussmenge von 0,5 Liter pro Minute aus der Tränke realisiert wird und die Sauen einen Wasserbedarf von 40 Litern pro Tag haben, müssten sie die Zapfentränke 80 min am Tag drücken, um ausreichend Wasser zu erhalten. Untersuchungen an etwa 4000 Ferkeln in Ferkelerzeugerbetrieben mit Nippeltränke oder Nippeltränke plus Wasserversorgung „über den Schlauch" zeigten, dass Ferkel von Sauen mit zusätzlicher Wasserversorgung über den Schlauch eine etwa 100 g höhere Lebendmasse am 7. Lebenstag hatten. Traditionell sind in vielen

> Wasser ist nicht nur das wichtigste Lebensmittel, sondern auch das bedeutsamste Futtermittel.

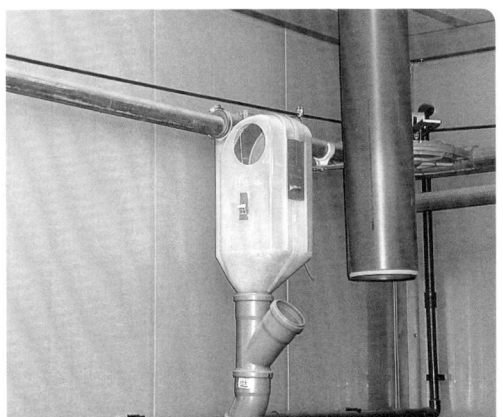

Abb. 37 Volumendosierer mit Öffnung erleichtern die Reinigung und begünstigen das Abtrocknen nach der Reinigung.

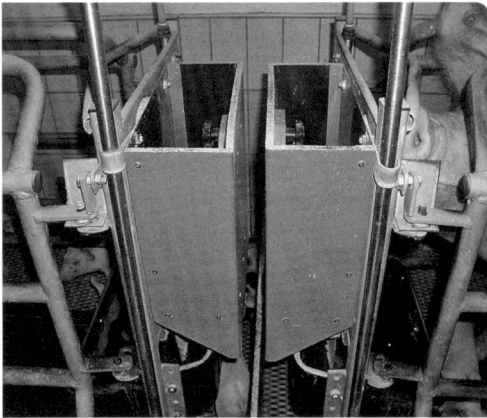

Abb. 38 Vorratsbehälter über den Trögen der Sauen für die Handfütterung.

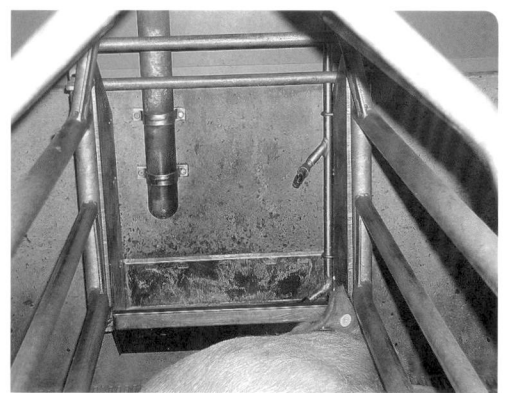 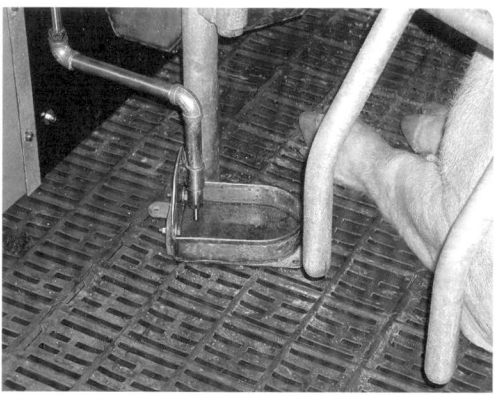

Abb. 39 Tränken in unterschiedlicher Höhe für eine bestmögliche Wasserversorgung der Sauen.

Abb. 40 Mutter-Kind-Tränke.

Betrieben Trogsprüher bzw. Zapfentränken im Sauentrog im Einsatz – vorzugsweise auch in Kombination (Abb. 39).

Der Trogsprüher wird in 40 cm und die Zapfentränke in 80 cm Höhe installiert. Ebenso ist der Einbau eines Wasser-Niveauventils nach dem Schwimmer-Prinzip möglich. Der Wasserstand im Trog beträgt etwa 3 bis 4 cm. Wenn die Sauen trinken, fließt genau so viel Wasser nach. Das Verstopfen der Tränke kann unterbunden werden, indem ein T-förmiges Metallteil von unten in das Wasserrohr geschoben wird. Durch das Spielen damit wird das Rohr freigehalten. Zur „Mutter-Kind-Tränke" (Abb. 40) gibt es verschiedene Bewertungen.

Zum Teil wird der Vorteil darin gesehen, dass durch die große Wasseraufnahme stets frisches Wasser vorhanden ist. Als Nachteil ist zu nennen, dass die Sauen in die Tränke treten und sie damit verschmutzen oder ihren Stress an der Tränke abreagieren und unnötig viel Wasser verbraucht wird.

Die Sauen sollten nach der Geburt aufstehen oder hochgetrieben werden und nicht im Liegen trinken. Schweine bevorzugen die Wasseraufnahme aus einem sauberen Trog, verschmutztes Wasser mit Futterresten wird ungern getrunken. Bei großen Wasserresten müssen die Tröge von Hand geleert werden. Die Ferkeltränke darf nicht in einer der hinteren Buchtenecken angebracht werden, da sie sonst schnell verkotet wird. Eine Beckentränke (an der Buchtenvorderwand neben dem Sauentrog angeordnet) unterstützt die schnelle Wasseraufnahme ab dem zweiten Lebenstag, sie verschmutzt aber leicht. Beißtränken (Zapfentränken) können von den Saugferkeln erst ab etwa dem 10. Lebenstag bedient werden. Sie bewirken bei richtiger Installation nur geringe Wasserverluste und sind hygienisch positiv zu bewerten.

> Bei der Lüftung ist zu beachten, dass keine Zugluft in den Abferkelbuchten auftreten darf, da sonst in diesen Buchten gehäuft Puerperalerkrankungen auftreten.

3.3 Arena, Stimubucht oder Besamungsstall zur Gruppenbildung

Jede Gruppenhaltung beginnt mit der Gruppenbildung – und das ist in erster Linie eine Herausforderung an das Management. So können bei Problemen zu Beginn der Gruppenhaltung Leistungsminderungen – gekennzeichnet durch das gehäufte Auftreten von Umrauschern und eine geringere Wurfgröße lebend geborener Ferkel – und Klauen- oder Gliedmaßenschäden auftreten. Vor allem rangniedere Sauen sind diesbezüglich benachteiligt. Bei der Gruppenhaltung sind Aborte in der frühen Trächtigkeit schwieriger zu erkennen. Außerdem können in der Einzelhaltung gut beherrschte Infektionen (z. B. durch Chlamydien oder Leptospiren) wieder gehäuft auftreten. Eine Ursache für die Gesundheits- und Leistungsprobleme sind neben den direkten Kontakten der Sauen untereinander die Rangkämpfe nach der Gruppenbildung.

> Rangkämpfe lassen sich nicht verhindern – weder durch Stroh, Beschäftigungsmaterialien, Beruhigungsmittel, Sprays, Waschen der Sauen mit Seife oder anderen Mitteln noch durch das Gruppieren im Dunkeln oder mit einem Eber.

Beim Gruppieren in den Nachtstunden treten die Kämpfe verzögert und in geringerer Häufigkeit auf, nehmen aber am nächsten Tag an Intensität wieder zu. Die Auseinandersetzungen sollten jedoch hinsichtlich Ort, Zeit und Bedingungen so ablaufen, dass kein Schaden an den Sauen bzw. bei den Embryonen entsteht. Zwei bis drei Tage nach der Befruchtung befinden sich die befruchteten Eizellen im Eileiter und sind vergleichsweise geschützt. Nach drei Tagen treten sie in die Gebärmutter ein. Erst mit 18 bis 19 Tagen nach der Befruchtung beginnt die Implantation, d. h. die Einnistung in die Gebärmutterschleimhaut. Zuvor „schwimmen" sie frei im Uterus und werden durch das Sekret der Gebärmutterschleimhaut ernährt. Dieser Zeitraum bis zur Einnistung ist daher sehr störungsanfällig. Durch Rangkämpfe in dieser Zeit können über 20 bis 30 % der Embryonen absterben. Selbst der Verlust der Trächtigkeit mit anschließendem Umrauschen ist möglich. Die wenigen dazu vorliegenden exakten Untersuchungen zeigen das deutlich. Die Abferkelrate bei Sauen mit Gruppenhaltungsbeginn 2, 7 oder 14 Tage nach der Belegung war deutlich niedriger (72,3 bis 77,5 %) als bei Sauen mit Beginn der Gruppenhaltung nach 3 oder 4 Wochen Trächtigkeitsdauer oder bei Einzelhaltung (82,0 bis 83,2 %). Darüber hinaus war die Wurfgröße bei Sauen mit 2 oder 7 Tagen Trächtigkeit bei Beginn der Gruppenhaltung um 0,2 bis 0,6 Ferkel/Wurf vermindert (Tab. 10). Ein Vergleich rheinischer Betriebe kam insofern zu einem ähnlichen Ergebnis, als dass Betriebe, welche die Gruppenbildung zwischen dem 9. und 27. Trächtigkeitstag durchführten, mit 20 % die höchste

> Ein richtiges Management ist das „A und O" bei der Gruppenbildung.

Umrauscherquote, die geringste Zahl an Würfen pro Sau und Jahr und mit 20,80 die niedrigste Zahl abgesetzter Ferkel je Sau und Jahr erreichten (Tab. 11).

Der günstigste Zeitpunkt der Gruppenbildung ist unmittelbar nach dem Absetzen der Ferkel von den Sauen gegeben (Tab. 12), da die Sauen nicht tragend sind und die Rangkämpfe somit keinen Schaden an der Trächtigkeit anrichten können. Ab dem 29. Trächtigkeitstag muss EU-weit ohnehin mit der Gruppenhaltung begonnen werden. Die Gruppenbildung wirkt sich nicht drastisch auf Embryonen und Sauen aus, da die befruchteten Eizellen bereits mit der Gebärmutterschleimhaut verbunden sind. Ein späterer Beginn der Gruppenhaltung wird ab 1.1.2013 nicht mehr zulässig sein, obwohl dies aus reproduktionsphysiologischer Sicht günstiger wäre. Eine Gruppierung ferkelführender Sauen ab etwa 10. Säugetag ist in Biobetrieben umzusetzen, nicht aber in konventionellen Betrieben, da die stallbaulichen und arbeitswirtschaftlichen Gegebenheiten dem entgegen stehen. Ein Gruppierungszeitpunkt unmittelbar nach der Besamung und dem Abklingen der Brunstsymptome sollte nur dann in Erwägung gezogen werden, wenn die Sauen bereits zuvor (nach dem Absetzen der Ferkel) gruppiert wurden und sich demzufolge bereits kennen. Andernfalls können die dann auftretenden Rangkämpfe auch zu diesem Zeitpunkt Schäden (z. B. Embryonalverluste) hervorrufen.

> Möglichst keine Gruppenbildung in der 2. und 3. Trächtigkeitswoche!

Es gibt drei Verfahren für die Gruppenbildung:
- Arena,
- Stimu(= Stimulations)bucht,
- Gruppierung im Besamungsstall.

Arena
Dabei werden die Sauen in einer großen Bucht gehalten, die auf einer möglichst befestigten Fläche im Außenbereich z. B. zwischen zwei Ställen errichtet und wildschweinsicher umzäunt wird. Der befestigte Boden ist wichtig für die Reinigung und Desinfektion (Vorbeuge vor Parasitenbefall!).

In dieser Arena mit einer Fläche von etwa 6 m² je Tier werden die Sauen 1,5 bis 3 Tage nach dem Absetzen der Ferkel gehalten. Für diese Umtriebsgruppe werden keine Plätze im Stall benötigt. In Betrieben mit einem bestimmten Wochen-Rhythmus und Anwendung des Alles raus-Alles rein-Prinzips im Abferkelstall müssen während der Zeitdauer der Reinigung und Desinfektion dieses Abteils die Sauen einer Gruppe (= Umtriebsgruppe) in zusätzlichen Sauenplätzen (meistens im Wartestall) aufgestallt werden. Um die Arena auch im Winter nutzen zu können, muss ein wärmegedämmter Liegebereich (etwa 1,20 bis 1,50 m hoch) mit zwei Ausgängen (Fluchtmöglichkeit, keine Sackgassen!) vorhanden sein. Bei tiefen Temperaturen wird reichlich eingestreut und ein Streifenvorhang vor die Ausgänge gehängt. Pro

Tab. 10 Abferkelrate und mittlere Wurfgröße von Sauen in Einzelhaltung (Kontrolle) bzw. Gruppenhaltung mit Beginn zu unterschiedlichen Trächtigkeitsstadien (Cassar et al. 2008)

Beginn der Gruppenhaltung Tage nach Belegung	Anzahl Sauen	Abferkelrate (%)	Wurfgröße gesamt geb. Ferkel	Wurfgröße lebend geb. Ferkel
2	98	77,5	11,0	10,2
7	97	75,3	11,2	10,3
14	101	72,3	11,6	10,7
21	101	83,2	11,4	10,4
28	98	82,6	11,5	10,6
Kontrolle – Einzelhaltung	122	82,0	11,6	10,6

Tab. 11 Fruchtbarkeitsleistung in rheinischen Betrieben mit unterschiedlichem Beginn der Gruppenhaltung (Anonym 2005)

	Zeitpunkt der Gruppierung (Trächtigkeitstag)		
	bis 8. Tag	9.–27. Tag	nach 28. Tag
Anzahl Betriebe	25	8	82
Sauenbestand	149	121	179
Umrauscherquote (%)	13	20	14
Würfe/Sau und Jahr	2,27	2,18	2,27
Abgesetzte Ferkel/Sau u. Jahr	21,96	20,80	21,83

Tab. 12 Gruppenbildung im Überblick

Warum?	tierschutzrechtliche Vorgaben (EU-Richtlinie 2008/120/EG; Tierschutz-Nutztierhaltungsverordnung) zur Gruppenhaltung, diese beginnt mit Gruppenbildung, um die unvermeidlichen Rangkämpfe kontrolliert ablaufen zu lassen
Wann?	ab 29. Trächtigkeitstag (ab 1.1.2013 verbindlich für alle Betriebe) oder erste Gruppierung unmittelbar nach dem Absetzen der Ferkel von den Sauen und zweite Gruppierung ab 29. Trächtigkeitstag oder unmittelbar nach der Besamung
Wo?	Arena, Stimubucht oder Besamungsstall
Wie?	Sauen müssen biologisch notwendige Rangkämpfe austragen können, ohne Schaden an Gesundheit und Fruchtbarkeit zu erleiden – mindestens 3 bis 6 m² je Sau, Gruppierung mindestens 1,5 bis 3 Tage lang, Futter und Wasser zur freien Aufnahme; Anwesenheit eines Ebers bringt keinen Effekt
Was ist zu beachten?	ggf. Stroheinstreu, keine Verletzungsgefahr durch Ausrüstung, trittsicherer rutschfester Fußboden
Wer ist verantwortlich?	Gruppenbildung und Gruppenhaltung ist eine Herausforderung für das Management. der Betriebsleiter bzw. der Tierbetreuer entscheidet über das Wohl der Tiere und die Leistungen

Sau ist eine Liegefläche von einem Quadratmeter (2 m lang und 50 cm breit) zu kalkulieren, dann halten die Sauen diese Fläche auch sauber.

Ein Sonnenschutz (Sonnenbrandgefahr bei weißhäutigen Schweinen!) wird durch einfache Windnetze oder Ähnliches realisiert. Während der kurzen Haltungsdauer kann auf den Boden gefüttert werden. Tränken (möglichst Zapfentränken) werden an den Wänden oder am Liegebereich installiert, um die Wärme aus dem Liegekessel bzw. dem Stallgebäude zu nutzen und das Einfrieren der Leitungen zu verhindern. Die Tränken werden von den Sauen auch bei Frost frei geleckt. Die Tränken (ggf. versenkt anbringen) wie auch die anderen Einrichtungsgegenstände dürfen nicht zu einem Verletzungsrisiko für die Sauen während der Rangkämpfe führen.

Arena im Außenbereich und ...

> Die Vorteile der Arena bestehen in der vergleichsweise stressarmen Gruppenbildung (bedingt durch die große Fläche und die Distanzen), der intensiven Bewegung zur Förderung des Brunsteintrittes und in dem Verzicht auf Stallplätze für die Umtriebsgruppe. Als Nachteile sind zu nennen: ein seuchenhygienisches Risiko (Schweinepestgefahr – ausgehend von infizierten Wildschweinbeständen), die Gefahr des Salmonelleneintrages durch Vogelkot und ein großer Flächenbedarf bei Nutzung im Stall.

Stimubucht

Eine Stimubucht wird im Stall auf einer Fläche von etwa 3 m²/Sau errichtet. Die Seitenwände lassen sich kostengünstig aus stabilen Leitplanken bauen.

... Stimubucht im Stall.

Die Sattfütterung (nur für diese kurze Zeit) erfolgt über einfache Futterautomaten. Ein Fressplatz reicht für vier Sauen bei Trockenfütterung und für 8 Sauen bei Breiautomaten. Alle Tiere der Gruppe haben damit die gleichen Chancen zur Aufnahme einer ausreichenden Futtermenge. Die Stimubucht kann zur Kostensenkung durchaus im Außenklimastall eingerichtet werden. Allerdings wird diese Bucht für jede Sauengruppe nur für eine kurze Zeit (z. B. von Donnerstag bis Sonnabend) – beim 3-Wochen-Rhythmus nur in jeder dritten Woche – genutzt. Von der Haltungstechnik (Fußboden, Buchtenwände, Futterautomat) darf keine Verletzungsgefahr für die Sauen ausgehen. Ein Temperaturwechsel vom Abferkel- in den Außenklimastall wirkt brunststimulierend, sofern es nicht zu kalt ist.

Der Boden muss trittsicher und rutschfest sein und kann eingestreut werden. Perforierter Fußboden ist möglich, allerdings nicht im Außenklimastall, wenn kein eingestreuter Liegebereich vorhanden ist.

Die Sauen werden unmittelbar nach dem Absetzen der Ferkel in die Arena oder Stimubucht eingestallt. Nach zwei Tagen sind über 90 Prozent der Rangordnungsauseinandersetzungen beendet. Danach können die Sauen bereits in den Besamungsstall umgestallt werden.

Die Gruppenhaltung kann unmittelbar nach Abschluss der Besamungen oder spätestens am 29. Trächtigkeitstag beginnen. Bei einem frühen Beginn der Gruppenhaltung nach der Besamung ist die Zahl der Kämpfe gering, da die Sauen sich noch kennen. Jedoch sind die Umrauschersauen in der Gruppe schwerer zu erkennen. Wenn die Sauen dagegen vier Wochen lang nach der ersten Gruppenbildung in Besamungsständen stehen und erst danach im Wartestall zu einer Gruppe zusammengestellt werden, steigt die Zahl der Kämpfe wieder an. Allerdings ist die Umrauscherkontrolle dann schon abgeschlossen, trächtige Tiere werden in den Wartestall eingestallt und die Embryonen sind bereits relativ fest mit der Gebärmutter verbunden. Außerdem ist die Zahl der Kämpfe zu diesem Zeitpunkt deutlich niedriger als bei der ersten Gruppierung (etwa Halbierung).

Besamungsstall
Nur wenige Betriebe führen eine Gruppenhaltung güster und tragender Sauen nach dem Absetzen bis eine Woche vor der nächsten Abferkelung durch. Nur zur Besamung stehen die Tiere in Besamungsständen. Von Vorteil ist, dass die Sauen ihre Kämpfe zum Absetzen austragen und sich noch kennen, wenn nach der Besamung die Stände geöffnet werden und die Gruppenhaltung fortgesetzt wird. Die Einzelstände können als Selbstfang-Besamungsstände oder als Kippfang-Besamungsstände ausgelegt sein (siehe auch Kapitel 3.5 Wartestall).

Gruppenbildung als Managementaufgabe
Das Auftreten von Rangkämpfen kann grundsätzlich nicht verhindert werden. Deshalb kommt dem Management bei der Gruppenbildung eine wichtige Aufgabe zu. Bei der Bildung größerer Gruppen (20 bis 25 Tiere) oder bei der Eingliederung von Untergruppen in eine dynamische Großgruppe an einer Abrufstation mit 60 bis 70 Sauen oder einem Mehrfachen (z. B. Gruppen von 210 Sauen mit 3 Abrufstationen), steht den Sauen relativ mehr Fläche zur Verfügung. Subdominante Sauen können so einen großen Abstand zu ranghohen Gruppengefährtinnen einhalten, in der Zahl der Sauen „untertauchen" oder sich hinter anderen Sauen verstecken. Die Neuankömmlinge liegen in der ersten Woche zumeist eng zusammen, sodass die Liegekessel oder -plätze in Zahl und Größe einer Untergruppe neuer Sauen entsprechen sollten. Erst danach kommt es allmählich zum Vermischen von „alten" und „neuen" Sauen beim gemeinsamen Liegen.

Rangkämpfe lassen sich nicht verhindern!

In großen dynamischen Sauengruppen ist eine Vorgruppierung unmittelbar nach dem Absetzen der Ferkel nicht erforderlich, da ohnehin in der eigentlichen Gruppenhaltung im Wartestall die Zahl der Sauen deutlich höher ist und Sauenkämpfe unvermeidlich sind.

Auch beim Management großer stabiler Sauengruppen mit gleichem Trächtigkeitsstadium (60 bis 70 Sauen pro Gruppe und Abrufstation) ist nicht zu erwarten, dass sich während einer zwei- bis dreitägigen Vorgruppierung sämtliche Beziehungen der Sauen untereinander klären lassen. Somit sind auch bei der Bildung großer Gruppen im Wartestall Rangkämpfe nicht zu verhindern. In kleineren Gruppen (bis zu 12 Sauen) sollte eine Fläche von 3 m²/Tier nicht unterschritten werden.

Das Gruppieren von Sauen bei Anwesenheit eines Ebers hat keinen Einfluss auf die Häufigkeit der Auseinandersetzungen der Sauen untereinander.

3.4 Besamungsstall

Im Besamungsstall wird über den betriebswirtschaftlichen Erfolg entschieden – eine hohe Trächtigkeits-/Abferkelrate und große Würfe sind ein „muss"!

Ein zügiges Besamen größerer Sauengruppen in einem bestimmten Produktionsrhythmus erfordert die Aufstellung der zu belegenden Sauen in Besamungsständen. In kleineren Betrieben bilden Deckzentrum und Wartestall eine Einheit. In größeren Betrieben wird ein Besamungszentrum betrieben. Da ein Decken nur gelegentlich durchgeführt wird (z. B. bei Umrauschern), sollte der betreffende Stall auch Besamungsstall oder Besamungszentrum genannt werden. Besamungsställe werden bislang zumeist kontinuierlich belegt – im Gegensatz zu Abferkel-, Ferkelaufzucht- und Mastställen, die nach einem strikten Alles raus-Alles rein-Verfahren bewirtschaftet werden. Aus hygienischen Gründen sollten künftig auch Besamungsställe nach diesem Prinzip geplant und bewirtschaftet werden.

Die Größe des Besamungsstalles hängt vom Wochenrhythmus, der Zahl Sauen pro Gruppe und dem Haltungssystem im Wartestall ab. Das Besamungszentrum muss so groß sein, dass beim Ein-Wochen-Rhythmus sechs Gruppen (künftig fünf Gruppen – wegen des Gebotes zur Gruppenhaltung ab der 5. Trächtigkeitswoche), beim Zwei-Wochen-Rhythmus drei Gruppen und beim Drei-Wochen-Rhythmus zwei Gruppen untergebracht werden können. Ist der Wartestall mit Selbstfang-Fressständen ausgestattet, kann die Aufenthaltsdauer verkürzt werden.

Die wesentlichen Bestandteile eines Besamungsstalles sind:
- eine oder mehrere Reihen Besamungsstände,
- der Eber-Laufgang,
- eine oder mehrere Besamungs-„Achsen" sowie
- gegebenenfalls Jungsauenbuchten (siehe Beispiel in Abb. 41).

Bei einer zweireihigen Aufstallung im Besamungszentrum stehen die Sauen mit den Hinterteilen einander zugewandt, sodass auf dem dazwischen liegenden Gang (= Besamungsachse) ein zügiges Besamen erfolgen kann. Der Gang ist 130 bis 160 cm breit. Auf der Kopfseite der Besamungsstände befindet sich der Eberlaufgang mit einer Breite von 70 bis 80 cm. Auf diesem Gang wird der Eber zweimal täglich zur

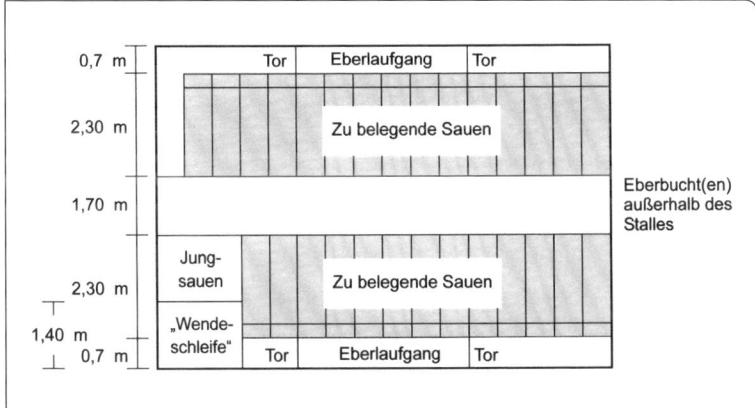

Abb. 41 Grundriss-Schema eines Besamungsstalles.

Brunstkontrolle bzw. zur Besamung entlang geführt. Während der Besamung soll der Stimuliereber vor den jeweils gleichzeitig zu belegenden Sauen stehen, um eine maximale Stimulation zu erreichen (optische, akustische, olfaktorische und taktile Reize – Nasenkontakt). Dazu werden auf dem Ebergang Zwischentüren eingebaut, die vom Besamungsgang aus mit einem Gestänge oder als Hubtür über einen Seilzug bedient werden. Damit der Eber nicht eine längere Strecke rückwärts laufen muss, ist bei einer Laufgangbreite von 70 bis 80 cm eine „Wendeschleife" für den Eber vorzusehen oder der Eber muss am Ende des Ganges über den Besamungsgang umkehren können.

Die Eberbucht (mindestens 6 m² groß; findet dort gelegentlich auch ein Deckakt statt: 10 m²) wird außerhalb des Besamungsstalles angeordnet.

Unter dem Aspekt der Klauen- und Gliedmaßengesundheit sind Eberbuchten nicht vollperforiert und werden eingestreut. Es gibt im Einzelfall die Haltung auf Tiefstreu (hygienisierte Sägespäne). Die Fütterung erfolgt von Hand zumeist in Tontröge, die Wasserversorgung über Zapfentränken. Die Trennwände sind vergittert und mindestens 110 bis 130 cm hoch.

Die Einzelhaltung der Sauen in Besamungsständen (Abb. 42) ist das überwiegend angewendete Haltungsverfahren.

Bei höher gelegten Edelstahltrögen können die Sauen den Kopf unter den Trog legen, sodass damit kürzere Stände möglich werden. Alternativ können Tontröge genutzt werden. Die Vorgaben zu den Standlängen in den Ausführungshinweisen zur Tierschutz-Nutztierhaltungsverordnung sind zu beachten.

> Die Stimulation der Sauen soll während der zweimal täglichen Brunstkontrolle oder bei der Besamung erfolgen.

Eine Innenlänge des Standes von 1,92 bis 2,00 m ab Trogkante ist auch für lange Sauen ausreichend. Als Standbreite ist ein Wert von mindestens 65 cm für Jungsauen und 70 cm für Altsauen vorgegeben (lichte Weite).

Abb. 42 Besamungsstände.

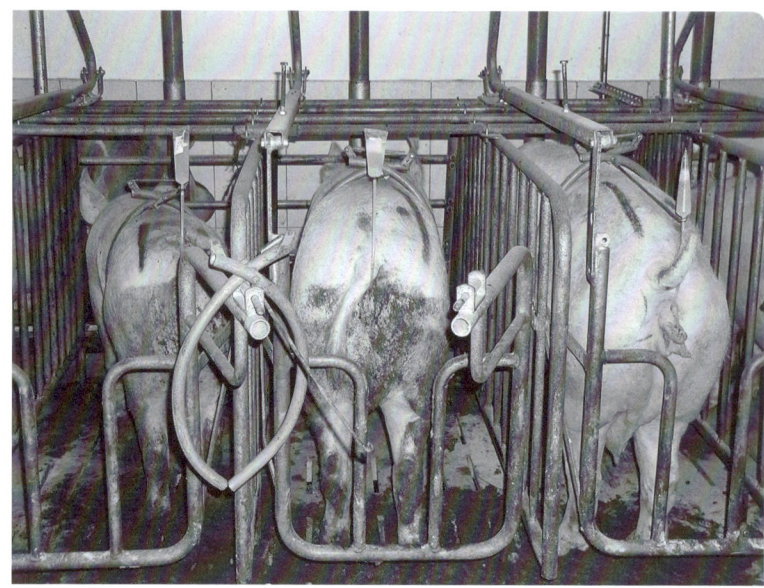

Bei einem zu breiten Stand können sich kleine Jungsauen drehen und den Trog verkoten. Für eine großrahmige Sau kann aber auch eine Standbreite von 70 cm zu schmal sein. Augenmaß unter Beachtung von Genotyp und Rahmigkeit der Sauen ist gefragt! Die seitlichen Trennwände sind zumeist aus senkrechten Rundeisen gefertigt. Die Rundstäbe haben im Trogbereich einen Abstand von 7 cm, um das Beißen durch die Gitter zu verhindern. Im hinteren Bereich des Standes sind größere Abstände möglich.

Besamungsstände sind 1,10 m hoch. Im vorderen Bereich des Standes können ein bis drei Querrohre aufgelegt sein, um ein Hochsteigen und Drehen zu unterbinden. Wichtig ist ein guter Zugang zum Genitalbereich. Hierzu gibt es unterschiedliche technische Lösungen (z. B. Salon-Tür, zweiteilige Besamungsklappe oder verschiedene Stellungen der hinteren Tür).

Beim Neubau oder Umbau eines Besamungsstalles werden durchgehende Tröge eingesetzt, die über eine Rohrkette und Volumendosierer beschickt werden. Für je zwei nebeneinander liegende Besamungsstände reicht ein Volumendosierer mit dem Fassungsvermögen für die entsprechende Futtermenge. Auch Flüssigfütterung ist im Besamungsstall möglich. Zur Wasserversorgung wird im durchgehenden Trog oft eine Niveau-Ventiltränke verwendet.

Lichtprogramm für hohe Leistungen.

Im Besamungszentrum wird folgendes Lichtprogramm empfohlen: 14 Stunden Licht mit einer Beleuchtungsstärke von etwa 300 Lux (unter den Lampen gemessen). Für zwei bis drei Besamungsstände genügt eine Leuchtstofflampe (58 Watt) etwa 1,50 m hoch über den Köpfen der stehenden Sauen. Wichtiger als der Anbringungsort (unmittelbar über den Köpfen der Sauen, an der Wand gegenüber, an der Decke) ist, dass alle Sauen von der empfohlenen Beleuchtungsstärke erreicht werden. Im Besamungsstall können sich darüber hinaus noch Jungsauenbuchten befinden, jedoch nicht in unmittelbarer Nähe zur Eberbucht. Ein gezielter Eberkontakt kann das Brunstgeschehen und den Besamungserfolg unterstützen.

3.5 Wartestall

Im Wartestall findet das Fetalwachstum statt. Dort werden die tragenden Sauen ab 29. Trächtigkeitstag (oder früher) bis etwa eine Woche vor dem voraussichtlichen Abferkeltermin (etwa 108. Trächtigkeitstag) gehalten und „warten" auf die Geburt der Ferkel. Die Haltungsdauer beträgt somit etwa 80 Tage oder etwas weniger als 12 Wochen. Bei einem Wochenrhythmus muss daher Platz für 12 Wochengruppen (mal Anzahl Sauen pro Gruppe), bei Zwei-Wochen-Rhythmus für 6 Gruppen, bei Drei-Wochen-Rhythmus für 4 Gruppen und bei 4- bzw. 5-Wochenrhythmus für 3 bzw. 2 Gruppen sein.

Bei der Gruppenhaltung von Sauen werden stabile und dynamische Gruppen unterschieden. In stabilen Gruppen kommt es im vorgeschriebenen Gruppenhaltungszeitraum im Wartestall nicht zu einer Veränderung der Zusammensetzung. Ausnahmen sind, wenn einzelne Tiere verenden oder wegen Umrauschens oder gesundheitlicher Probleme die Gruppe verlassen müssen. Dynamische Gruppen sind dadurch charakterisiert, dass Untergruppen an tragenden Sauen z. B. am 29. Trächtigkeitstag in Großgruppen mit 60 Tieren oder einem Vielfachen davon eingegliedert und etwa eine Woche vor der Abferkelung aus dieser Gruppe wieder ausgestallt werden. Bei jeder Eingliederung entsteht dabei Unruhe durch die auftretenden Kämpfe. Die Eingliederungsphase in Verbindung mit elektronischen Abrufstationen ist dadurch charakterisiert, dass die Neuankömmlinge in den ersten ein bis zwei Tagen als letzte zum Fressen kommen, nach etwa einer Woche aber ihren „festen Platz" in der Besuchsreihenfolge an der Futterstation eingenommen haben. In der Gruppenhaltung geht der Trend in Richtung stabile Klein- oder Großgruppen, da bei diesen Haltungsformen bezüglich der Rangkämpfe eine vergleichsweise günstige Situation vorhanden ist.

Bei der Gruppenhaltung tragender Sauen sind folgende Anforderungen zu berücksichtigen:
- die Buchten sollten in Liege- und Aktionsbereich mit getrenntem Fress-, Tränk- und Kotplatz sowie Bewegungsareal eingeteilt sein bzw. eine derartige Struktur ergeben,
- die Sauen müssen in Abhängigkeit von der Konstitution gefüttert werden,
- Rangkämpfe, besonders am Fressplatz bei restriktiver Fütterung, sind nach Möglichkeit zu vermeiden,

> Ab 2013 ist ausschließlich die Gruppenhaltung zulässig, für aggressive, kranke oder verletzte Sauen müssen Buchten vorhanden sein.

- der Fressplatz sollte bei eingeschränktem Tier : Fressplatz-Verhältnis von allen im Liegebereich befindlichen Sauen eingesehen werden können,
- es müssen eine gute Bestandesübersicht und Tierkontrolle gewährleistet sein und
- die Investitions- und laufenden Kosten sowie der Arbeitszeitaufwand müssen niedrig sein.

Die Buchten im Wartestall sind mit kompaktem Fußboden und Einstreu (Tief- oder Flachstreu) oder mit Spaltenboden und nach Möglichkeit mit Liegekesseln ohne Einstreu oder mit Minimaleinstreu ausgestattet.

Beispiel Liegekessel:
2 m tief und 4 m breit für 8 Sauen, kalkulierte Liegebreite pro Sau 50 cm.

Flächenbedarf pro Altsau:
bis 5 Tiere = 2,50 m²,
6 bis 39 Tiere = 2,25 m²,
> 39 Tiere = 2,05 m².

In Abhängigkeit von der Gruppengröße sind unterschiedliche Flächen pro Sau reglementiert.

Das macht Sinn, denn in großen Gruppen legen sich die Sauen nach Bildung der Rangordnung an den Wänden zusammen, sodass im Zentrum der Bucht viel freie Fläche entsteht. Dadurch können die Sauen soziale Mindestdistanzen einhalten und es entsteht eine deutliche Aufteilung in Liege-, Fress- und Eliminationsareal. In sehr kleinen Sauengruppen mit sechs oder weniger Tieren werden oft Mindestdistanzen zwischen den Buchtengefährtinnen unterschritten, wodurch Rangkämpfe provoziert werden.

Bei Einstreuhaltungen lassen sich Höhenunterschiede zwischen Liege- und Fress/Laufbereich einfach über Stufen (etwa 0,30 m Auftrittstiefe und 0,15 m Höhe; bei Fressständen mit rückwärtigem Verlassen auch bis 0,25 m Höhe) überwinden. Die Liegefläche sollte möglichst wärmegedämmt gestaltet sein.

Die Auswahl der Fütterungstechnik ist eine wichtige Entscheidung bei der Haltung tragender Sauen. Die Technik muss zum Betriebsleiter und seinen Mitarbeitern passen. Eine elektronisch gesteuerte Fütterung oder eine Flüssigfütterung sollte nur derjenige einsetzen, der über ein

Tab. 13 Fütterungsverfahren für tragende Sauen in Gruppenhaltung

mit computergesteuerter tierindividueller Fütterung	mit rationierter Fütterung
- Abrufütterung	- Selbstfangfressstände
- Brei-Nuckel	- Kipp-Fangfressstände
	- Quickfeeder
mit ad libitum-Fütterung	- Dribbel-Fütterung
- Rohrautomat	- Flüssigfütterung
- Trockenautomat	- Cafeteria
	- Variomix

Mindestmaß an Computerkenntnissen verfügt. Andernfalls stehen einfache mechanische Fütterungstechniken zur Verfügung.

Sauen und Jungsauen sind so zu füttern, dass jedes Tier ausreichend fressen kann, selbst wenn Gruppengefährtinnen anwesend sind. Die Fütterungsverfahren werden in
- die rationierte gruppenbezogene,
- die computergesteuerte tierindividuelle und
- die Sattfütterung (ad libitum-Fütterung) eingeteilt (Tab. 13).

Bei der rationierten gruppenbezogenen Fütterung können die Sauen nicht individuell gefüttert werden. Die Sauen werden weitgehend homogen nach Körpergewicht zu (Klein-)Gruppen zusammengestellt. Die Verfahren der Selbstfang-, Kipp-Fangfressstände (Korbbuchten) oder Dribbelfütterung (Biofix, Trippelfütterung) erfordern etwas höhere Investitionskosten für den Fressplatz als z. B. Abrufstation oder Quickfeeder. Der Quickfeeder ist ein relativ neues System, das in einer Vielzahl an Handelsbezeichnungen (z. B. Kurzstand, Fressstand) von den Stalleinrichtern angeboten und relativ häufig eingebaut wird. Variomix und Cafeteria-System werden in Deutschland kaum verwendet. Die Flüssigfütterung kommt vor allem in großen Betrieben zur Anwendung, wobei der Fütterungshygiene dabei größte Aufmerksamkeit gewidmet werden muss.

Selbstfangfressstände (Abb. 43) basieren auf den traditionellen Kastenständen. Eine von den Sauen betätigte Mechanik der hinteren Tür gewährt ständig freien Ausgang aus dem Stand, verriegelt diesen jedoch gegen ein Öffnen durch andere Sauen, die sich in der Gruppe befinden.

Abb. 43 Selbstfangfressstände.

Der Vorteil der Selbstfang-Fressliegestände besteht in einem guten Schutz für die Sauen, sodass Aggressionen deutlich reduziert werden, zumal rangniedere Sauen sich in die Stände zurückziehen. Die Selbstfangfressstände sind in der Funktion für die Gruppenhaltung von Sauen sehr sicher, sodass sie – ausreichend Platz vorausgesetzt – in vielen Fällen bei Umbaulösungen eingesetzt werden. Nachteilig sind die etwas höheren Kosten gegenüber anderen Verfahren.

Von verschiedenen Stalleinrichtern werden Umrüst-Sets angeboten, um Kastenstände zu Selbstfangfressständen umzubauen. Wenn hinter der Standplatzreihe genügend Platz ist, damit Sauen sich umdrehen und ohne Probleme aneinander vorbeigehen können, ist das eine zulässige und kostensparende Umbaumaßnahme.

Die **Kipp-Fangfressstände (Korbstände)** können in der Kombination von Stimubucht, Besamungszentrum und Wartestall genutzt werden, woraus die Verfahrensbezeichnung „Kombifeeder" resultiert (Abb. 44).

Der Zugang zu den Sauen für Besamung, Trächtigkeitskontrolle, Impfung oder Blutentnahme ist durch eine rückwärtige Tür bzw. das Hochklappen der Körbe leicht möglich. Die Buchtenwände können so angeordnet werden, dass – bei gleichzeitiger Fixierung der Sauen in den Korbständen – die Lauffläche zwischen zwei Standreihen als Stimubucht für die Umtriebsgruppe dient. Die Sauen dieser Gruppen bleiben dann so lange auf dieser Fläche, wie nach dem Absetzen der Ferkel Zeit zur Reinigung und Desinfektion des Abferkelstalles und zum Umtreiben der Gruppen (vom Wartestall in den Abferkelstall und vom Besamungszentrum in den Wartestall) benötigt wird. Üblicherweise dauert das z. B. von Donnerstagmorgen bis Freitagnachmittag oder

Abb. 44 Korbstände (Kipp-Fangfressstände).

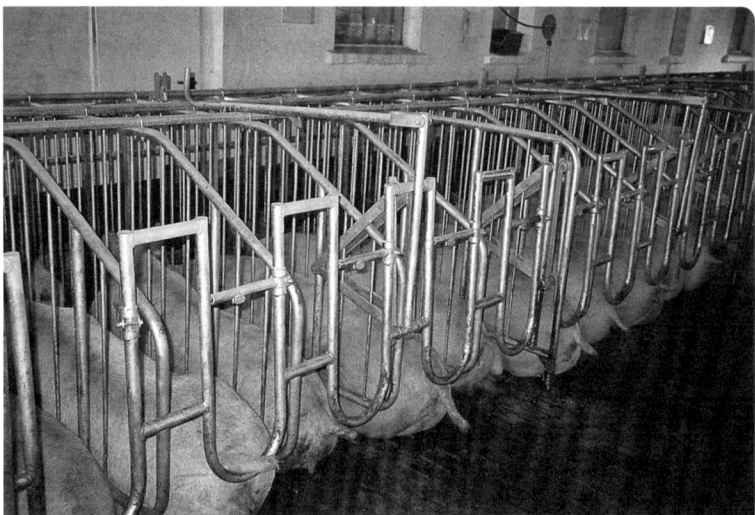

Sonnabendmorgen. Danach wird die Umtriebsgruppe in ein frei gewordenes Kombifeeder-Abteil eingestallt – die Rückwände der Stände bleiben offen. Mit Beginn der Brunst werden die Stände geschlossen und die Sauen bleiben bis zum Abschluss der Besamung in den Ständen. Nach der letzten Besamung werden die Rückwände geöffnet; die Gruppenhaltung kann dann sofort fortgesetzt werden. Von Vorteil bei den Korbständen ist, dass die Tiere zum Beispiel vor Impfungen oder Blutentnahmen kurzfristig fixiert werden können. Außerdem sind die Kosten pro Standplatz um etwa € 50,– niedriger als beim Selbstfangfressstand.

Der **Quickfeeder** (Abb. 45) ist eine relative neue Fütterungstechnik mit einem Längstrog, der an der Buchtenwand angeordnet wird. Am Längstrog werden durch Fressplatzteiler (60 cm tief) für Altsauen etwa 50 cm und für Jungsauen 40 cm breite Fressplätze eingerichtet.

Vorzüglich ist, wenn in der Mitte zwischen zwei Fressplätzen über dem Trog in den Fressplatzteiler ein Volumendosierer mit Fallrohr integriert ist. Alternativ kann über jedem Fressplatz ein Dosator vorhanden sein (höhere Kosten). Im Längstrog ist ein Wasser-Niveauventil nach dem Schwimmer-Prinzip so installiert, dass jederzeit für alle Sauen Wasser zur freien Verfügung steht (wenn Wasser getrunken wird, fließt dieselbe Menge nach).

Das Öffnen bzw. Schließen der Tränke und das Auslösen der Volumendosierer kann von Hand oder automatisch (bei Wasser durch ein Magnetventil) erfolgen. Beim manuellen Betrieb ist der Tierbetreuer gezwungen, bei der Fütterung im Stall zu sein, sodass dabei die Gesundheitskontrolle erfolgen kann. Gleichzeitig erkennt der Landwirt, wenn nach etwa 4 bis 5 Minuten die ersten Sauen ihre Portion gefressen haben und unruhig werden. Das ist der Zeitpunkt, die Tränke wieder zu öffnen. Während der Futtergabe und -aufnahme ist diese ge-

Abb. 45 Quickfeeder.

schlossen, damit das Futter nicht zu stark verdünnt wird und wegfließt. Nach der Futteraufnahme trinken die Tiere zumeist, sodass sie dadurch weiter biologisch am Trog fixiert sind. Unterschiede in der Verzehrsgeschwindigkeit zwischen den Sauen der Gruppe werden dadurch ausgeglichen.

Der Quickfeeder hat folgende Vorteile:
- gleichzeitige Futteraufnahme (Schweine sind Synchronfresser) bei einem Tier : Fressplatz-Verhältnis von 1 : 1 und
- einfache Gesundheitskontrolle der gesamten Sauengruppe(n) beim Fressen.

Bei der **Dribbelfütterung** (Biofix, Trippelfütterung, Rieselfütterung) wird Futter langsam ausdosiert („es dribbelt aus dem Rohr"). In Erwartung des Futters werden die Sauen biologisch am Fressplatz fixiert und durch kurze Fressplatzteiler voneinander getrennt. Damit ist eine gute Tiergesundheitskontrolle gegeben. Die Technik besitzt einige Nachteile: ranghohe Sauen können zwei benachbarte Fressplätze beanspruchen; es treten Verdrängungen und in kleinen Gruppen vermehrt Rangkämpfe auf. Gelegentlich werden Sauen so verbissen, dass sie Angst haben, zum Fressen zu gehen. Bei beiden Systemen (Quickfeeder, Dribbelfütterung) ist es vorteilhaft, den Trog parallel zum Futtergang zu platzieren, da hiermit die Tierkontrolle wesentlich erleichtert wird.

Die **Flüssigfütterung** in der Gruppenhaltung (Abb. 46) wird vor allem in größeren Anlagen eingesetzt. Zumeist wird auf das Anbringen von kurzen Fressplatzteilern verzichtet.

Abb. 46 Flüssigfütterung.

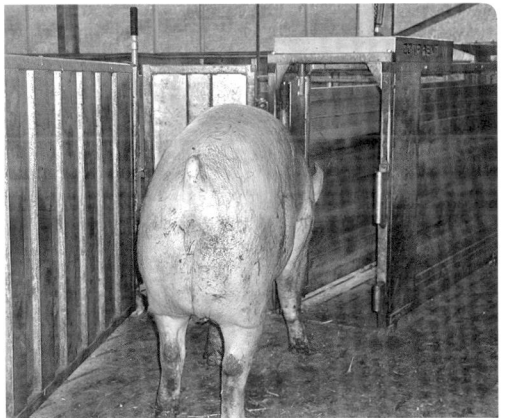

Abb. 47 Abruffütterung.

Da die Fütterung der Sauen eines größeren Abteils eine bestimmte Zeit in Anspruch nimmt und zischende Geräusche beim Öffnen der Ventile nacheinander deutlich hörbar sind, herrschen in den Buchten unmittelbar vor der Fütterung Unruhe und Gedränge der Sauen am Längstrog.

Bei der Fütterungshygiene dürfen keine Kompromisse eingegangen werden. Für 6 bis 8 Sauen steht ein Ventil zur Verfügung. Ranghohe Sauen besetzen schnell einen Fressplatz in der Nähe eines Futterventils und können sich einen Vorteil bei der Futteraufnahme verschaffen. Unter Umständen wachsen die Sauen stärker auseinander als bei anderen Fütterungssystemen. Die Fressplätze können nicht einzeln geschlossen werden, wenn einzelne Sauen aus der Gruppe herausgenommen werden. Entweder es muss ein Ventil geschlossen oder die Futtermenge für die Gruppe muss vermindert werden. Durch Schrägstellen können ranghohe Tiere zwei Fressplätze für sich beanspruchen. Die empfohlenen Spülprogramme müssen konsequent angewendet werden.

Abruffutterstationen (Abb. 47) sind funktionssicher. Bezüglich der Raumplanung liegen klare Beratungsempfehlungen vor. Die Abrufstationen besitzen Doppel- oder Dreifacherkennung, geschlossene Seitenwände und weitere technische Details, die aggressives Verhalten der Sauen im Eingangsbereich deutlich vermeiden helfen. Der Futterstart liegt meist in den Nacht- oder frühen Morgenstunden, sodass in einer gut integrierten Sauengruppe nur wenige Kämpfe an der Eingangstür der Station auftreten. Solange sich eine Sau in der Station befindet (in Abhängigkeit von der Futtermenge etwa 12 bis 18 Minuten), herrscht weitgehend Ruhe in der Nähe der Stationstür. Unmittelbar vor Ende der Fresszeit einer Sau nehmen die Kämpfe zu – so als wüssten die Sauen, dass die Station bald wieder zugänglich ist. Die individuelle Futtervorlage für 60 (DLG-geprüft) bis 70 Sauen pro Station ist machbar. Die Stationen besitzen eine Selektionsbucht, um hochtragende Sauen vor der Abferkelung automatisch zu selektieren. Daten zu Kondi-

> Die Abrufstation stellt hohe Anforderungen an das Management; Betriebsleiter sowie Mitarbeiter müssen mit dem Computer umgehen können.

tion, Gesundheitszustand und Umrauschen können mit einem Handterminal im Stall erhoben und an den Stationsrechner übertragen werden. Es muss beachtet werden, dass die Sauen der Gruppe nicht gleichzeitig fressen können und sie an die Abrufstation angelernt werden müssen.

Bei der **Breinuckel-Fütterung** werden die Tiere ebenfalls elektronisch identifiziert. Bei Futteranspruch wird eine definierte Menge Futter mittels einer Schneckenförderung unter Wasserzusatz („Futterbrei") in das Maul der jeweiligen Sau gegeben. Damit ist grundsätzlich eine individuelle Fütterung nach Futterkurve möglich. Der Breinuckel ist allerdings ein „offenes System": die Tiere sind bei der Futteraufnahme nicht geschützt, sodass Verdrängungen vom Nuckel häufig auftreten. Somit entsteht eine größere Unruhe beim Fressen, sodass der Breinuckel im Vergleich zur elektronischen Abrufstation erheblich an Bedeutung verloren hat.

Die **Sattfütterung** (ad libitum-Fütterung) wird wegen vieler Nachteile nur in wenigen Betrieben verwendet. Es ist ein spezielles Futter mit niedriger Energiekonzentration (etwa 9–9,5 MJ/kg) erforderlich, um eine Verfettung der Sauen mit Beeinträchtigung der Gesundheit und Zuchtkondition zu verhindern. Höchstens während der zwei- bis dreitägigen Gruppierungsphase nach dem Absetzen der Ferkel in Arena oder Stimubucht kann eine Sattfütterung zur freien Aufnahme des Futters empfohlen werden.

Die Probleme bei der Sattfütterung sind durch folgende Punkte zu charakterisieren:
- Es ist nicht bekannt, wie viel Futter die Sauen täglich fressen, sodass eine Futterration nicht exakt berechnet werden kann.
- Es ist kaum zu überprüfen, ob die vorgegebenen Bedarfswerte eingehalten werden. Oft wird trotz energiereduziertem Futter eine zu hohe Energiemenge aufgenommen, sodass die Futterkosten stark ansteigen.
- Es bestehen erhebliche Unterschiede in der individuellen Futteraufnahme und in der Lebendmasseentwicklung (der Variationskoeffizient für die täglichen Zunahmen während der Trächtigkeit ist wesentlich größer als bei der rationierten Fütterung) – einige Sauen sind überkonditioniert.
- Es tritt eine höhere Anzahl tot geborener und mumifizierter Ferkel auf.
- In großen Gruppen fressen niemals alle Sauen gleichzeitig – damit ist die Gesundheitskontrolle deutlich erschwert.

3.6 Aufzuchtstall

Die ersten ein bis zwei Wochen nach dem Absetzen der Ferkel stellen einen kritischen Abschnitt in der Ferkelaufzucht dar. Auf die Ferkel wirken folgende belastende Faktoren ein:

- Wechsel von vorwiegender Milchaufnahme auf das Fressen von Konzentratfutter (fest, flüssig oder breiförmig),
- Wegnahme der Ferkel von der Sau und Umstallung in den Aufzuchtstall (außer bei der einphasigen Aufzucht in Kombibuchten, was allerdings selten angewendet wird),
- Mischen der Ferkel mehrerer Würfe zu Aufzuchtgruppen mit Rangkämpfen,
- verändertes Keimmilieu im Ferkelaufzuchtstall (eventuell Keimdruck bei schlechter Reinigung und Desinfektion),
- eventuell zu niedrige Temperatur im Aufzuchtstall. Früh abgesetzte Ferkel fressen anfänglich nicht viel und produzieren nur ungenügend Energie, somit haben sie einen hohen Wärmebedarf. Die Einstalltemperatur sollte 28 bis 31 °C bei einer Fußbodentemperatur von 22 °C betragen.

Insbesondere bei Säugezeiten von 4 oder sogar 3 Wochen ist die optimale Umweltgestaltung im Aufzuchtstall sehr wichtig, um einen gleitenden Übergang von der Saugferkel- in die Absetzferkelperiode zu erreichen. Die einphasige Ferkelaufzucht (bei der die Ferkel nach dem Absetzen von der Sau in der Abferkelbucht bleiben), spielt aus Kostengründen keine Rolle. Allgemein üblich ist die zweiphasige Ferkelaufzucht, wobei der Aufzuchtstall möglichst weit weg vom Abferkelstall betrieben werden sollte, um die Keimmitnahme und -übertragung gering zu halten. Durch verschiedene Verfahren wird angestrebt, den Gesundheitszustand der Ferkel nachhaltig zu verbessern (siehe Kapitel 8). Vor allem beim Aufbau von „High health"-Herden der obersten Zuchtstufe kommt dem Tiergesundheitsstatus eine überragende Bedeutung zu, um über den Jungsauenverkauf die tiergesundheitliche Situation entlang der Kette bis zum Schlachtschwein deutlich zu verbessern.

> Der Übergang von der Säugezeit zur Aufzuchtphase ist nach der Geburt die wichtigste Periode im Leben der Schweine.

Eine bedeutende Voraussetzung für eine erfolgreiche zweiphasige Ferkelaufzucht mit geringen Ferkelverlusten und einem störungsfreien Verlauf der Gewichtsentwicklung nach dem Absetzen ist die konsequente Anwendung des Alles raus-Alles rein-Prinzips mit wirksamer Reinigung und Desinfektion (siehe Liste der von der Deutschen Veterinärmedizinischen Gesellschaft e. V. geprüften und als wirksam befundenen Desinfektionsmittel).

Dazu müssen die Stallplatzkapazitäten von Abferkel- und Aufzuchtställen einander entsprechen, sodass geschlossene Ferkelgruppen umgesetzt werden können und dieses Hygiene-Prinzip nicht durchbrochen wird. In den letzten Jahren gab es diesbezüglich Probleme, da im Zusammenhang mit der genetisch bedingten deutlichen Steigerung der Wurfgröße Aufzuchtplätze fehlten und Überbelegungen die Folge waren mit Konsequenzen letztlich für die Tiergesundheit. Als etwa um die Jahrtausendwende massive circovirusbedingte Krankheitsfälle (Postweaning Multisystemic Wasting Syndrom – PMWS) auftraten, halfen zunächst nur Hygienemaßnahmen, wie Auflockerung der Besatzdichte (max. 3 Absetzferkel pro m²), kein Rückversetzen von Ferkeln, Kanülenwechsel nach der Behandlung jedes Wurfes, kein Mischen von Tiergruppen u. a., das Problem in den Griff zu bekommen.

Die Anforderungen an den Aufzuchtstall sind in Tabelle 14 zusammengefasst. Eine wichtige Rolle bei der Vorbeuge vor Durchfällen und PMWS spielt die Ferkelfütterung (Tab. 15).

Aus der Sicht des Verhaltens entspricht die optimale Gruppengröße etwa einem Ferkelwurf (10 bis 12 Tiere). Mit wirtschaftlicher Begründung werden gegenwärtig bei Stallneu- und Umbauten in Abhängigkeit vom Fütterungssystem zumeist größere Tiergruppen (20 bis 40 Ferkel) bis hin zu Großgruppen mit 100 Ferkeln geplant. Dabei ist zu berücksichtigen, dass große Ferkelgruppen einige Nachteile besitzen:
- schlechterer Überblick über die Tiergesundheit und die Leistungen einzelner Ferkel,
- aufwändigere Einzeltierbehandlungen und Selektion – Tiere lassen sich schwieriger fangen,
- größere Unruhe in der Gruppe und vor allem an der Fütterungseinrichtung, da die Tiere sich nicht mehr untereinander kennen (können) und immer wieder Verdrängungen und Kämpfe auftreten,
- lange Wege für die Ferkel, die einen höheren Energiebedarf für die stärkere Bewegungsaktivität zur Folge haben und
- stärkeres Auseinanderwachsen der Ferkel in großen Gruppen.

Tab. 14 Anforderungen an die Absetzferkelhaltung
- Bewirtschaftung der Aufzuchtställe nach dem „Alles raus-Alles rein-Prinzip"
- intensive Tiergesundheits-Kontrolle in größeren Ferkelgruppen
- möglichst räumliche Trennung vom Sauenstall
- möglichst kein Mischen von Ferkeln verschiedener Herkünfte
- gruppenweises Absetzen; wo möglich auch wurfweise Aufzucht
- kammartige Aufstellung der Abteile
- Buchtenwände 80 cm hoch, verstäbt oder geschlossen
- Kunststoff- oder kunststoffummantelte Roste; Polymerbeton
- Raumtemperatur bei Einstallung: 28 bis 31 °C; Fußbodentemperatur: > 22 °C
- zentrale Bedeutung hat das Fütterungsverfahren: Rationierte Fütterung – Längstrog, Rundtrog Sattfütterung am (Rohr-)Breiautomaten, mit Spot-Mix oder flüssig Übergangsfütterung

Tab. 15 Anforderungen an die Ferkelfütterung

- rationierte Fütterung kleiner Portionen zur Durchfallprophylaxe unmittelbar nach dem Absetzen
- zeitlich synchrones Fressen entsprechend dem arttypischen Futteraufnahmeverhalten bei einem Tier : Fressplatz-Verhältnis von annähernd 1 : 1 zumindest im absetznahen Zeitraum
- hohes hygienisches Niveau (Futter trocken transportieren und Mischen erst im Trog; wenig Futterreste)
- ernährungsphysiologisch günstige Futterkonsistenz (flüssig bis breiförmig)
- kontinuierliche Steigerung der Futtermenge bis zur ad libitum-Fütterung in den zwei Wochen nach dem Absetzen
- Wasser zur freien Aufnahme
- flexibel in verschiedenen Bauhüllen und Buchtengeometrien einsetzbar
- schnellstmögliche Gewöhnung der Ferkel an das (neue) Futter
- einfache, bedienerfreundliche, langlebige und nicht störanfällige Technik
- hohe Funktionssicherheit und niedrige Kosten je Ferkelplatz

Zu Beginn der Aufzucht kann eine Sortierung der Absetzferkel nach Lebendmasse und Geschlecht erfolgen, da einige Schweinemäster die geschlechtergetrennte Mast durchführen und generell homogene Partien an Mastferkeln verlangen. Für den Aufzuchtstall ist eine kammartige Anordnung der Abteile an einem Stallverbinder für die Bewirtschaftung zweckmäßig.

Neben der bedarfsdeckenden Fütterung gehören die optimale Gestaltung des Stallklimas sowie eine intensive Tiergesundheitskontrolle zu den Maßnahmen, die zu Beginn der Aufzuchtferkel-Haltung enorm wichtig sind. Vor allem beim Auftreten von Infektionen, die durch das porcine Circovirus Typ 2 (pCV2) ausgelöst werden, spielt neben dem Impfstoffeinsatz die konsequente Umsetzung von Hygienemaßnahmen eine wichtige Rolle. Die wichtigsten Maßnahmen sind in dem 20-Punkte-Plan nach MADEC zusammengefasst (Tab. 16).

Bei der Ferkelfütterung wird zwischen rationierter und Sattfütterung unterschieden. Eine Zwischenstellung nimmt die Übergangsfütterung ein.

Rationierte Fütterung
Die Intervallfütterung mit einem Tier : Fressplatz-Verhältnis von 1 : 1 hat die Aufgabe, die Ferkel mehrmals täglich mit kleinen Futterportionen zu versorgen. Sie dient damit vor allem der Vorbeuge vor der Ödemkrankheit und es soll ein „Überfressen" der stärksten Ferkel verhindert werden. Die Intervallfütterung allein kann die Durchfälle jedoch nicht verhindern, was in Anbetracht der mikrobiologischen Ursachen der Erkrankung und des Auftretens neuer Absetzerkrankungen (PMWS) erklärlich ist. Durch die rationierte Futtervorlage werden

Tab. 16 20-Punkte-Plan zur Vermeidung von Schäden durch PCV2-Infektionen nach Madec (Auszug)

- Kleine Buchten mit dichten Trennwänden.
- Striktes Alles raus-Alles rein-Verfahren mit Reinigung und Desinfektion zwischen den Partien (keine kontinuierliche Belegung)!
- Belegungsdichte nicht überschreiten! (maximal 3 Ferkel pro m², mindestens 7 cm Fressplatzbreite pro Ferkel).
- Luftqualität optimieren! (Ammoniak unter 10 ppm, CO_2 unter 0,1 %, Luftfeuchtigkeit unter 80 %).
- Raumtemperaturschwankungen über 5 °C vermeiden!
- Kein Vermischen der Altersgruppen.

Zusätzlich:
- Erforderliche Impfprogramme durchführen!
- Zur Vermeidung von Keimverschleppungen sind die Luftströme und die Bewegungsrichtungen der Tiere in den Stallungen zu überwachen.
- Striktes Einhalten der Hygieneanforderungen bei Kastrationen, Schwanzkupieren, Zähneschleifen und bei Injektionen (Nadelwechsel mindestens nach jeder Partie, besser nach jedem Wurf).
- Kranke Schweine sind rasch auszusortieren und in eigenen Räumen aufzustallen, chronisch kranke Tiere (Kümmerer) zu euthanasieren.
- Eigene Kleidung (Overall, Schuhe) für Krankenstall, Hände waschen.

niedrigere tägliche Zunahmen erreicht. Gelegentlich wird versucht, diesen Nachteil durch eine 2-Phasen-Aufzucht auszugleichen, indem die Aufzuchtferkel mit einem Gewicht von etwa 15 kg an Rohrbreiautomaten umgestallt werden. Der zusätzliche Arbeitsaufwand durch die Umstallung und die Reinigung/Desinfektion sowie die notwendige Gewöhnung der Ferkel an die neuen Haltungsbedingungen und das andere Fütterungssystem sprechen gegen eine breite Anwendung dieser Vorgehensweise.

Längströge zur rationierten Fütterung setzen lange, schmale Ställe voraus, um den teuren Raum effektiv zu nutzen.

Bei einer Fressplatzbreite von 15 cm sollte die Bucht nicht breiter als 2 m sein (erforderliche Fläche pro Ferkel 0,30 m²). Da zwei lange Buchten am mittig gelegenen Längstrog angeordnet sind, ergeben sich Stallabteilbreiten von wenig mehr als 4 m. Die Gruppengröße beträgt etwa 60 Ferkel (60 × 0,15 m = 9 m) oder mehr.

Die Ferkel können lange Wegstrecken laufen, was eine größere Unruhe und bei Kunststoffrosten laute Geräusche verursacht. Es ist in diesen großen Buchten schwieriger, die Ferkel für Behandlungen zu fangen. Es besteht das Risiko, dass an den Enden des Längstroges in den Trog gekotet wird. Außerdem ist die Längstrog-Technik vergleichsweise teuer.

Rundautomaten mit Intervallfütterung (Rondomat – Abb. 48) können flexibel in verschiedenen Buchtenformen eingesetzt werden.

Die mittige Aufstellung verhindert das Verkoten. Statt arbeitsintensiver Handfütterung erfolgt eine computergestützte Anfütterung. Es

Abb. 48 Intervallfütterung am Rundautomat.

sollte mindestens 6-mal täglich gefüttert werden, da bei der sonst größeren Futtermenge pro Portion die Futterverluste ansteigen können. Häufige Trogkontrollen und eventuelle Korrekturen der Futterkurve sind notwendig, da die Schwankungen in der täglichen Futteraufnahme bis ± 40 % betragen können. Technische Störungen müssen schnell beseitigt werden.

Sattfütterung
Die Sattfütterung erfolgt meistens mit **Brei- oder Rohrbreiautomaten** (Abb. 49), welche die Trockenautomaten abgelöst haben, mit einem Tier : Fressplatz-Verhältnis von etwa 6 bis 8 : 1.

Bedingt durch die Sattfütterung tritt ein höheres Risiko von Durchfällen auf, insbesondere bei schwereren Ferkeln. Das muss bei der Rationsgestaltung (z. B. Zulage von organischer Säure) beachtet werden. Wichtig ist, dass die Dosiereinrichtung so leicht bewegt werden kann, dass sie auch von 5 bis 6 kg schweren Ferkeln bedienbar ist. Die tägliche Trogkontrolle und eine Korrektur der Dosierung bei Bedarf gehören zu den Standard-Stallarbeiten. Bei mehlförmigem Futter kann Brückenbildung auftreten. CCM-Fütterung ist meist nicht möglich. Die Anschaffungskosten für Rohrbreiautomaten sind vergleichsweise niedrig.

Neben den Breiautomaten stehen Fütterungstechniken zur Verfügung, die das Futter trocken bis zum Trog transportieren und erst dort zusammen mit Wasser ein breiförmiges Futter entstehen lassen (Abb. 50).

Im Trog befinden sich Sensoren zur Leer- oder Vollmeldung. In einstellbaren Zeitintervallen wird der Leermelder abgefragt. Befindet sich kein Futter im Trog, wird nachdosiert. Durch die Höhe des Vollmelders über der Trogsohle kann die Futtermenge pro Portion definiert werden. Bei einem anderen System (Spot-Mix) wird das Futter trocken ins Rohr geblasen, und es kommt erst im Trog zum Vermischen mit Wasser. Mit diesen Techniken können hohe tägliche Zunahmen bei einem guten Gesundheitszustand erreicht werden.

Bei der **Flüssigfütterung** von Ferkeln sind größere Tierzahlen notwendig (> 400 Absetzferkel), um die Technik, vor allem den Anmischbehälter, effektiv nutzen zu können. Bei der Flüssigfütterung werden

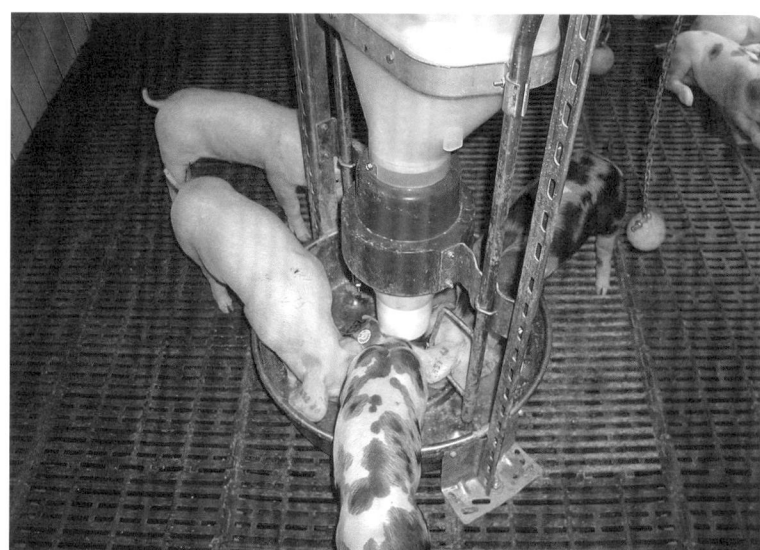

Abb. 49 Fütterung am Rohrbreiautomat.

Abb. 50 Fütterung mit Trockenfutter auf Wasser (Duplexx).

feste und flüssige Futterkomponenten in Anmischbottichen vermengt und über Strecken bis zu 200 m gefördert. Ist der gesamte Betrieb mit einer Flüssigfütterung ausgestattet, kann der Übergang vom Saugferkel zum Absetzferkel sowie vom Absetzer zum Mastschwein gleitend und ohne Futterumstellung erfolgen. Mit dem Fütterungscomputer in Verbindung mit den Sensoren im Trog kann eine weitgehend automatisierte Fütterung stattfinden. Durch die geringe Grundfläche des Troges sind die Futterstellen variabel einsetzbar – mittig oder in der Buchtentrennwand. Probleme können bei der Dosiergenauigkeit, beim Trockensubstanzgehalt und vor allem bei der Fütterungshygiene auftreten. Wenn die hygienischen Anforderungen nicht erfüllt werden, erhöht die Flüssigfütterung die Gefahr von Durchfällen anstatt sie zu vermindern. Das Vorkommen von Hefen, Schimmelpilzen oder Bakterien im Futter bzw. in den Leitungen muss unbedingt unterbunden werden. Dazu sind ausgeklügelte Spülprogramme mit Reiniger- und Säurezusatz (z. B. 0,2 bis 0,3 % Propion- oder Ameisensäure oder Säuregemisch) sowie eine Anmischbehälterreinigung unbedingt notwendig. Sonst besteht das Risiko, dass das Futter in den Leitungen bei den hohen Temperaturen im Aufzuchtstall zu gären beginnt.

> Die Flüssigfütterung von Aufzuchtferkeln stellt höchste Anforderungen an die Hygiene.

Bei der **Sensorfütterung** wird 18- bis 20-mal täglich etwa im Stundentakt eine kleine Menge Futter ausdosiert, wenn der Sensor signalisiert hat, dass der Trog leer ist. Das Futter kann in den ersten Wochen mit 35 °C warmem Wasser im Verhältnis von 1 : 2,5 bis 1 : 3 angemischt werden.

Um Futterverluste und das Verkoten des Troges zu verhindern, befinden sind im Trog Querstreben (5 cm über Trogsohle).

Übergangsfütterung

Es gibt einige Fütterungstechniken, die ausschließlich für den absetznahen Zeitraum entwickelt wurden und danach aus den Buchten entfernt werden.

So wird der Ferkelsprinter nur in den ersten 14 Tagen der Aufzucht eingesetzt. Danach wird das Gerät gereinigt und in die nächste Bucht gestellt. Bei dieser Technik wird das Trockenfutter über eine Schnecke ausdosiert, wobei gleichzeitig Wasser zugegeben wird. Die Wassermenge (und damit auch die Futterkonsistenz) ist stufenlos einstellbar. Für früh abgesetzte Ferkel (z. B. nach Verenden oder Milchmangel der Sau) kann auch der Quellautomat verwendet werden. Nach einer Futterkurve wird Futter in einer Quellschale zusammen mit Wasser über mehrere Minuten hinweg zum Quellen gebracht und dann ausdosiert. Die Einsatzzeit beträgt etwa 10 Tage, dann erfolgt die weitere Fütterung am Trockenautomaten.

4 Stallbau und Technik

(W. Büscher)

Stallgebäude für die Ferkelerzeugung werden üblicherweise mit einer Dauer von 20 Jahren abgeschrieben und zählen somit zu den langlebigen Investitionsgütern. Die Technik innerhalb des Stalles ist ebenfalls mit hohen Anschaffungskosten verbunden, wobei hier steuerlich oft mit einer Nutzungsdauer von 10 Jahren gerechnet wird. Da die Ställe diverse Anforderungen erfüllen sollen, sind eine solide Planung und Ausführung unerlässlich. Allerdings sollte zuerst die Standortfrage geklärt werden, um die Umsetzbarkeit des Vorhabens zu prüfen. Weil das einzelbetriebliche Erweiterungspotenzial sehr stark von den Abständen zur Wohnbebauung und zu nahe liegenden Ökosystemen abhängt, wirkt sich bei Neubauten aus unternehmerischer Sicht die Standorttauglichkeit besonders nachhaltig aus.

Ob das Bauvorhaben genehmigungsfähig ist oder nicht, kann nur mit den zuständigen Behörden und der Kommune geklärt werden. Eine Bauvoranfrage geht in der Regel dem förmlichen Bauantrag voraus. Allerdings kann der Flächennutzungsplan der Kommune zukünftige Nutzungen aufweisen, die einer individuellen Beantragung unerwartet im Wege stehen. Die Ablaufschritte des Genehmigungsverfahrens sind in Kapitel 5 beschrieben.

4.1 Erschließung eines neuen Standorts

Selbst wenn eine Teilaussiedlung Nachteile bei der Arbeitsorganisation und bei der Tierbetreuung mit sich bringt, ist Bauen im Außenbereich für viele Betriebe oft die einzige Möglichkeit, den Tierbestand zu vergrößern. Die steigenden Umweltauflagen, aber auch die Kosten für die Erschließung eines neuen Standortes sind Ursache für diese Entwicklung.

Teil- oder Vollaussiedlungen können sich im Rahmen der betrieblichen Entwicklung ergeben, wenn der Betrieb vergrößert werden soll und wenn durch eine beengte Dorflage keine Betriebsflächen im Ort mehr zur Verfügung stehen. Wenn keine öffentlichen Belange dagegen sprechen, dürfen landwirtschaftliche Stallanlagen – im Sinne des aktuellen Baurechts – im Außenbereich gebaut werden. Wenn Geruchsbelästigungen am alten Standort vorliegen, ist eine geplante Tierbestandserweiterung selbst bei vorhandener Betriebsfläche oft nur durch die Verlagerung in den Außenbereich möglich. Üblicherweise muss der Betreiber die Erschließung vollständig finanzieren; nur in Ausnahmefällen hat die Kommune ein Interesse an der Standortverlagerung.

Die technische Planung wird oft durch den Umstand erschwert, dass die Aussiedlung häufig in mehreren zeitversetzten Abschnitten erfolgt.

Zuerst wird eine Stallanlage im Außenbereich gebaut, später dann die anderen Wirtschaftsgebäude. Schließlich wird dann auch ein Wohnhaus am neuen Standort gebaut, sodass die „vollständige" Umsiedlung erst nach mehreren Jahren abgeschlossen ist. Damit keine Engpässe bei der Versorgung eintreten, ist für die Planung der Erschließungsschritte jedoch oft der beabsichtigte „Endzustand" maßgeblich. Weitergehende langfristige Betriebsentwicklungen sollten natürlich berücksichtigt werden, sobald sie absehbar sind. Nur um für alle Fälle gewappnet zu sein, sollte man jedoch maßlose Überdimensionierungen vermeiden.

Folgende Punkte sind bei der Erschließung zu berücksichtigen:
Verkehrstechnische Erschließung: Eine befestigte Zufahrt zur Stallanlage ist notwendig, damit z. B. Transportfahrzeuge, aber auch Notfallfahrzeuge auf direktem Wege zur Anlage gelangen können. In diesen Weg werden in der Regel auch die Kabel zur Stromversorgung der Anlage verlegt. Damit LKW und Traktoren rangieren können, muss auch das eigentliche Betriebsgelände um die Stallanlage befestigt sein.
Energetische Erschließung: Öl oder Flüssiggas werden üblicherweise direkt auf dem Anlagengelände gelagert. Dagegen kann die Verlegung von Leitungen für Erdgas und Strom je nach Entfernung zur nächsten geeigneten Leitung recht aufwändig sein. Der Anschlusswert für Strom ergibt sich aus der zu erwartenden Spitzenlast des Betriebes. Spitzenlasten werden in der Regel nicht von Daueranwendungen (z. B. von der Lüftungsanlage), sondern von Elektromotoren mit hoher Leistungsaufnahme (z. B. von Rührwerken) erzeugt.
Wasserversorgung: Bei der Standort-Erschließung muss man entscheiden, ob ein Anschluss an die kommunale Wasserversorgung oder eine Eigenversorgung angestrebt wird. Eine Eigenversorgung hat den Vorteil, dass bis auf die Energiekosten für die Pumpe keine Wassergebühren entstehen. Bei der Eigenversorgung muss zwischen Zisternen und Bohrbrunnen unterschieden werden. Für beide Lösungen sind die Standortvoraussetzungen (Bodeneigenschaften und Wasserqualität) zu prüfen.
Abwasser-Entsorgung: Häusliche Abwässer (z. B. von der Toilette aus der Hygieneschleuse) müssen getrennt gesammelt werden. Sie dürfen nicht in den Flüssigmist oder in die Jauchebehälter gelangen, da sie nicht auf landwirtschaftlichen Nutzflächen ausgebracht werden dürfen. Für das Einleiten von häuslichen Abwässern in Oberflächengewässer ist in jedem Fall eine besondere Erlaubnis erforderlich.
Telekommunikation: Für Telefon und Datentransfer stehen Funkübertragungstechniken und Lösungen mit festen Leitungen zur Auswahl. Ist am geplanten Standort ein Funknetz mit ausreichender Feldstärke verfügbar, sind schnurlose Systeme ohne jeden Zusatzaufwand einsetzbar. Dies ist besonders wichtig für die Alarmanlagen, die zur Überwachung der lebenserhaltenden Funktionselemente in der Schweinehaltung eingesetzt werden müssen.

4.2 Baukonzepte und -kosten

Die Gebäude- oder Haltungskonzepte in der Ferkelerzeugung haben sich in den letzten Jahrzehnten kaum verändert. Schweine werden üblicherweise in Deutschland in allen Haltungsabschnitten ganzjährig in geschlossenen, zwangsbelüfteten Gebäuden gehalten. Stroh hat derzeit nur als Beschäftigungsmaterial eine Bedeutung; bei Großgruppen werden im Wartestall gelegentlich die Liegeflächen eingestreut, sodass die Exkremente üblicherweise als „Flüssigmist" anfallen.

Biosecurity: Schutz des Betriebes vor dem Einschleppen von Krankheitserregern

Für den Landwirt ist es besonders angenehm, wenn sich alle Haltungsabschnitte und Abteile im selben Gebäudekomplex befinden, weil der Umtrieb der Tiere leicht erfolgen kann und weil sich das Hygienekonzept (Schwarz-Weiß-Trennung) besser umsetzen lässt. Grundsätzlich sind in der Schweinehaltung die folgenden Haltungsabschnitte räumlich getrennt, weil die Klimaansprüche der Tiere unterschiedlich sind und weil das Reinigen und Desinfizieren der Abteile bei einer vollständigen Alles rein-Alles raus-Belegung für die Unterbrechung von Infektionsketten sehr vorteilhaft ist:

- Abferkelabteil,
- Warteabteil,
- Besamungsabteil,
- Ferkelaufzuchtabteil,
- Mastabteil (nur wenn ein geschlossenes System existiert).

Es gilt die Schweinehaltungshygieneverordnung

Aufgrund der aktuellen Hygienevorschriften müssen Stallanlagen zur Schweinehaltung eingezäunt sein und dürfen nur über eine Hygieneschleuse betreten werden. In der Regel werden die Ställe in Massivbauweise errichtet, um eine lange Nutzungsdauer zu gewährleisten. Die gemauerten Seitenwände sind üblicherweise wärmegedämmt ausgeführt, um die gewünschten Raumtemperaturen zu halten. Im Innenraum sorgen Zwischenwände für eine räumliche Trennung von Abteilen mit Tieren aus unterschiedlichen Haltungsabschnitten und zu den Verkehrswegen. Alle Böden müssen wasserundurchlässig ausgeführt sein, weil ein Eintrag von Schmutzwasser und Flüssigmist in den Boden bzw. in das Grundwasser nicht zulässig ist. Auch in den Verladebereichen und für die Treibwege außerhalb des Stalles gilt dieser Grundsatz. Bedingt durch das Immissionsschutzrecht (Kapitel 5) muss die Fortluft oberhalb des Daches senkrecht ins Freie geleitet werden. Dacheindeckungen sind farblich so zu gestalten, dass sich die Stallanlage möglichst gut in das Landschaftsbild einfügt. Helle, reflektierende Dachflächen sind vorteilhaft, um den Wärmeeintrag in das Gebäude und somit das Hitzestress-Risiko für die Tiere zu minimieren.

Der Kapitalbedarf je Tierplatz in der Sauenhaltung liegt derzeit zwischen € 1800 und € 2500, je nach Bauweise, Haltungsverfahren und Größe des Stalles. In der Ferkelerzeugung sind die Investitionskosten je Stallplatz noch sehr viel höher und unterschiedlicher als in der Schweinemast. Detaillierte Informationen über die aktuellen Kosten der verschiedenen Haltungsverfahren finden sich in der KTBL-Broschüre „Faustzahlen für die Landwirtschaft" (2009). Für die konkrete Investitionsplanung ist eine Ausschreibung des Bauvorhabens sinnvoll, weil die gängigen Schätzmethoden (z. B. die Kostenblockmethode) mit großen Unsicherheiten behaftet sind.

4.3 Arbeitswirtschaftliche Planung

Der Trend in der Ferkelerzeugung geht weiter in Richtung einer Spezialisierung. Durch das Vergrößern des Tierbestandes lassen sich für den Betrieb auf verschiedenen Ebenen Spezialisierungs- und Degressionseffekte nutzen. Besonders stark machen sich arbeitswirtschaftliche und organisatorische Wirkungen in größeren Tierbeständen bemerkbar, wie Tabelle 17 zeigt. Die anfallenden Arbeiten unterscheiden sich sehr deutlich in den Haltungsabschnitten. Besonders zeitintensiv ist der Abferkelbereich.

Durch die Bündelung der Arbeiten bei einer Alles rein-Alles raus-Belegung der Abteile im Vergleich zu der früher üblichen kontinuierlichen Belegung ergeben sich feste Arbeitspläne und Zuständigkeiten in den Betrieben, die von mehreren Personen bewirtschaftet werden.

Die regelmäßig anfallenden Arbeiten werden bei Alles rein-Alles raus-Belegung wöchentlich, alle 14 Tage oder im dreiwöchigen Rhythmus erledigt, je nachdem, wie sich der Betrieb organisieren möchte. Es hat

Tab. 17 Arbeitszeitbedarf ferkelerzeugender Betriebe in Abhängigkeit von der Bestandsgröße (Rahmendaten: Säugezeit 21 Tage, Ein-Wochen-Rhythmus, einstreulos, Drippelfütterung im Wartestall; verändert nach KTBL 2009)

Arbeitsvorgang	Produktive Sauen		
	240	480	720
	Alt- und Jungsauen im Besamungsstall		
	80	155	235
	Sauen im Wartestall		
	120	240	360
	AKmin/(10 produktive Sauen * Tag)		
Summe der Arbeiten im Besamungsstall	6,03	4,84	4,78
Summe der Arbeiten im Wartestall	1,07	0,80	0,73
Summe der Arbeiten im Abferkelstall	8,26	7,13	6,92
Summe der Arbeiten im Ferkelaufzuchtstall	3,44	2,98	2,83
Gesamt	**19,27**	**15,31**	**14,81**

sich gezeigt, dass die Arbeitsorganisation im Lohnarbeitsbetrieb bei kurzen Rhythmen vorteilhaft ist, während im klassischen Familienbetrieb lange Abstände von Vorteil sind. In der Schweinemast sind arbeitswirtschaftliche Spezialisierungs- und Degressionseffekte nicht so stark ausgeprägt wie in der Ferkelerzeugung.

4.4 Raumlufttechnische Anforderungen

Ein gutes Stallklima ist ein wichtiger Erfolgsfaktor für die Ferkelerzeugung! Darüber sind sich Landwirte und Tierärzte einig. Hohe Schadgaskonzentrationen und Staubgehalte in der Stallluft haben aber nicht nur großen Einfluss auf die Atemwegserkrankungen bei den Tieren, auch die Betreuungspersonen sind in spezialisierten Betrieben über viele Arbeitsstunden hohen Belastungen ausgesetzt, wenn die Lüftung schlecht funktioniert. Die Lüftungsanlage hat die Aufgabe, die schadgasbelastete Raumluft gleichmäßig gegen Frischluft auszutauschen. Allerdings müssen auch gesetzliche Auflagen bei der Lüftungsplanung und -ausführung beachtet werden, was den Anwohnerschutz gegenüber Gerüchen wie auch den Umweltschutz gegenüber Stickstoffeinträgen in wertvolle Ökosysteme angeht.

Ein zufriedenstellendes Stallklima stellt sich nur ein, wenn folgende Voraussetzungen gegeben sind:
- Der Stall muss wärmetechnisch gut geplant und ausgeführt sein.
- Die Zuluftführung muss eine gute Frischluftverteilung im Raum gewährleisten.
- Über die Abluft müssen die Raumlasten (Wärme im Sommer und Schadgase im Winter) unter Berücksichtigung der Umweltauflagen abgeführt werden.
- Die Steuerung der Anlage soll im Innenraum die tages- und jahreszeitlichen Einflüsse von außen – möglichst ohne menschliche Eingriffe – kompensieren.

Wärmebilanz: Verhältnis von Wärmeeinträgen und Wärmeverlusten im Stall.

Damit im Raum die gewünschte „Wohlfühltemperatur" auch unter extremen Winterbedingungen eingehalten werden kann, müssen sich die Wärmeeinträge und -verluste mindestens die Waage halten (Abb. 51). Bei den Wärmeeinträgen auf der Abteilebene ist dies die Wärmeproduktion der Tiere zuzüglich der Wärmeabgabe von Heizungen oder Wärmerückgewinnungsanlagen. Auf der Verlust-Seite sind es die Transmissionswärme durch die raumumschließenden Bauteile sowie die Abluft-Wärmeverluste, die in der Summe zu berücksichtigen sind. Kleine Tiere haben eine geringe Eigenwärmeproduktion, aber oft einen hohen Wärmebedarf. Daher sind die wärmetechnischen Probleme bei Jungtieren sehr viel schwieriger zu beherrschen als bei älteren Tieren. Erschwerend kommt hinzu, dass Jungtiere nur einen kleinen Thermoregulationsbereich haben, während ältere Tiere problemlos größere Temperaturschwankungen vertragen.

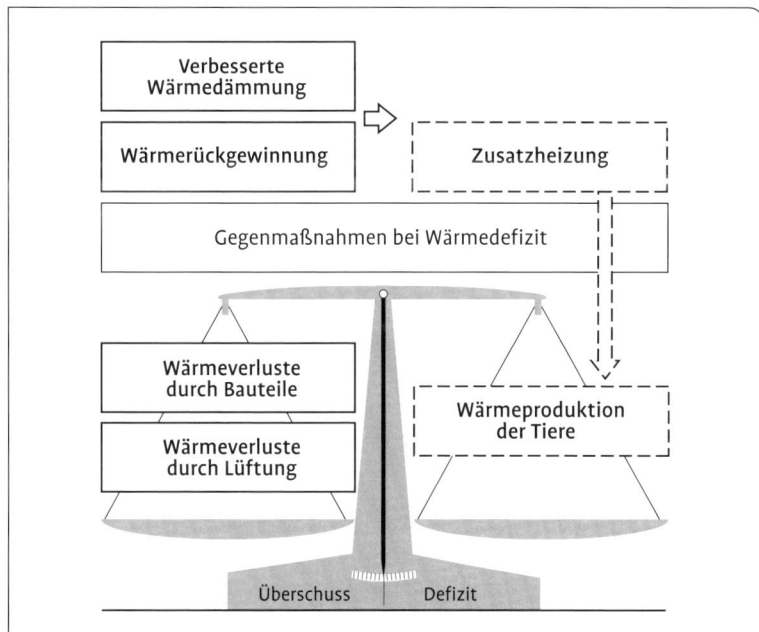

Abb. 51 Wärmebilanz-Waage mit den möglichen Gegenmaßnahmen, um die Bilanz auszugleichen.

Um eine Wärmebilanz berechnen zu können, müssen dem Stallplaner die Winterluftraten und die Temperaturdifferenzen zwischen dem Innenraum und der Außenluft bekannt sein. Beide Informationen finden sich in der Baunorm DIN 18910-1 (aus dem Jahre 2004). Für die Größe der Lüftungsanlage ist allerdings die Sommerluftrate ausschlaggebend, da diese oft über den Faktor 10 höher ist als die Winterluftrate (Tab. 18), bei Alles rein-Alles raus-Belegung der Abteile z. B. in der Schweinemast sogar um den Faktor 20.

Bei der Berechnung dieser Luftraten geht man davon aus, dass im Sommer max. 30 °C in den Ställen herrschen und im Winter bei den Wärmebilanzen mit den Rechenwerten aus der Tabelle 19 kalkuliert wird. Diese Rechenwerte sind aus wärmetechnischen Überlegungen sehr niedrig angesetzt; die Optimaltemperaturen – in Bezug auf das Wachstum der Tiere – sind deutlich höher.

Voraussetzung für eine exakte Wärmebilanz ist ein hohes Maß an Dichtheit der raumumschließenden Bauteile. Besonders in Altgebäuden und an sehr exponierten Standorten kommt es durch Windeinflüsse zu einem hohen „Falschluftanteil", der einen erheblichen Einfluss auf die sich einpendelnden Raumtemperaturen hat. Sinkt die Raumtemperatur über längere Zeit unter die Optimalwerte, sind Leistungseinbußen vorgegeben. Darüber hinaus fördern zu niedrige Temperaturen bei hoher Luftfeuchtigkeit die Anfälligkeit der Tiere gegenüber Faktorenkrankheiten (z. B. gegenüber der Ferkelgrippe). Können die Tiere unter diesen Bedingungen hohen Luftgeschwindigkeiten (Zugluft) nicht ausweichen, kann es zur starken Abkühlung der Tiere und daraus resultierenden Atemwegserkrankungen kommen.

Ist die Wärmebilanz deutlich negativ (Bilanzdefizit > 1 kW), müssen schon bei der Planung Gegenmaßnahmen getroffen werden, damit unter Winterbedingungen die gewünschten Temperaturen gehalten werden können. Zur Auswahl stehen Heizungen, Wärmerückgewinnungen

Tab. 18 Planungswerte für die Luftraten im Winter und im Sommer in m³/h für Ferkelaufzucht, Mast und Sauenhaltung bei der beschriebenen Haltungsform und bei der angegebenen Lebendmasse der Tiere (gemäß DIN 18910–1, 2004)

Planungswerte Luftraten für Ferkelaufzucht und Mast (5–120 kg Lebendmasse)

Lebendgewicht	kg	5	10	20	30	50	100	120
Mindestluftvolumenstrom (Winter)	m³/h/Tier	2,5	3,7	5,4	6,9	9,4	14,1	15,6
Max. Luftvolumenstrom bei $\Delta T = 2\,K$ (Sommer)	m³/h/Tier	12	23	40	53	74	108	119
Max. Luftvolumenstrom bei $\Delta T = 3\,K$ (Sommer)	m³/h/Tier	8	15	26	35	49	72	79

Praxisübliche, strohlose Haltung, Feuchtfütterung (z. B. mit Breifutterautomaten); Bodenplattenmaße je Tier (Rechenwerte) auf 1,2 m² ansteigend, Temperaturen von 28 auf 18 °C fallend; bei kontinuierlicher Mast sollte mit der durchschnittlichen Lebendmasse (z. B. 70 kg) gerechnet werden

Planungswerte Luftraten für tragende Sauen (im Haltungsabschnitt Warteabteil)

Lebendgewicht	kg	150	200	250	300
Mindestluftvolumenstrom (Winter)	m³/h/Tier	12,4	15,1	17,8	20,3
Max. Luftvolumenstrom bei $\Delta T = 2\,K$ (Sommer)	m³/h/Tier	83	106	128	149
Max. Luftvolumenstrom bei $\Delta T = 3\,K$ (Sommer)	m³/h/Tier	55	71	86	100

Praxisübliche, strohlose Haltung, Feuchtfütterung (z. B. Trogschale mit Sprühnippel); Bodenplattenmaß je Tier (Rechenwert): 2,0 m²; Temperatur: 18 °C

Planungswerte Luftraten für säugende Sauen (einschließlich Ferkel im Sommer, im Haltungsabschnitt Abferkelabteil)

Lebendgewicht	kg	150	200	250	300
Mindestluftvolumenstrom (Winter)	m³/h/Tier	21,7	24,5	27,1	29,6
Max. Luftvolumenstrom bei $\Delta T = 2\,K$ (Sommer)	m³/h/Tier	315	340	363	384
Max. Luftvolumenstrom bei $\Delta T = 3\,K$ (Sommer)	m³/h/Tier	210	226	242	256

Praxisübliche, strohlose Haltung; Trockenfütterung; Bodenplattenmaß je Tier (Rechenwert): 5,0 m²; Raumtemperatur: 18 °C, Ferkelnest; Ferkel im Sommer berücksichtigt mit 5 kg Lebendgewicht, 10 Ferkel pro Wurf

und/oder zusätzliche Wärmedämmungs-Maßnahmen. Bei wachsenden Tieren steigt mit zunehmendem Körpergewicht die Eigenwärmeerzeugung, während der Wärmebedarf sinkt. Deshalb bezieht sich die Dimensionierung wärmetechnisch auch hier auf den ungünstigsten Fall der Stallbelegung; also in der Regel kleine Jungtiere. Der Zeitpunkt einer ausgeglichenen Wärmebilanz (Abb. 52) in einem Stallabteil hängt von vielen Randbedingungen ab. In den meisten Fällen besteht in der Ferkelaufzucht bis zu einem Gewicht von etwa 16 kg ein zusätzlicher „Wärmebedarf", in der Mast nur bis zu einem Gewicht von 45 kg. Entsprechend unterschiedlich sind die Einsatzzeiten der Systeme.

Eine wichtige Voraussetzung für eine möglichst ausgeglichene Wärmebilanz ist eine intakte, gute Wärmedämmung der Wände und Stall-

Tab. 19 Schweineställe; Temperatur und relative Luftfeuchte$_i$ der Stallluft (DIN 18910–1, 2004)

Stall für	Masse des Einzeltieres kg	Optimale Lufttemperatur der Stallluft °C	Rechenwerte im Winter °C	%
Jungsauen, leere und tragende Sauen, Eber	über 50	10 bis 18	10	80
Ferkelführende Sauen, im Ferkelbereich Zonenheizung erforderlich	über 100	12 bis 20 32 bis 20[a]	12	80
Ferkel im Liegebereich auf Ganzrostboden	10 bis 30	26 bis 20[a]	20	70
Mastschweine einschließlich Aufzucht im Alles rein-Alles raus-Verfahren	10 20 bis 30 40 bis 50 60 bis 100	26 bis 22[a] 22 bis 18[a] 20 bis 16[a] 18 bis 14[a]	20 16 14 12	70 80 80 80
Kontinuierliche Mast	20 bis 40 40 bis 100 60 bis 100	22 bis 18[a] 20 bis 16[a] 18 bis 14[a]	16 14 12	80 80 80

[a] Lufttemperatur mit zunehmendem Alter der Tiere allmählich vom höheren auf den niederen Wert abnehmend.

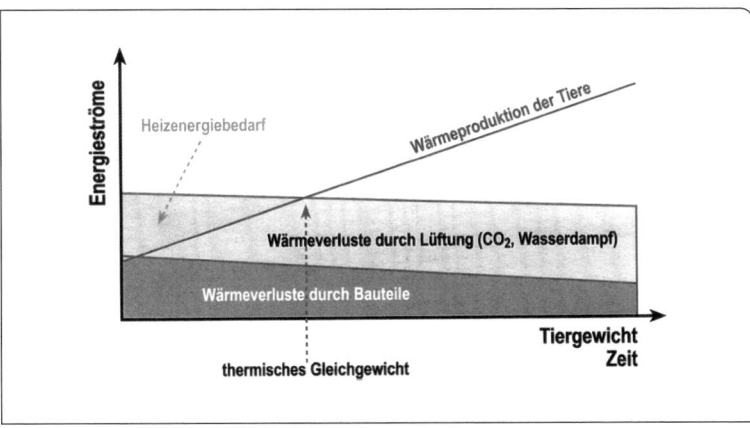

Abb. 52 Thermisches Gleichgewicht in einem Stall besteht erst dann, wenn die Eigenwärmeerzeugung der Tiere bei gegebener Wärmedämmung und bei den aktuellen Lüftungswärmeverlusten ausreicht, um die gewünschte Raumtemperatur halten zu können.

decke. Außenwände für Ställe bestehen üblicherweise aus verschiedenen Schichten, da jede Schicht unterschiedliche Funktionen (z. B. statische Aufgaben) hat. Beim Wandaufbau muss darauf geachtet werden, dass es nicht zu einer Durchfeuchtung der Dämmschicht durch Kondensatbildung kommen kann. Wände und Decken sollten daher stets so aufgebaut sein, dass von innen nach außen und von Schicht zu Schicht die Wasserdampf-Durchlässigkeit zunimmt. Anders ist es mit dem Wärmedurchgang der einzelnen Schichten. Die Dämmeigenschaft der Wand (bautechnisch spricht man vom Wärmedurchgangswiderstand) sollte von innen nach außen immer größer werden. Das Maß für die Wärmedurchlässigkeit einer gesamten Wand oder eines einzelnen Bauteils (z. B. einer Tür) ist dessen u-Wert (früher k-Wert). Der u-Wert geht als Faktor in die Berechnung der Wärmeverluste ein. Niedrige u-Werte sind als günstig anzusehen, hohe Werte kennzeichnen eine schlechte Wärmedämmung. Die Erfahrungen und Berechnungen zeigen, dass die Wände und besonders die Stalldecke die größten Wärmeverluste aufweisen; deren u-Werte sollten daher besonders niedrig sein.

Folgende u-Werte (Wärmedurchgangskoeffizienten) sind möglichst einzuhalten:
Fenster   1,8 W/m² K   Türen   1,0 W/m² K
Wände   0,5 W/m² K   Decken   0,4 W/m² K

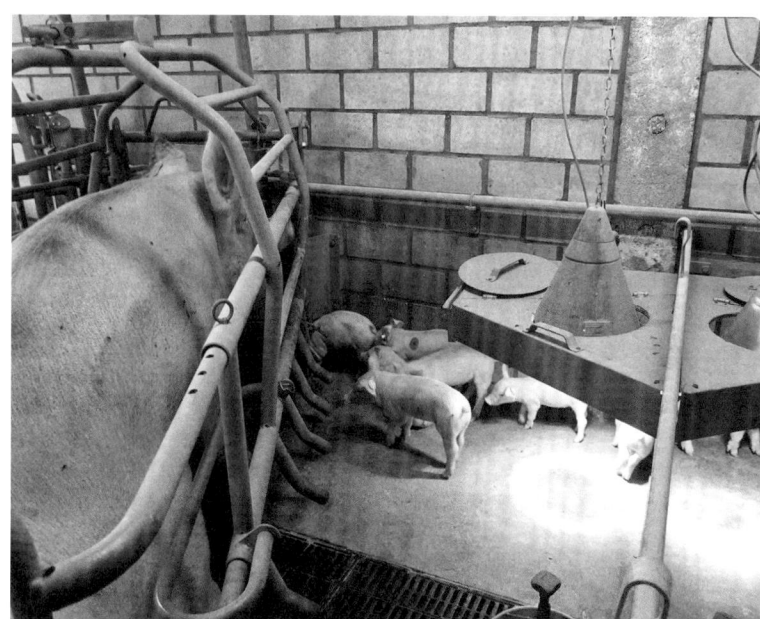

Abb. 53 Ferkelnest in der Abferkelbucht zur Erzeugung eines Wohlfühl-Klimas für die Saugferkel, während die Sau deutlich niedrigere Temperaturen bevorzugt.

Es gibt viele verschiedene Heizungssysteme, die in Schweineställen zum Einsatz kommen können. Typische Raumheizungen für große Abteile sind Gaskanonen, die oft zur Vorwärmung großer Abteile verwendet werden. Ganz im Gegensatz zu Raumheizungen werden Zonenheizungen verwendet, um ein besonderes Mikroklima im Ruhebereich der Tiere zu erzeugen. Ein klassischer Vertreter dieses Heizungssystems ist das Ferkelnest, das in der Regel aus einer Fußbodenheizung, ggf. einer Abdeckung und einer Infrarotlampe in der Abferkelbucht besteht (Abb. 53). Besonders wichtig für den Einsatz von Fußbodenheizungen sind eine Einstellbarkeit der Bodentemperatur und eine gleichmäßige Wärmeverteilung auf der gesamten Liegefläche. In wissenschaftlichen Untersuchungen bieten Wärmebildkameras optimale Möglichkeiten, diese Kriterien zu erfassen.

Besonders wichtig in der Ferkelerzeugung ist die regelmäßige Kontrolle und Feinjustierung der Bodentemperatur, wenn eine Zonenheizung zum Einsatz kommt. Die Ferkel zeigen eine Unterversorgung mit Wärme durch Haufenbildung (Abb. 54) an. Hierdurch kann es relativ leicht zu Erkältungs- und Atemwegserkrankungen bei den Ferkeln kommen. Im anderen Extrem ist die Bodentemperatur zu hoch, dann weichen die Ferkel der zu warmen Zone aus und legen sich an den Rand der Bodenheizung (Abb. 54). Dieses Liegeverhalten zeigt dem Tierhalter wiederum eine Überversorgung mit Wärme an und führt zu einer Energieverschwendung bzw. zu unnötig hohen Energiekosten.

Zur Wärmerückgewinnung können in zwangsbelüfteten Tierställen Luft-Luft-Wärmetauscher eingesetzt werden, die einen Teil der in der Abluft gebundenen Wärme auf die angesaugte Frischluft nach dem Gegenstromprinzip übertragen (Abb. 55). Durch die starke Staubbelastung der Abluft und die Kondensation von Wasser an der kühlen Kontaktfläche kommt es zu einer starken Verschmutzung der Austauschflächen und in vielen Fällen zu sehr niedrigen Wirkungsgraden. DLG-geprüfte „selbstreinigende" Wärmetauscher werden überwiegend

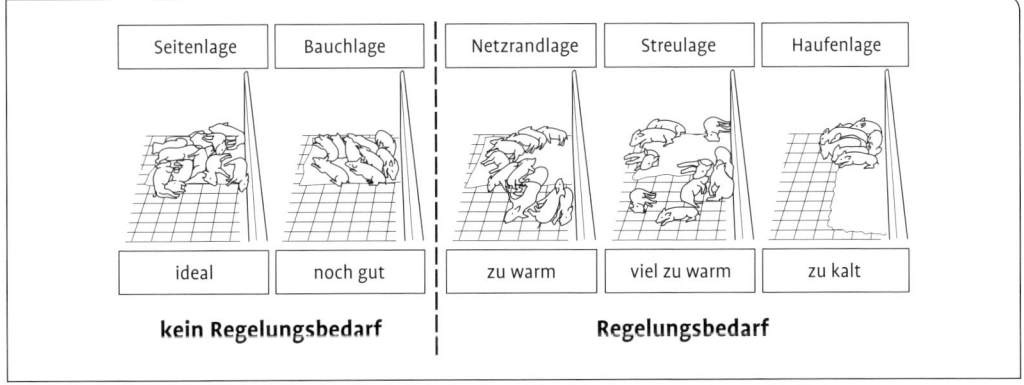

Abb. 54 Liegeverhalten von Aufzuchtferkeln und Bewertung des Regelungsbedarfs bei unterschiedlichen Bodentemperaturen (AEL, 1996).

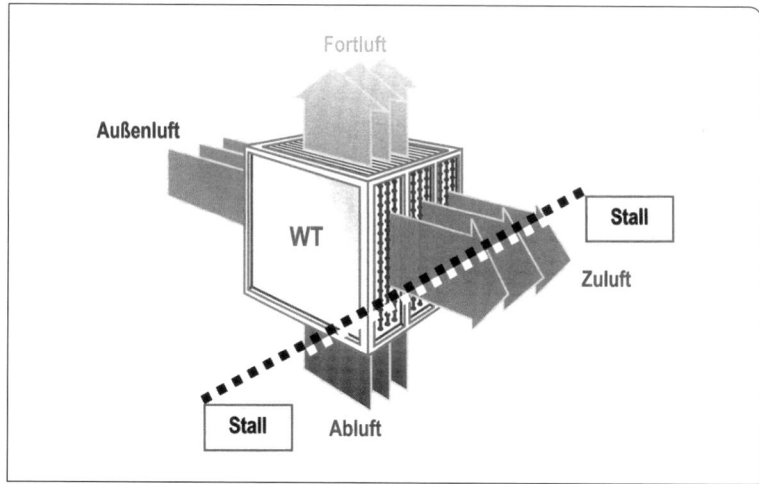

Abb. 55 Funktionsprinzip eines Luft-Luft-Wärmetauschers (BFL-Baubrief 49, 2010).

bei zentraler Zuluftführung eingesetzt, um mit der Überschusswärme aus den Abteilen die angesaugte Frischluft vor dem Eintritt in ein Abteil vorzuwärmen.

Bei der Minergie (Erdwärmenutzung) wird die angesaugte Luft durch das Erdreich vorgewärmt, bevor sie als Zuluft in das Abteil gelangt. Die Frischluft kann durch betonierte Kanäle direkt unter dem Stall angesaugt werden oder durch Kunststoff-Rohre außerhalb des Stalles. Bei dieser Art der Zuluftführung ist die Kühlungswirkung im Sommer ein zusätzlicher großer Vorteil. Je nach Verweilzeit der Luft im Erdreich wird die angesaugte Frischluft um bis zu 4 Kelvin (1 Kelvin entspricht 1 °C) im Winter angewärmt bzw. im Sommer abgekühlt.

Zuluftführung
Die Zuluftsysteme unterscheiden sich sehr stark in ihrer Wirkung auf die Raumströmung. Gelangt die Zuluft über große Einlassöffnungen mit hoher Geschwindigkeit in den Raum, spricht man von einer „Impulslüftung". Der starke Impuls versetzt die Raumluft so heftig in Bewegung, dass sich typische „Luftwalzen" bilden, die man mit Nebel gut sichtbar machen kann (Abb. 56). Die Luftgeschwindigkeit im Tierbereich ist bei diesen Strahllüftungen höher als bei den so genannten Verdrängungslüftungen. Typische Impulslüftungen sind Abteile mit großen Frischluftelementen (Abb. 56), die z. B. bei weniger zugluftempfindlichen Wartesauen gut eingesetzt werden können. Wichtig ist es, die Zuluft entlang einer möglichst glatten Stalldecke in den Raum einströmen zu lassen, damit die kühle Frischluft entlang der Decke strömt, sich dabei erwärmen kann und nicht sofort in den Tierbereich fällt.

Wird eine **Strahllüftung** eingesetzt, ist es notwendig, die kalte, schwere Frischluft mit hoher Geschwindigkeit (möglichst über 1,0 m/s) durch eine entsprechende Einstellung der Klappen in den Raum einzuleiten, um die Zugluftgefahr zu vermeiden. Eine zweite wesentliche Voraussetzung für die notwendige Eindringtiefe ist die Nutzung des Coanda-Effektes. Dabei lehnt sich der einströmende Strahl an eine erreichbare glatte Fläche an und strömt an ihr entlang. Gelingt es durch exakte Einstellung und Anordnung der Zuluftelemente bei der Strahllüftung (Abb. 57), die Zuluft direkt unter eine glatte Stalldecke einzuleiten, kann die Zugluftgefahr im Tierbereich erheblich gesenkt werden.

Anders ist es bei der **Verdrängungslüftung**. Hier strömt die Zuluft über viele kleine Öffnungen (z. B. durch Lochplatten in einem Zuluftkanal oder bei einer ganzflächig perforierten Lüftungsdecke) in den Raum. Dabei kommt es nicht zu einer Luftwalzenbildung. Wird der Zuluft ein technisch erzeugter Nebel zugesetzt, wird sichtbar, dass sich die einströmende Luft langsam durch den Tierbereich bewegt und all-

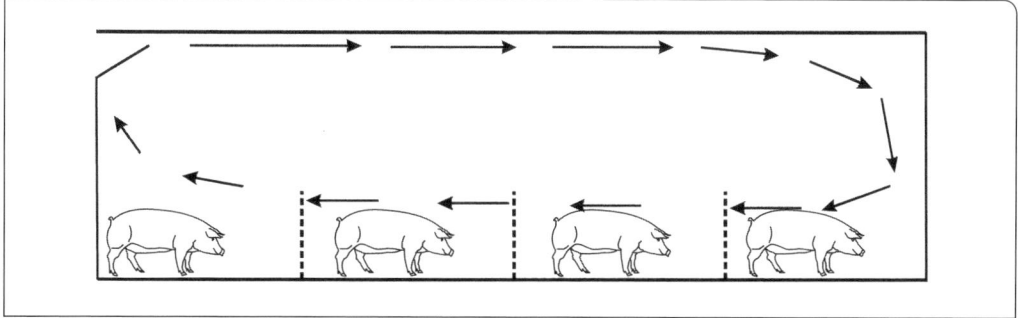

Abb. 56 Typische Raumwalzenbildung bei Strahllüftungen im Sommer bei hoher Einströmgeschwindigkeit und geringer Temperaturdifferenz zwischen Raumluft und Zuluft.

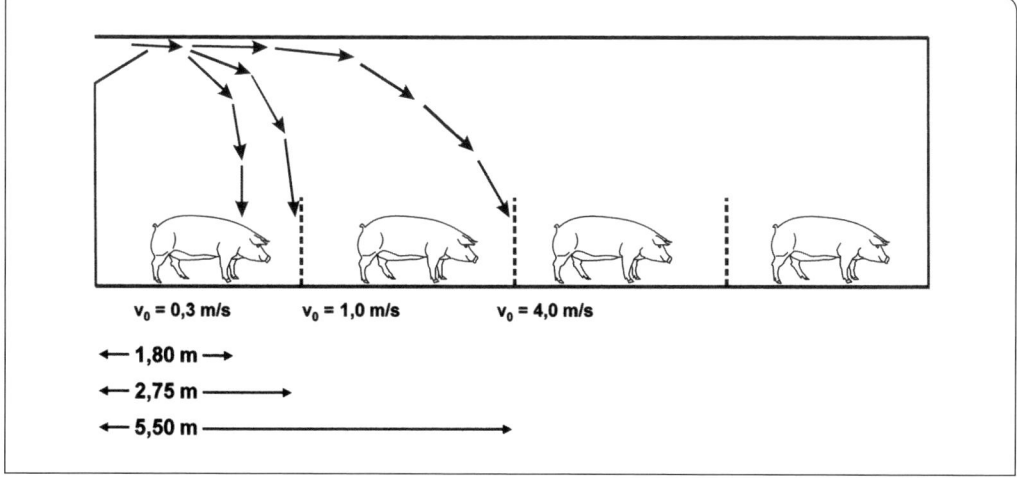

Abb. 57 Das Herabfallen der kalten Zuluft im Winter kann bei der Strahllüftung nur durch eine hohe Einströmgeschwindigkeit und die direkte Positionierung unter der Stalldecke vermieden werden.

mählich zur Abluft gesaugt wird (Abb. 58). Insgesamt ist die Luftbewegung im Tierbereich sehr viel langsamer, was für zugluftempfindliche Jungtiere natürlich sehr vorteilhaft ist. Allerdings dürfen die Lochplatten nicht zu luftdurchlässig sein, damit die Kaltluft nicht schon im ersten Drittel des Kanals durch den Zuluftkanalboden „sickert" und auf die Tiere fällt. Auch sollte ein Mindestabstand zur Seitenwand eingehalten werden, damit sich die einströmende Zuluft nicht entlang der Wand „einschnürt" und auf ihrem Weg nach unten beschleunigt. Im ungünstigsten Fall kann die Kaltluft auf der einen Seite der Bucht durch den Spaltenboden in den Flüssigmistkanal einströmen und auf der gegenüberliegenden Seite wieder mit hohen Schadgasgehalten aufsteigen.

Steigt der Anteil des perforierten Kanalbodens auf über 50 % der gesamten Stalldecke an, spricht man von einer **Porendeckenlüftung**. Auch bei diesem System strömt, bei Einhaltung der Planungsdaten, die Frischluft langsam und gleichmäßig in den Stall. Eine typische Luftwalze entwickelt sich dabei nicht. Die Perforation der Porendecken ist in der Regel noch feiner als bei Lochplatten für Rieselkanalböden.

Auch für die Porendecken gelten hohe Anforderungen an die perforierten Materialien. Nur beim Einsatz von Mineral- oder Glaswolle-Auflagen als „Staubfilter" kann auf eine regelmäßige Reinigung der Decke verzichtet werden. Es ist jedoch in diesem Fall zu beachten, dass sich bei ausgeschalteter Lüftung die Strömungsrichtung umkehren kann. In die Zuluftdecke gelangt dann wasserdampfbeladene Stallluft aus dem Abteil. Kondensat verklebt den Staub in den kleinen Poren der Zuluftdecke. Ohne Reinigung werden die Zuluftdecken unter diesen Umständen immer weniger durchlässig bzw. der Strömungswiderstand für die Gewährleistung der Sommerluftrate steigt von Jahr zu Jahr an.

Den Bereich zwischen Zuluftdecke und eigentlicher Abteildecke nennt man den Druckraum (Abb. 59). Wie der Name vermuten lässt, hat dieser Bereich die Aufgabe, für gleichmäßige Druckverhältnisse und gleichmäßiges Einströmen der Zuluft ins Abteil zu sorgen. Wenn

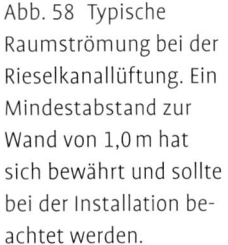

Abb. 58 Typische Raumströmung bei der Rieselkanallüftung. Ein Mindestabstand zur Wand von 1,0 m hat sich bewährt und sollte bei der Installation beachtet werden.

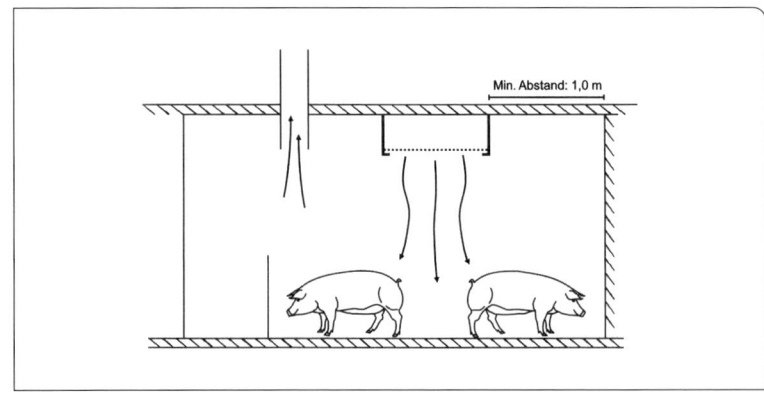

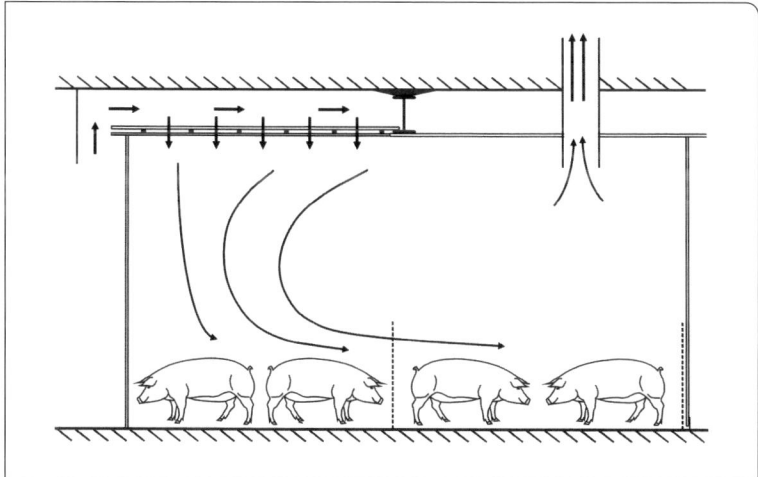

Abb. 59 Beispiel für den Einsatz einer großflächig abgehängten Zuluftdecke aus einem perforierten Material.

der Dachraum als Druckraum genutzt wird, sollte er wärmegedämmt ausgeführt werden, damit sich die angesaugte Frischluft nicht durch die Sonneneinstrahlung auf das Dach erwärmen kann. Wird der Dachraum nicht wärmegedämmt, können dort Temperaturen von weit über 40 °C auftreten. Kann der Dachraum nicht als Druckraum genutzt werden, sollte dieser zusätzlich mindestens 50 cm hoch sein, damit die Zuluft gleichmäßig in das Abteil einströmt.

Strömungstechnisch ist die **Futterganglüftung** eine Kombination aus Strahllüftung im Sommer und einer Verdrängungslüftung im Winter. Aufgrund ihrer Einfachheit wird die Futterganglüftung in kleinen Abteilen häufig eingesetzt und soll hier als eigenständiges Zuluftsystem angesprochen werden.

Die Raumströmung bei der Futterganglüftung unterscheidet sich zwischen der Sommer- und Wintersituation ganz erheblich (Abb. 60). Im Sommer erzeugt die Zuluft bei Einströmgeschwindigkeiten von 2,5 m/s mit erheblichem Impuls eine Raumwalze. Im Winter strömt sie dagegen nur sehr langsam in den Gang, speist dort einen Kaltluftsee, der langsam (wie Schaum beim Bierglas) über die geschlossenen Buchtentrennwände in die Buchten strömt. Diese Strömungsbilder stellen sich durch die unterschiedlichen Luftraten bei gleich bleibender Türöffnung ein.

Die Futterganglüftung kann man mit einer unterflurseitigen Einspeisung ausführen. Dann ist der Treibgang mit einem Spaltenboden ausgeführt, sodass die Zuluft von unten in den Gang strömt und eher senkrecht in den Raum gelangt. Bei dieser Form der Zuluftführung werden die kühlende Wirkung des Erdreichs im Sommer und die Vorwärmung der Zuluft im Winter ausgenutzt. Futterganglüftungen können auch in Abferkelabteilen eingesetzt werden; allerdings sollten sich dann die Ferkelnester nicht direkt am Futtergang befinden.

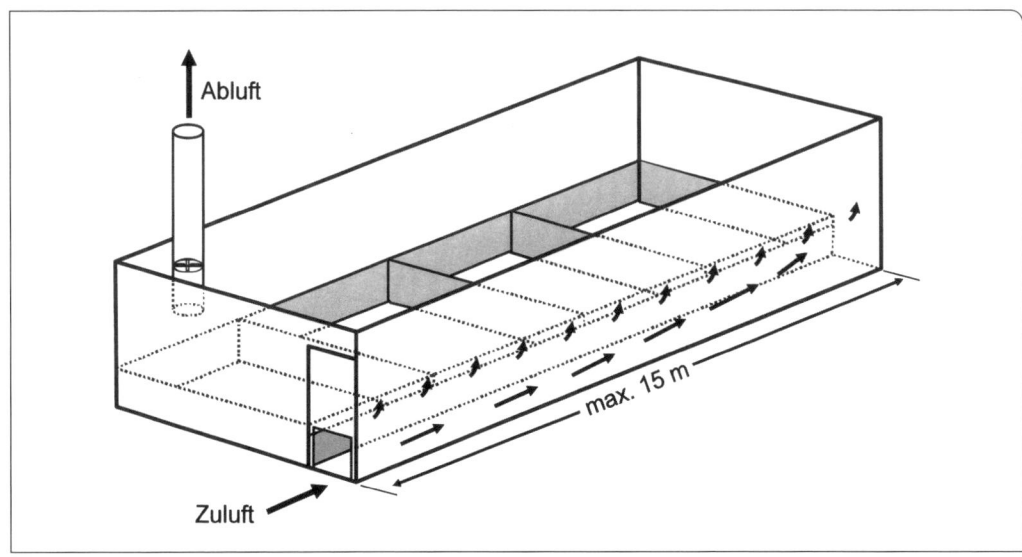

Abb. 60 Typische Raumströmung bei der Futterganglüftung im Winter. Die Einströmöffnung in der Abteiltür wird im Winter nicht verengt!

Die **Schlitzlüftung** ist eine Weiterentwicklung der Futterganglüftung. Dabei strömt die Zuluft nicht durch die Tür, sondern senkrecht von oben (also durch Schlitze bzw. Kunststoffelemente in der Stalldecke) in den Treibgang. Auch bei dieser Variante müssen die Buchtentrennwände zum Treibgang ganz geschlossen ausgeführt sein, damit keine Kaltluft unmittelbar in den Tierbereich strömt. Die Frischluft kann von außen über Kanäle zu den Schlitzöffnungen strömen oder wird direkt aus dem Dachraum angesaugt.

In der Praxis wurden in den letzten Jahren nahezu ausschließlich Unterdrucksysteme eingesetzt. Dabei stellt sich immer wieder die Frage nach einer zentralen oder dezentralen Ausführung. Beide Formen der Abluftführung haben unterschiedliche Vor- und Nachteile, die bei der Anschaffung zu berücksichtigen sind.

Von den Absaugpunkten geht im Stall in der Regel keine Zugluftgefahr für die Tiere aus. Die Ansauggeschwindigkeit steigt erst direkt vor dem Abluftpunkt auf die spätere Geschwindigkeit im Kanal an. Daher spricht auch nichts dagegen, den Absaugpunkt von der Stalldecke nach unten zu ziehen, um das Warmluftpolster für die Zulufterwärmung zu nutzen (Abb. 61). Das ist besonders wichtig im Winter, wenn sich die kühle Zuluft im Bereich der Stalldecke mit der Raumluft vermischen soll.

Auch der häufig befürchtete Luftkurzschluss zwischen Zu- und Abluft kommt sehr viel seltener vor als erwartet. Wenn der Zuluftstrahl nicht unmittelbar in den Abluftpunkt mündet, ist der direkte Weg der Zu- in die Abluft nahezu ausgeschlossen. Bildet sich eine Luftwalze im Raum, strömen nur geringe Anteile der Zuluft direkt in den Abluftventilator, ohne sich mindestens einmal mit der Luftwalze zu drehen. Beim

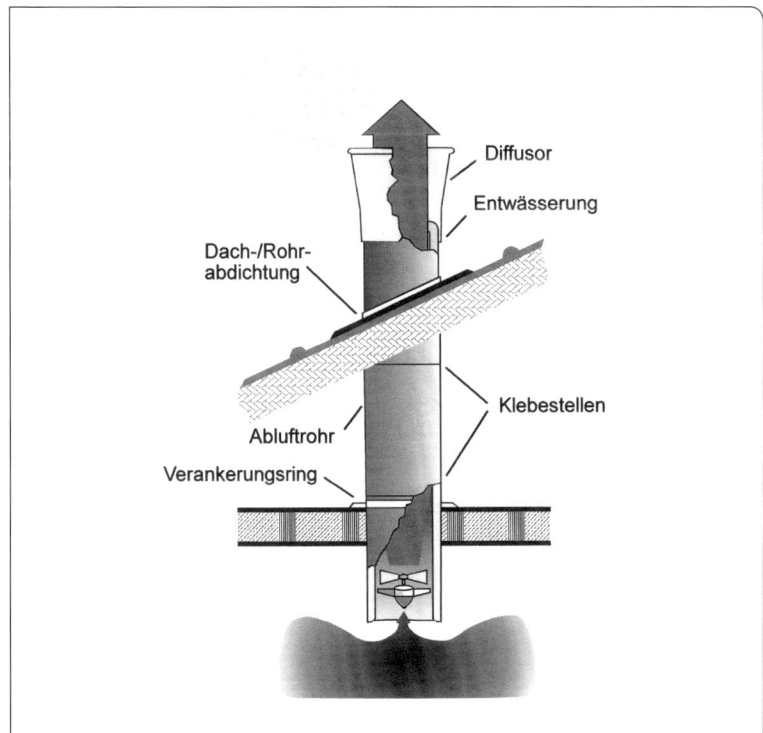

Abb. 61 Typische dezentrale Ablufteinheit mit Rohrventilator, Diffusor und heruntergezogenem Ansaugpunkt.

Einsatz von Rieseldecken sollte man ein geschlossenes Material bis zu einem Abstand von 1,0 m um die Absaugpunkte verwenden. Es hat sich bei der Planung bewährt, die Ventilatoren mittig im Abteil zu positionieren, um auch bei geringer Luftumwälzung eine möglichst gleichmäßige Absaugung des gesamten Raumes zu erreichen.

Kennzeichen der zentralen Abluftführung ist ein Sammelkanal, der die Abluft aus den Abteilen bündelt und einem einzigen Fortluftpunkt zuführt. Die Dimensionierung des zentralen Abluftkanals ergibt sich aus der Gesamtleistung aller angeschlossenen Abteile. Bei der zentralen Ausführung gibt es wichtige Vorteile gegenüber der dezentralen Form:
- Der Emissionspunkt kann mit maximalem Abstand zur Nachbarschaft oder zum Ökosystem auf dem Gebäudedach verschoben werden.
- Große Ventilatoren können zum Einsatz kommen, die einen günstigeren Wirkungsgrad als kleine haben.
- Mit Stellklappen im zentralen Sammelkanal lässt sich sehr exakt der Abluftvolumenstrom (von 0 bis 100 %) in jedem Abteil einstellen.
- Wärmerückgewinnungsanlagen können in einem zentralen Abluftsammelkanal über das gesamte Jahr einen deutlich größeren Wirkungsgrad entfalten.

Weitergehende Hinweise zu Energiefragen in der Schweinehaltung finden sich in den einschlägigen KTBL-Schriften.

Viele Umweltauflagen beeinflussen die Gestaltung der Abluftführung und haben hierdurch direkten Bezug zu den später anfallenden Stromkosten. Bei Luftströmungen in Kanälen ist generell auf eine strömungstechnisch günstige Ausführung zu achten, weil durch hohe Strömungswiderstände der Luftdurchsatz der Ventilatoren abgesenkt wird und hohe Widerstände den Energieverbrauch und somit die Stromkosten für den Luftwechsel steigern. Besonders deutlich wird dieser Zusammenhang bei der Abluftgestaltung, wobei in Abbildung 62 verschiedene Ausführungsvarianten bei gleichem Ventilator gegenübergestellt werden. Ausgehend von der typischen Ausführung (mittlere Spalte der Tabelle in Abb. 62) ergeben sich erhebliche Unterschiede zu den strömungstechnisch günstigen und ungünstigen Varianten in Bezug auf den Luftdurchsatz und die spezifische elektrische Leistungsaufnahme.

Steuerung und Überwachung der Anlage

Klimacomputer sind in modernen Stallanlagen zum Standard geworden. Sie sollen über langzeitstabile Sensoren die wichtigen Messgrößen so erfassen und auswerten, dass nach vorgegebenen Sollwerten die Lüftung eigenständig „intelligent" bzw. sachgerecht Einstellungen vornimmt, die ein dauerhaft gutes Stallklima gewährleisten. Um die Lüftungsanlage in Überwachungsfragen und Dokumentationszwecke einzubinden, ist es wichtig, dass eine herstellerübergreifende Kommunikation des Klimacomputers auf der Basis des Bussystems ISO-agriNET mit den anderen Prozesscomputern des Stalles möglich ist. Klimacomputer sollten mindestens
- die Solltemperatur der Luft im Stall der Gewichtsentwicklung der Tiere nach Vorgabe anpassen (siehe Abb. 63),
- klimarelevante Daten erfassen und berücksichtigen, wie z. B. die relative Feuchte der Stallluft,

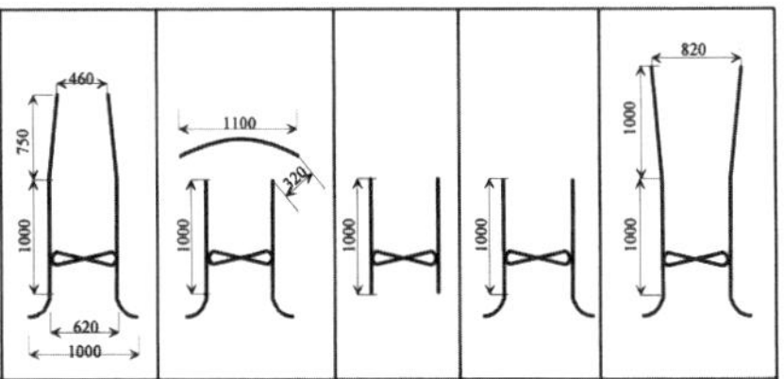

Abb. 62 Strömungstechnisch günstige Abluftgestaltung steigert den Luftdurchsatz und senkt die Stromkosten (Standard = 100 %, mittlere Spalte), Kamindurchmesser 63 cm (S. Pedersen, DK, SJF, 1999).

Drehzahl	min^{-1}	821	814	790	805	832
Leistungsaufnahme	W	390	390	403	401	378
Volumenstrom	m³/h	4 870	5 090	6 620	7 410	10 930
	%	68	71	100	109	127
Spezifischer Volumenstrom	m³/kWh	15 050	15 620	21 390	23 470	28 920
	%	70	73	100	110	135
Spezifische Leistungsaufnahme	W / 1000 m³h^{-1}	66,4	64,1	46,8	42,6	34,6
	%	142	137	100	91	74

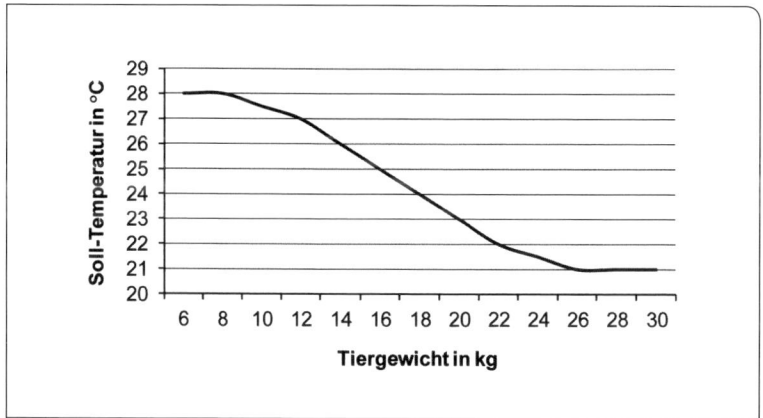

Abb. 63 Beispiel für eine Sollwert-Kurve eines Klimacomputers für die Ferkelaufzucht im Verlauf der Aufzuchtperiode.

- die Stellung der Zuluftelemente entsprechend dem Volumenstrom regeln,
- den Verlauf der Außenlufttemperatur berücksichtigen und
- Messdaten speichern, die später abgerufen werden sollen.

Um die Möglichkeiten von Klimacomputern auszuschöpfen, bedarf es einer gut geplanten Lüftungsanlage und einer intensiven Einarbeitung in die Einstellungsmöglichkeiten des Computers. Fehlplanungen kann auch der beste Computer nicht wettmachen. Es sollten sehr kritisch Notwendiges, Nützliches, Angenehmes und Unwichtiges bei der Anschaffung von Regelgeräten – und dazu zählt auch der Klimacomputer – gegeneinander abgewogen werden. Der Klimacomputer selbst hat kaum einen Einfluss auf die Stromkosten der Lüftung; hier sind die Größe und Ansteuerung der Ventilatoren sowie die strömungstechnische Gestaltung der Luftkanäle ausschlaggebend.

Ob ein zentraler Klimacomputer in einem Vorraum eingesetzt wird oder ob vor jeder Abteiltür (dezentral) ein Gerät hängt, sollte der Anlagenbetreiber nach eigenem Ermessen entscheiden. Viele Betriebsleiter wollen auf die dezentralen Geräte vor den Abteiltüren nicht verzichten, um beim Vorbeigehen eine Kontrollmöglichkeit zu haben. In der Regel sind dann die dezentralen Geräte aber zusätzlich mit dem Zentralcomputer verbunden, um alle Daten und Einstellmöglichkeiten im Büro „griffbereit" zu haben.

Alarmanlagen sind in der Intensiv-Tierhaltung Pflicht. Nicht nur von Seiten des Tierschutzes sind Überwachungsanlagen für alle lebensnotwendigen Techniken vorgeschrieben. Auch die Baunorm DIN 18910–1 und der Verband der Sachversicherer stellen diese Forderung.

Die Alarmgebung erfolgt akustisch (Hupe) und eventuell zusätzlich optisch (Blitzleuchte). Bei entfernt liegenden Stallgebäuden muss die Alarmgebung über Telefonwählgeräte erfolgen. Dabei können Mobiltelefone genauso in die Alarmgebung mit einbezogen sein wie Festnetz-

Gemäß der DIN VDE 0830 ist eine Alarmanlage eine „elektrische Anlage, die eine Abweichung vom Normalzustand, die auf eine bestimmte Gefahr hinweist, erkennt und meldet".

Telefone. Unerlässlich sind die Überwachung der Lufttemperatur im Stall und die Überwachung der elektrischen Spannung, zumindest der für die Lüftungsanlage relevanten Stromkreise. Mit den meisten der heute angebotenen Alarmgeräte können die wichtigsten Störungen erfasst und gemeldet werden.

Neben den Alarmmeldungen haben Überwachungsanlagen eine sehr wichtige Funktion bei der Übertragung wertvoller Informationen. Voraussetzung für einen breiten Einsatz ist jedoch eine Vernetzbarkeit der Anlagenkomponenten und eine Verbindungsmöglichkeit des Netzwerkes zum Internet. Durch ein Telefonwählgerät können z. B. dann Daten und Überwachungsmeldungen gezielt versandt werden. Es ergeben sich viele zusätzliche Möglichkeiten: von der gemeinsamen Nutzung von Prozessdaten im Betrieb bis hin zur Ferndiagnose von Anlagenkomponenten durch den Prozesscomputer-Hersteller ohne den Besuch eines Servicetechnikers.

4.5 Entmistungssysteme

In der Schweinehaltung werden folgende Flüssig-Entmistungssysteme eingesetzt, die sich vorrangig durch die Lagerdauer, die Kanaltiefe und die Ablasstechnik unterscheiden.

Staumistverfahren: Hierbei verbleibt der Flüssigmist über einen längeren Zeitraum (z. B. die gesamte Aufzuchtperiode) im Stall im Kanal unter dem Spaltenboden. In der Regel erfolgt die Entnahme direkt aus dem Kanal. Der Nachteil dieses Verfahrens sind die Unfallrisiken durch die Homogenisierung vor der Entnahme, die nur erfolgen kann, wenn sich keine Tiere und auch keine Personen im Stall befinden! Es kommt zu einer spontanen Freisetzung von großen Mengen an Schwefelwasserstoff (H_2S), der stark toxisch auf Tiere und Menschen einwirkt.

Fließmistverfahren: Bei diesem Verfahren befindet sich der Flüssigmist in einem ständigen Abfluss. Voraussetzung ist die Ausbildung einer Schwimmschicht, die über die Länge des Kanals anwächst. Durch den sich aufbauenden Druck wird immer wieder ein Teil der Schwimmschicht über eine Staunase in den Sammelkanal gedrückt. Dieses System eignet sich nur bei Wartesauen in Verbindung mit einer rohfaserreichen Futterration.

Stau-Schwemm-Verfahren: Sie sind durch ein regelmäßiges Ablassen des Flüssigmistes mithilfe von Sperrschiebern gekennzeichnet. Bedingt durch die Kanaltiefe ist nur eine begrenzte Lagerdauer möglich. Um bei sehr flachen Kanälen den Staudruck und die Fließgeschwindigkeiten zu steigern, sind gelegentlich Rinnen in der Kanalmitte (Rinnenentmistung) oder Rohre unterhalb des Kanalbodens verlegt (Rohrentmistung), die den Flüssigmist in die Vorgrube leiten, wenn der Ablassschieber geöffnet wird. Bei extrem kleinen Kanälen (z. B. unter einer Abferkelbucht) wird auch häufig die „Badewannenentmistung" eingesetzt, wobei ein Stöpsel aus der Ablassöffnung gezogen wird, durch

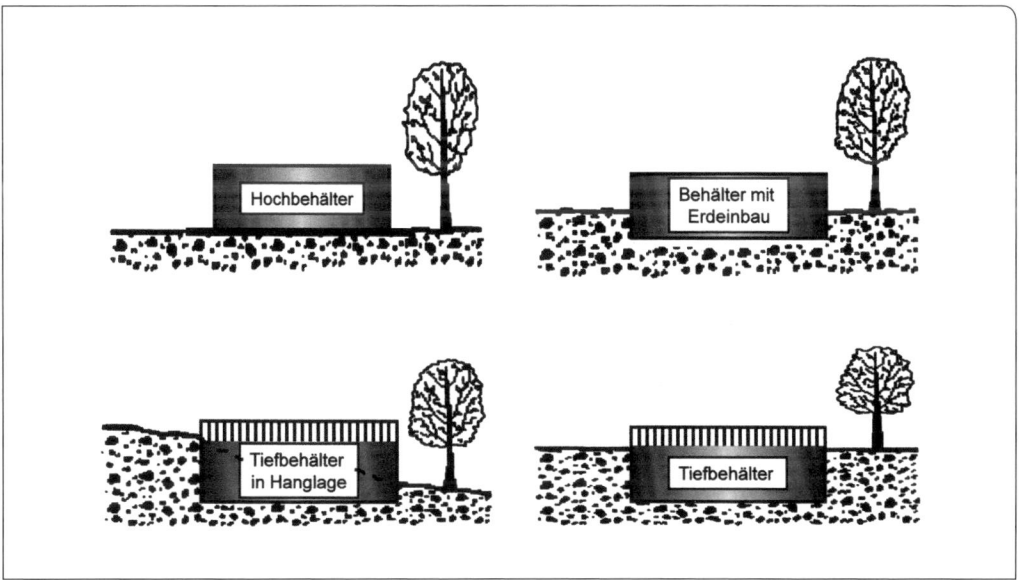

Abb. 64 Lagerungsformen des Flüssigmistes außerhalb des Stalles.

den der Flüssigmist auf kurzer Distanz in das Ableitungssystem entweichen kann.

Um die Bildung von Schwimm- und Sinkschichten zu verhindern, werden auch gelegentlich Wechselstauverfahren in den Staukanälen verwendet. Hierbei wechselt die Fließrichtung im Kanal bei aufeinander folgenden Ablassvorgängen, sodass die Ablagerungen an den Punkten mit niedrigen Fließgeschwindigkeiten beim Fluss in die Gegenrichtung abgebaut werden können.

Außerhalb des Stalles wird der Flüssigmist üblicherweise in Rundbehältern gelagert, die unterschiedlich tief ins Erdreich abgesenkt sind (Abb. 64). Da nicht immer genügend natürliches Gefälle vorliegt, muss der Flüssigmist oft mit Pumpen in den Lagerbehälter überführt werden. Der Flüssigmist wird abschließend – im Sinne der Kreislaufwirtschaft – zur passenden Vegetationszeit als organischer Dünger ausgebracht. Natürlich ist auch eine Verwendung des Flüssigmistes in einer Biogasanlage möglich; allerdings müssen dann die Behälter mit einer gasdichten Abdeckung versehen werden und darüber hinaus beheizbar sein, um die gewünschte Fermenter-Temperatur zu halten.

5 Planung und Genehmigung von Stallneubau- und Stallerweiterungsvorhaben/ Abluftreinigung

(F. ARENDS)

Stallbauvorhaben werden in vielfältiger Weise durchgeführt. Es kann sich um Neubau- oder Erweiterungsmaßnahmen auf vorhandenen Hofstellen, aber auch um Teil- oder Vollaussiedlungen handeln. Der Standort und die in der Nachbarschaft befindlichen Nutzungen bedingen eine Fülle von Anforderungen, die jeweils sehr unterschiedlich sein können und eine individuelle Auseinandersetzung mit dem geplanten Vorhaben erfordern. Das folgende Kapitel beschränkt sich auf die im Genehmigungsverfahren eines Stallbauvorhabens bedeutsamen bau- und planungsrechtlichen Grundlagen sowie auf die Berührungspunkte mit dem Immissionsschutzrecht. In einem weiteren Abschnitt wird auf die Abluftreinigung eingegangen, mit der sich im Einzelfall als emissionsmindernde Maßnahme Einschränkungen, die sich aus dem Immissionsschutzrecht ergeben, kompensieren lassen.

5.1 Bau- und planungsrechtliche Grundlagen bei Stallbauvorhaben

Im Hinblick auf den Standort des Vorhabens spielt zunächst das Planungsrecht eine Rolle, das übergeordnet durch die Landesplanung, regional durch die Raumordnung und auf Ebene der Gemeinden vor allem durch die Bauleitplanung zum Ausdruck gebracht wird. Die Bauleitplanung der Gemeinden hat dabei die festgelegten Ziele der Raumordnung zu berücksichtigen und mit ihrer Flächennutzungsplanung und den daraus hervorgehenden Bebauungsplänen abzugleichen. Während es sich nach § 1 Abs. (2) Baugesetzbuch (BauGB) bei dem Flächennutzungsplan einer Gemeinde um einen vorbereitenden Bauleitplan mit zunächst für die Landwirtschaft noch unverbindlichen Darstellungen handelt, gehen aus dem Flächennutzungsplan konkrete Bebauungspläne (§ 8 Abs. (2) BauGB) hervor, die mit ihren Festsetzungen nach § 9 Abs. (1) BauGB einen verbindlichen Charakter für die bauliche Nutzung haben. Es wird in diesem Zusammenhang zwischen dem Innen- und Außenbereich einer Gemeinde unterschieden. Der Innenbereich stellt dabei in der Regel die zusammenhängend bebauten Bereiche einer Gemeinde dar.

> Bauvorhaben sind hier nach § 30 Abs. (1) BauGB zulässig, wenn sie den Festsetzungen des Bebauungsplanes über die Art und das Maß der Nutzung nicht widersprechen und die Erschließung gesichert ist.

Liegen für den bebauten Innenbereich keine Festsetzungen vor, handelt es sich um den unbeplanten Innenbereich und die bauplanungsrechtliche Zulässigkeit eines Vorhabens leitet sich nach § 34 BauGB ab. Bereiche einer Gemeinde, die außerhalb vom Innenbereich liegen, werden dem Außenbereich zugeordnet und die Zulässigkeit von Bauvorhaben richtet sich dort nach den Vorgaben des § 35 BauGB. Die Bauämter der Kommunen können Auskunft über die planungsrechtlichen Verhältnisse im Umfeld einer Hofstelle oder eines Betriebsstandortes geben.

5.1.1 Bauvorhaben im Außenbereich

Gemäß § 35 Abs. (1) ist ein Vorhaben im Außenbereich nur zulässig, wenn öffentliche Belange nicht entgegenstehen, die ausreichende Erschließung gesichert ist und wenn es u. a.
- einem land- und forstwirtschaftlichen Betrieb dient und nur einen untergeordneten Teil der Betriebsfläche einnimmt (§ 35 Abs. (1) Nr. 1),
- wegen seiner besonderen Anforderungen an die Umgebung, wegen seiner nachteiligen Wirkung auf die Umgebung oder wegen seiner besonderen Zweckbestimmung nur im Außenbereich ausgeführt werden soll (§ 35 Abs. (1) Nr. 4).

Stallbauvorhaben sind dementsprechend grundsätzlich im Außenbereich nach § 35 Abs. (1) Nr. 1 und Nr. 4 privilegierte Vorhaben. Ob es sich bei dem Betrieb bzw. bei der Tierhaltung um eine landwirtschaftliche oder um eine baurechtlich gewerbliche Tierhaltung handelt, regelt der Landwirtschaftsbegriff des § 201 BauGB.

> Landwirtschaft im Sinne dieses Gesetzes ist insbesondere der Ackerbau, die Wiesen- und Weidewirtschaft einschließlich Tierhaltung, soweit das Futter überwiegend auf den zum landwirtschaftlichen Betrieb gehörenden landwirtschaftlich genutzten Flächen erzeugt werden kann.

Während in der Tierhaltung, insbesondere in Futterbaubetrieben, das geerntete Futter in der Praxis auch verfüttert wird, ist dies nach dem Gesetz nicht erforderlich. Es können z. B. auch Marktfrüchte angebaut und verkauft werden, während Futtermittel für die Tierhaltung, und damit auch in der Schweinehaltung weit verbreitet, zugekauft werden. Ausschlaggebend sind somit einerseits die langfristige Flächenausstattung und andererseits die Flächengüte sowie die damit verbundene Ertragserwartung im Futteranbau, um bei einem Eigenfutteranteil von mindestens 50 % den Tierbestand zu ermitteln, der unter den Landwirtschaftsbegriff fällt. Betriebe oder Stallanlagen mit einem geringeren Eigenfutteranteil werden den baurechtlich gewerblichen Anlagen zugeordnet, die grundsätzlich ebenfalls im Außenbereich privilegierte Vorhaben darstellen, wenn die sich aus § 35 Abs. (1) Nr. 4 BauGB ergebenden Voraussetzungen zutreffen.

5.1.2 Bauvorhaben im unbeplanten und beplanten Innenbereich

Bereiche mit im Zusammenhang vorliegender Bebauung ohne Festsetzungen durch einen Bebauungsplan unterliegen hinsichtlich der Zulässigkeit von Bauvorhaben dem § 34 BauGB. Nach Abs. 1 ist hier ein Vorhaben zulässig, wenn es sich nach Art und Maß der baulichen Nutzung, der Bauweise, der Grundstücksfläche, die überbaut werden soll, in die Eigenart der näheren Umgebung einfügt und die Erschließung gesichert ist. Darüber hinaus müssen die Anforderungen an gesunde Wohn- und Arbeitsverhältnisse gewahrt bleiben und das Ortsbild darf nicht beeinträchtigt werden.

In der Regel wird die tatsächliche Nutzung eines im Zusammenhang bebauten Ortsteils mit den in der Baunutzungsverordnung (BauNVO) aufgeführten Baugebieten (§§ 1 bis 11) verglichen bzw. einem dieser Baugebiete zugeordnet. Entspricht die Eigenart der näheren Umgebung einem der in der BauNVO genannten Baugebiete, richtet sich die Zulässigkeit eines Vorhabens danach, ob dieses Vorhaben aufgrund der Darstellungen der BauNVO in diesem Baugebiet allgemein zulässig wäre. Stallanlagen sind demnach in Kleinsiedlungsgebieten (im Rahmen landwirtschaftlicher Nebenerwerbsstellen) und insbesondere in Dorfgebieten zulässig. Nach § 5 der BauNVO dienen Dorfgebiete u. a. der Unterbringung der Wirtschaftsstellen von land- und forstwirtschaftlichen Betrieben und es ist auf die Belange der land- und forstwirtschaftlichen Betriebe einschließlich ihrer Entwicklungsmöglichkeiten vorrangig Rücksicht zu nehmen. Unbeplante, im Zusammenhang bebaute Ortsteile, die nach Art der baulichen Nutzung einem Dorfgebiet entsprechen, werden diesem faktisch gleichgestellt. Das in Dorfgebieten bestehende **Rücksichtnahmegebot** ist in der Weise zu interpretieren, dass ein Ausgleich der Interessen des Landwirts und der im näheren Umfeld befindlichen Nachbarn herbeizuführen ist. Konfliktsituationen für landwirtschaftliche Betriebe entstehen vielfach durch heranrückende Wohnbebauung und/oder durch die allmähliche Verdichtung der Wohnbebauung in der Nachbarschaft der landwirtschaftlichen Betriebe. Mit dem Prozess der schleichenden Verdichtung der Wohnbebauung geht auch eine Änderung des Gebietscharakters einher, die insbesondere zu höheren immissionsschutzrechtlichen Anforderungen führen kann. Daher sollten Spielräume, sofern diese für eine betriebliche Entwicklung noch gegeben und nicht bereits durch die bestehende

Nachbarschaftssituation blockiert oder beeinträchtigt sind, im Rahmen des Rücksichtnahmegebotes stets geltend gemacht werden. Angesprochen sind hier die für den Belang der Landwirtschaft zuständigen Träger öffentlicher Belange und letztlich die betroffenen Landwirte selbst.

5.2 Genehmigungsrechtliche Grundlagen

Vorhaben in der Landwirtschaft, so auch genehmigungsrelevante Neu- und Umbauten sowie Erweiterungen von Stallanlagen, sind nur zulässig, wenn öffentliche Belange nicht dagegen sprechen. Diese öffentlichen Belange werden durch Gesetze, Verordnungen und Richtlinien zum Ausdruck gebracht und im Zuge der Genehmigungsverfahren von den zuständigen Behörden geprüft. Von Bedeutung sind neben dem BauGB das Bundesnaturschutzgesetz (BNatSchG) z. B. mit seiner naturschutzrechtlichen Eingriffsregelung, das Wasserhaushaltsgesetz (WHG) mit Anforderungen zum Lagern und Abfüllen von Gülle, Jauche und Silagesickersäften und vor allem auch das Bundesimmissionsschutzgesetz (BImSchG) und das Gesetz über die Umweltverträglichkeitsprüfung (UVPG), die im Weiteren näher angesprochen werden sollen. Hinzu kommen weitere untergesetzliche und auch länderspezifische Regelungen sowie die Rechtsprechung der oberen Verwaltungsgerichte.

Wichtige gesetzliche Vorgaben für Neu- und Umbau sowie Erweiterung von Ställen.

5.2.1 Genehmigungsrelevante Bestandsgrößen nach dem Anhang der 4. BImSchV und der Anlage 1 des UVPG

Ob ein Bauvorhaben nach dem BImSchG (§ 4) genehmigungsbedürftig ist oder dem Baurecht unterliegt, regelt die Verordnung über genehmigungsbedürftige Anlagen (4. BImSchV). Im Anhang der 4. BImSchV sind unter Nr. 7.1 die relevanten Tierplatzzahlen aufgeführt. Unterschieden werden Anlagenkapazitäten, die in Spalte 1 stehen und ein förmliches Verfahren mit Öffentlichkeitsbeteiligung nach § 10 BImSchG erfordern und Anlagengrößen, die in Spalte 2 aufgeführt sind und nach § 19 BImSchG ohne Öffentlichkeitsbeteiligung durchzuführen sind (Tab. 20). Letztere werden auch als vereinfachte Verfahren bezeichnet. Mit der Genehmigungsbedürftigkeit nach dem BImSchG unterliegen die beantragten Vorhaben auch gleichzeitig dem UVPG.

> Die Umweltverträglichkeitsprüfung (UVP) ist an die Genehmigungsbedürftigkeit nach dem BImSchG gekoppelt und im Umfang ebenfalls von der Größenordnung der Tierhaltung abhängig.

Analog den Tierplatzzahlen der Spalten 1 und 2 der 4. BImSchV werden in der Anlage 1 des UVPG in die standortbezogene Vorprüfung und in die allgemeine Vorprüfung des Einzelfalls differenziert. Eine obligatorische Pflicht zur Durchführung einer UVP mit Anfertigung einer Umweltverträglichkeitsstudie (UVS) ergibt sich für Anlagengrößen, die die

Werte in Spalte 1 der Anlage 1 des UVPG (Tab. 20) überschreiten. Für die Sauenhaltung ist dies ab 900 Tierplätzen der Fall.

Sofern es sich auf den Betriebsstandorten um gemischte Bestände handelt, sind die Vom-Hundert-Anteile zu addieren, bis zu denen die in Tabelle 20 genannten Tierplatzzahlen jeweils ausgeschöpft werden. Erreicht die Summe einen Wert von 100 oder mehr, ist ein Genehmigungsverfahren entsprechend der jeweiligen Spalte durchzuführen. Hinzuweisen ist auf die Tierplatzzahlen bei den Sauen, die sich inklusive der zugehörigen Ferkelaufzuchtplätze ($\leq 30\,kg$) verstehen. Anders ist dies bei spezialisierten Ferkelaufzuchtbetrieben ohne Sauenhaltung, hier werden die Ferkel als eigenständige Tiergruppe erfasst. Die Grenze der Genehmigungsbedürftigkeit für Güllelager liegt nach Nr. 9.36, Spalte 2, der 4. BImSchV bei $6500\,m^3$.

Tab. 20 Verfahrensrelevante Tierplatzzahlen nach Anhang 4. BImSchV u. Anlage 1 UVPG

	Anhang 4. BImSchV		Anlage 1 UVPG		
	Spalte 1	Spalte 2	Spalte 1 obligatorische UVP-Pflicht	Spalte 2 Vorprüfungen	
				Allgemeine Vorprüfung des Einzelfalles	Standort bezogene Vorprüfung des Einzelfalles
Rinder[1]	-	600	-	800	600
Kälber	-	500	-	1000	500
Mastschweine	2000	1500	3000	2000	1500
Sauen	750	560	900	750	560
Ferkel (10 < 30 kg)	6000	4500	9000	6000	4500
Legehennen	40000	15000	60000	40000	15000
Truthühner	40000	15000	60000	40000	15000
Junghennen	40000	30000	85000	40000	30000
Mastgeflügel	40000	30000	85000	40000	30000
Pelztiere	1000	750	-	1000	750
Verfahrensart nach BImSchG	förmliches Verfahren (§ 10 BImSchG)	vereinfachtes Verfahren ohne Öffentlichkeitsbeteiligung (§ 19 BImSchG)	förmliches Verfahren	förmliches Verfahren[2]	einfaches Verfahren ohne Öffentlichkeitsbeteiligung, wenn nach Vorprüfung keine UVP erforderlich ist

[1] ausgenommen Mutterkühe mit mehr als 6 Monate Weidehaltung; [2] mit Ausnahme der Rinder und Kälber

5.2.2 Genehmigungsverfahren nach dem Baurecht, Bundesimmissionsschutzgesetz und dem Gesetz über die Umweltverträglichkeitsprüfung

Mit Blick auf die immissionsschutzrechtlichen Anforderungen unterscheidet das BImSchG auf der Grundlage der in der 4. BImSchV aufgeführten Tierplatzzahlen zwischen genehmigungsbedürftigen (§ 5) und nicht genehmigungsbedürftigen Anlagen (§ 22). Nach § 5 des BImSchG sind genehmigungsbedürftige Anlagen verpflichtend u. a. so zu betreiben, dass zur Gewährleistung eines hohen Schutzniveaus für die Umwelt insgesamt:

- schädliche Umweltwirkungen und sonstige Gefahren, erhebliche Nachteile und Belästigungen für die Allgemeinheit und für die Nachbarschaft nicht hervorgerufen werden können;
- Vorsorge gegen schädliche Umwelteinwirkungen und sonstige Gefahren, erhebliche Nachteile und Belästigungen getroffen wird, insbesondere durch die dem Stand der Technik entsprechenden Maßnahmen;
- Abfälle vermieden, nicht vermeidbare Abfälle verwertet und nicht zu verwertende Abfälle ohne Beeinträchtigung des Wohls der Allgemeinheit beseitigt werden.

BImSchG = Bundesimmissionsschutzgesetz.

An nicht genehmigungsbedürftige, den baurechtlichen Bestimmungen der Länder unterliegende Anlagen werden allerdings auch Betreiberpflichten geknüpft. Die entsprechenden Anforderungen ergeben sich aus § 22 BImSchG, wonach diese Anlagen so zu errichten und zu betreiben sind, dass:

- schädliche Umweltwirkungen verhindert werden, die nach dem Stand der Technik vermeidbar sind,
- nach dem Stand der Technik unvermeidbare schädliche Umweltwirkungen auf ein Mindestmaß beschränkt werden und
- die beim Betrieb der Anlagen entstehenden Abfälle ordnungsgemäß beseitigt werden können.

Die UVP umfasst nach § 2 des UVPG die Ermittlung, Beschreibung und Bewertung der unmittelbaren und mittelbaren Auswirkungen eines Vorhabens auf:

- Menschen, einschließlich der menschlichen Gesundheit, Tiere, Pflanzen und die biologische Vielfalt,
- Boden, Wasser, Luft, Klima und Landschaft sowie
- die Wechselwirkungen zwischen den vorgenannten Schutzgütern.

UVP = Gesetz über die Umweltverträglichkeitsprüfung.

Die UVP dient somit als unselbständiges Verwaltungsverfahren im immissionsschutzrechtlichen Genehmigungsverfahren der frühzeitigen und umfassenden Ermittlung, Beschreibung und Bewertung der Auswirkungen eines Vorhabens auf die Umwelt.

TA Luft: Technische Anleitung zur Reinhaltung der Luft.

Während bei den Betreiberpflichten im baurechtlichen Genehmigungsverfahren überwiegend der Schutz vor schädlichen Umweltwirkungen im Vordergrund steht, ist bei den genehmigungsbedürftigen Anlagen neben dem Schutzaspekt auch der Vorsorgeaspekt zu berücksichtigen. Inwieweit diese Pflichten eingehalten werden, wird im Rahmen des baurechtlichen oder immissionsschutzrechtlichen Genehmigungsverfahrens auf Basis der TA Luft, der TA Lärm, länderspezifischer Verwaltungsvorschriften und Richtlinien von den zuständigen Genehmigungsbehörden geprüft. Bei der UVP kommen u. U. noch weitere Regelungen hinzu.

> Die Größenordnung der Tierhaltung und das damit vom Gesetzgeber unterstellte Konfliktpotenzial gegenüber der Umwelt und Nachbarschaft hat direkten Einfluss auf die Art und infolge davon auch auf den Umfang, die Dauer und die Kosten des Genehmigungsverfahrens. Der Aufwand steigt in der Regel vom baurechtlichen Genehmigungsverfahren über das immissionsschutzrechtliche Genehmigungsverfahren zu den Verfahren an, in denen darüber hinaus eine Umweltverträglichkeitsprüfung (UVP) und eine Umweltverträglichkeitsstudie (UVS) durchzuführen sind.

Im baurechtlichen Genehmigungsverfahren ist über den Genehmigungsantrag nach Abgabe aller erforderlichen Unterlagen innerhalb einer Frist von 3 Monaten zu entscheiden. Gleiches gilt für genehmigungsbedürftige Anlagenkapazitäten, die in Spalte 2 der 4. BImSchV stehen und nach § 19 des BImSchG zu genehmigen sind. Für Anlagenkapazitäten der Spalte 1, die nach § 10 BImSchG eine Öffentlichkeitsbeteiligung erfordern, ist ein Zeitraum von 7 Monaten vorgesehen, um über eine Genehmigung zu entscheiden. Diese Fristen können für Verfahren nach § 10 und § 19 BImSchG von der Genehmigungsbehörde um jeweils 3 Monate verlängert werden, wenn komplexe Prüfverhältnisse vorliegen oder aus Gründen, die dem Antragsteller zuzuschreiben sind. Die Fristen beginnen jedoch erst dann zu laufen, wenn der Genehmigungsbehörde die Antragsunterlagen korrekt und vollständig vorliegen.

Vorteilhaft bei den immissionsschutzrechtlichen Verfahren ist trotz des höheren Aufwandes jedoch die größere Rechtssicherheit, die sich bei Spalte 2-Verfahren aufgrund der eingebetteten Öffentlichkeitsbeteiligung ergibt und damit zivilrechtliche Ansprüche aus der Nachbarschaft auf Stilllegung der Anlage ausschließt (§ 14 BImSchG). Andererseits bestehen für genehmigungsbedürftige Anlagen höhere Anforderungen bei den Betreiberpflichten, insbesondere aufgrund des Vorsorgegrundsatzes und den damit verbundenen Anforderungen zur Umsetzung von Maßnahmen, die dem Stand der Technik entsprechen.

Aufwand und Nutzen solcher Vorsorgemaßnahmen müssen nach bestehender Rechtsauffassung jedoch in einem ausgewogenen Verhältnis stehen.

5.3 Immissionsschutzrechtliche Anforderungen

Die in § 5 (1) Nr. 1 des BImSchG festgelegte Betreiberpflicht, Anlagen so zu errichten und zu betreiben, dass zur Gewährleistung eines hohen Schutzniveaus für die Umwelt insgesamt schädliche Umweltwirkungen und sonstige Gefahren, erhebliche Nachteile und erhebliche Belästigungen für die Allgemeinheit und die Nachbarschaft nicht hervorgerufen werden können, spricht den Bereich der so genannten Schutzanforderungen an. Die Umsetzung des Schutzniveaus erfolgt für Schadstoffe durch die Festlegung von Grenzwerten, die am Ort der Einwirkung, dem Immissionsort, einzuhalten sind. Daneben legt § 5 (1) Nr. 2 des BImSchG dem Betreiber einer Anlage die Pflicht auf, Vorsorge gegen schädliche Umwelteinwirkungen und sonstige Gefahren, erhebliche Nachteile und erhebliche Belästigungen zu treffen, insbesondere durch die dem Stand der Technik entsprechenden Maßnahmen. Hierbei handelt es sich um Vorsorgeanforderungen. Aus der Tierhaltung werden regelmäßig Luftschadstoffe, wie Ammoniak, Feinstaub (PM_{10}), Geruchsstoffe und Bioaerosole, freigesetzt. Der Schutz und die Vorsorge in Verbindung mit diesen Luftschadstoffen werden auf Bundes- und Länderebene durch unterschiedliche Regelwerke aufgegriffen. Angesprochen werden können jedoch lediglich die wichtigsten, sodass im Folgenden auf die TA Luft, die GIRL und die FFH-Richtlinie eingegangen wird.

Emissionen aus der Tierhaltung: Ammoniak, Staub, Geruchsstoffe, Keime.

5.3.1 Technische Anleitung zur Reinhaltung der Luft (TA Luft)

Die TA Luft stellt die erste allgemeine Verwaltungsvorschrift zum BImSchG dar. Sie enthält in Abschnitt 4 Anforderungen zum Schutz vor schädlichen Umweltwirkungen und in Abschnitt 5 Anforderungen zur Vorsorge gegen schädliche Umweltwirkungen. Für die Tierhaltung von Bedeutung sind die in Abschnitt 4 aufgeführten Immissions-Grenzwerte für Schwebstaub (PM_{10}) und den Staubniederschlag (Tab. 21) sowie für die Ammoniakkonzentration. Beim (Schweb-)Staub ist die Bestimmung der Immissions-Kenngrößen nicht erforderlich, wenn bei gerichteten Quellen (Abluftführung mind. 10 m über Grund und 3 m über First) ein Staubmassenstrom von 1 kg/h und bei diffusen bodennahen Quellen 0,1 kg/h in der jeweils gerundeten Kenngröße nicht überschritten wird. Aus der Tabelle 22 gehen die nach der VDI-Richtlinie 3894 Bl. 1 in der Sauenhaltung zu erwartenden Staubemissionen je Tierplatz und Jahr hervor. Tabelle 23 zeigt die mit der jeweiligen Bagatellgröße korrespondierenden Bestandsgrößen. Für Tierbestände, die den Bagatellmassenstrom für Staub überschreiten, ist der Nachweis zu erbringen, dass die in Tabelle 21 angegebenen Grenzwerte nicht überschritten werden. Dieser Nachweis erfolgt in der Regel mithilfe einer Ausbreitungsrechnung, wie sie im Anhang 3 der TA Luft beschrieben ist. Sofern die in der TA Luft für Schwebstaub festgelegten Konzentrations-Grenzwerte überschritten werden, besteht die Möglichkeit, den Nachweis der Irrelevanz der zu erwartenden Immissionsbelastung zu erbringen. Diese ist bei einer Immissionsbelastung von weniger als 1,2 µg/m³ gegeben. Die Überschreitung der Immissionsgrenzwerte für Staubniederschlag kommt in der Praxis kaum vor, sodass an dieser Stelle darauf nicht weiter eingegangen wird. Seit der Novellierung der TA Luft im Jahre 2002 ist auch Ammoniak als Luftschadstoff aufgenommen worden. Auf der Grundlage der in der TA Luft für einzelne Produktionsrichtungen aufgeführten Ammoniakemissionsfaktoren lässt sich in Verbindung mit der Tierzahl die Ammoniakemission bestimmen. Aus einem Abstandsdiagramm (Abb. 65) ist dann der erforderliche Mindestabstand zu empfindlichen Pflanzen und Ökosystemen abzulesen. Zu den N-empfindlichen Ökosystemen werden regelmäßig Heide, Moor und Wald gezählt.

In diesem Zusammenhang ist auf spezifische Landesregelungen hinzuweisen, die ggf. von der Abstandsforderung nach TA Luft abweichen können. In den Fällen, in denen die nach TA Luft oder nach Landesre-

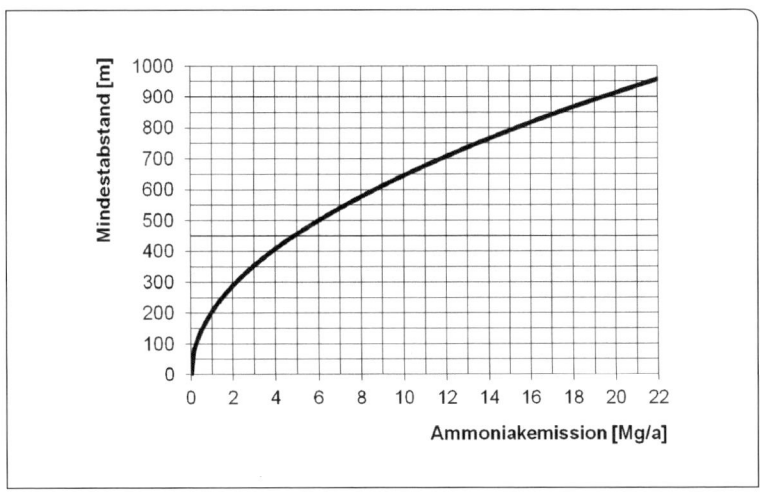

Abb. 65 Mindestabstand von Tierhaltungsanlagen zu empfindlichen Pflanzen (z. B. Baumschulen, Kulturpflanzen) und Ökosystemen, bei dessen Unterschreiten sich Anhaltspunkte für das Vorliegen erheblicher Nachteile durch Schädigung dieser Schutzgüter aufgrund der Einwirkung von Ammoniak ergeben.

Tab. 21 Immissionsgrenzwerte der TA Luft für Feinstaub und Staubniederschlag

Stoff/Stoffgruppe	Konzentration bzw. Deposition	Mittlungszeitraum	Zulässige Überschreitungshäufigkeit im Jahr
Schwebstaub (PM_{10})	40 µg/m³ 50 µg/m³	Jahr 24 Stunden	- 35 Tage
Staubniederschlag (nicht gefährdender Staub)	0,35 g/(m²*d)	Jahr	-

gelung erforderlichen Mindestabstände nicht eingehalten werden, besteht die Möglichkeit, mittels der Ausbreitungsrechnung nachzuweisen, dass die durch die Tierhaltungsanlage verursachte Ammoniak-Zusatzbelastung eine Konzentration im benachbarten N-empfindlichen Ökosystem von 3 µg/m³ nicht überschreitet oder die Gesamtbelastung von 10 µg/m³ eingehalten wird. Letztere ist jedoch aufgrund der oftmals nicht bekannten Ammoniak-Vorbelastung schwierig darzustellen. Neben der Konzentration ist bei entsprechenden Anhaltspunkten (z. B. Viehdichte > 2 GV je ha Landkreisfläche) auch die Stickstoffdeposition zu ermitteln. Die TA Luft enthält hierzu jedoch keine Grenzwerte, sodass in diesem Fall auf Landesregelungen hinzuweisen ist. Verbreitet sind z. B. für Wald Belastungs-Grenzwerte von 4 bis 5 kg Stickstoff je ha/a, die als Bagatellgrößen gehandhabt werden. In einigen Bundesländern ist auch der von der Länderarbeitsgemeinschaft für Immissionsschutz (LAI) entwickelte Leitfaden zur Ermittlung der Stickstoffdeposition eingeführt, der sich u. a. an dem Konzept der Critical-Loads orientiert (siehe auch Kapitel 5.3.3).

Im Abschnitt 5 der TA Luft sind die Vorsorgeanforderungen dargestellt, von denen insbesondere die Mindestabstandsregelung bei Gerüchen zur nächsten vorhandenen oder in einem Bebauungsplan festgesetzten Wohnbebauung, der Mindestabstand von 150 m, der in der Regel bei der Errichtung von Anlagen gegenüber N-empfindlichen Pflanzen und Ökosystemen einzuhalten ist, und die baulichen und betrieblichen Anforderungen zu nennen sind (siehe Ziffer 5.4.7.1 TA Luft).

Die Anwendung der Mindestabstandskurve für Gerüche (Abb. 66) basiert auf der Ermittlung der Großvieheinheiten (GV, siehe Tabelle 22), indem die Anzahl der Tiere mit den entsprechenden GV-Faktoren multipliziert wird. Diese Abstandsforderung bezieht sich auf die qualifizierte Wohnbebauung d. h. auf Wohn- und Mischgebiete. Gegenüber

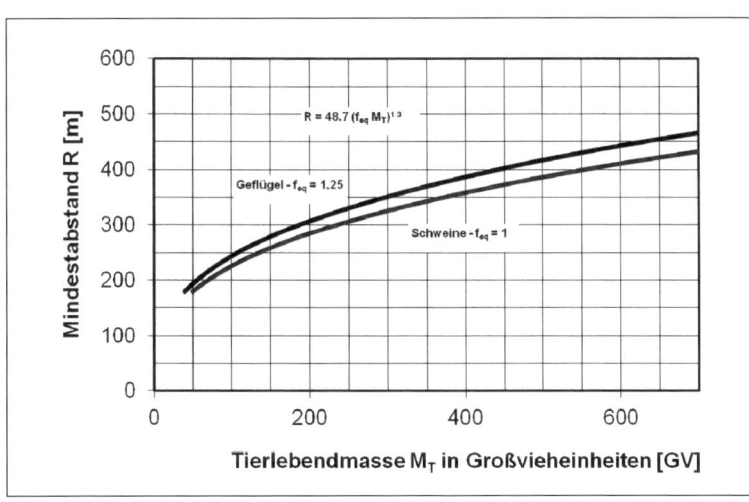

Abb. 66 Mindestabstandskurve zur nächsten vorhandenen oder in einem Bebauungsplan festgesetzten Wohnbebauung. Obere Kurve gültig für Geflügel, untere Kurve gültig für Schweine.

Tab. 22 Relevante Werte und Rechengrößen gemäß TA Luft und VDI Richtlinie 3894 Bl. 1 (GV = Großvieheinheit)

GV-Faktor				Gesamtstaub- u. PM_{10}-Emissionsfaktoren				Geruchsemissionsfaktoren	
Tierkategorie	GV/ Tier	Haltungsverfahren	NH_3 kg/Tierplatz/a	Haltungsverfahren	Gesamtstaub	PM_{10} kg/Tierplatz/a		Haltungsverfahren	GE/s/GV
Mastschweine									
Mastschweine (25 bis 110 kg)	0,13	Zwangslüftung, Flüssigmist (Teil- u. Vollspalten)	3,64	Flüssigmist-Verfahren	0,8	0,32		Flüssig- u. Festmistverfahren	50
Mastschweine (25 bis 115 kg)	0,14	Zwangslüftung Festmist	4,86						
Mastschweine (25 bis 120 kg)	0,15	Außenklimastall, Flüssig- od. Festmistverfahren	2,43	Festmist-Verfahren	0,6	0,24		Tiefstreuverfahren	30
		Außenklima, Tiefstreuverfahren	4,2						
Ferkelerzeugung (Sauen, Eber u. Aufzuchtferkel)									
niedertragende u. leere Sauen, Eber (150 kg)	0,3	alle Bereiche u. Haltungsverfahren (Sauen inkl. Ferkel bis 25 kg)	7,29	alle Bereiche (Sauen inkl. Ferkel bis 25 kg) Festmist-Verfahren	2,0	0,8		Warte- u. Deckbereich (Sauen u. Eber)	22
Sauen mit Ferkel bis 10 kg	0,4	Warte u. Deckbereich	4,8					Abferkel- u. Säugebereich (Sauen mit Ferkeln)	20
Sauen mit Ferkel bis 14 kg	0,45	Abferkel- u. Säugebereich (Sauen inkl. Ferkel bis 10 kg)	8,3	alle Bereiche (Sauen inkl. Ferkel bis 25 kg) Flüssigmistverfahren	0,4	0,16			
Sauen mit Ferkel bis 18 kg	0,5								
Aufzuchtferkel bis 15 kg	0,02	Ferkelaufzucht	0,5	Ferkelaufzucht (8 bis 25 kg) Flüssigmist-Verfahren	0,2	0,08		Ferkelaufzucht	75
Aufzuchtferkel bis 25 kg	0,03								
Aufzuchtferkel bis 30 kg	0,04								
Jungsauen bis 90 kg	0,12	Jungsauenaufzucht	3,64	Jungsauenaufzucht	0,6	0,24		Jungsauenaufzucht	50

Tab. 23 Mit den Staub-Bagatellmassenströmen korrespondierende Tierbestände

Kategorie/ Haltungsverfahren	Gesamtstaubanfall	korrespondierender Tierbestand bei	
	in kg je Tierplatz/ Jahr	1,0 kg Staub-Bagatellmasse	0,1 kg Staub-Bagatellmasse
Sauen; alle Bereiche (Sauen inkl. Ferkel bis 25 kg) Festmistverfahren	2,0	4 380	438
Sauen; alle Bereiche (Sauen inkl. Ferkel bis 25 kg) Flüssigmistverfahren	0,4	21 900	2 190
Ferkelaufzucht (8 bis 25 kg) Flüssigmistverfahren	0,2	43 800	4 380
Jungsauenaufzucht	0,6	14 600	1 460

Wohnnutzungen im Außenbereich und in Dorfgebieten sind in der Regel geringere Abstände ausreichend. In diesen Fällen wird auf die VDI-Richtlinien 3471, 3472 und den Entwurf der VDI-Richtlinie 3474 zurückgegriffen, mit denen Abstände zu unterschiedlichen Baugebieten differenzierter ermittelt werden können. Künftig werden die vorgenannten VDI-Richtlinien durch die VDI-Richtlinien 3894 Bl. 1 und 2 ersetzt, wovon die VDI-Richtlinie 3894 Bl. 1 bereits veröffentlicht ist.

5.3.2 Geruchs-Immissionsrichtlinie (GIRL)

Die Geruchs-Immissionsrichtlinie wird in mehreren Bundesländern als Verwaltungsrichtlinie zur Ermittlung und Bewertung der Geruchsimmissionen angewendet. Sie ist in ihrer Anwendung stufig aufgebaut und beginnt zunächst mit der Anwendung der Abstandsregelung nach Ziffer 5.4.7.1 der TA Luft oder bei nicht genehmigungsbedürftigen Anlagen mit der Anwendung der VDI-Richtlinien 3471 u. 3472. Werden die nach TA Luft oder den VDI-Richtlinien ermittelten Vorsorgeabstände nicht eingehalten oder lassen sich Einflüsse der Vorbelastung anderer Geruchsemittenten nicht mit den vorgenannten Abstandsregelungen erfassen, greift die GIRL auf die zweite Stufe zurück, in der die Geruchsbelastungssituation überwiegend mittels Ausbreitungsrechnung, in Einzelfällen auch mittels Begehungen, ermittelt und bewertet wird. Bei Bauvorhaben lässt sich jedoch im Zuge der Prognose lediglich die Ausbreitungsrechnung heranziehen. Die GIRL enthält für Wohn- und Mischgebiete, Gewerbe-, Industrie- und Dorfgebiete Grenzwerte der Geruchsstundenbelastung, die dem gebietsspezifischen Schutz vor erheblichen Geruchsbelästigungen dienen. Dem besonderen Status der Dorfgebiete und des Außenbereichs wird dadurch Rechnung getragen, dass aufgrund des dort gegenüber der Landwirtschaft geltenden Rücksichtnahmegebotes deutlich höhere zu tolerierende Geruchsstundenbelastungen festgelegt sind (Tab. 24). Seit 2008 sind in der GIRL Geruchs-Gewichtungsfaktoren enthalten, mit denen dem unterschied-

Tab. 24 Immissionswerte der Geruchs-Immissionsrichtlinie			
Wohn-/Mischgebiete	Gewerbe/Industriegebiete	Dorfgebiete	Außenbereich
0,10	0,15	0,15 bis 0,20*)	0,20 bis 0,25*)
*) in begründeten Einzelfällen sind Zwischenwerte bis zu dem ausgewiesenen Wert möglich			

lichen Belästigungsempfinden gegenüber verschiedenen Geruchsherkünften sowie ihrer Ortsüblichkeit Rechnung getragen werden soll. Für Milchvieh inklusive der Jungtiere hat dieser Faktor den Wert 0,5. Sauen und Mastschweine haben den Faktor 0,75 und Puten und Masthähnchen den Faktor 1,5 erhalten. Vereinfacht dargestellt werden die berechneten Geruchsstundenhäufigkeiten programmintern mit diesen Faktoren korrigiert und auf diese Weise die belästigungsrelevanten Kenngrößen für einen Immissionsbereich ermittelt. Der festzulegende Untersuchungsraum kann nach der GIRL insbesondere in tierhaltungsintensiven Gebieten aufgrund der zu berücksichtigenden Vorbelastung stattliche Dimensionen annehmen (Radius von 600 bis ≥ 1000 m).

5.3.3 Fauna-Flora-Habitat-Richtlinie (FFH-Richtlinie)

Wenngleich in Gebieten, die nach der Fauna-Flora-Habitat-Richtlinie (Richtlinie 92/43/EWG) ausgewiesen worden sind, faktisch keine Stallbauvorhaben zulässig sind, so sind auch in der näheren und weiteren Nachbarschaft von N-empfindlichen FFH-Gebieten, sofern Ammoniak aus Tierhaltungsanlagen freigesetzt wird, regelmäßig die Abstände zwischen den Anlagen der Tierhaltung und den FFH-Gebieten von Bedeutung. Während zurückliegend im einfachsten Fall noch der Nachweis ausreichte, dass die in der TA Luft beschriebene Irrelevanzregelung (NH_3-Konzentration $\leq 3\,\mu g/m^3$) erfüllt wird, stellt sich die Situation aufgrund der jüngeren Rechtsprechung des Bundesverwaltungsgerichtes (BVerwG) restriktiver dar (BVerwG 9 B 28.09, BVerwG 9 A 5.08). Demnach ist die von einer Anlage ausgehende zusätzliche Stickstoffbelastung in N-empfindlichen FFH-Gebieten, in denen der Critical-Load für Stickstoff um mehr als das Doppelte überschritten ist, auf 3 % des Critical-Load zu begrenzen (Bagatellvorbehalt). Unter Critical-Load wird der Stickstoffeintrag verstanden, der in einem Ökosystem langfristig keine negativen Veränderungen hervorruft. Für Moor- und Waldökosysteme liegen die Critical-Loads, je nach spezifischer Empfindlichkeit, in einem Bereich von etwa 5 bis zu etwa 20 kg N/ha/a. Ob diese gegenüber den FFH-Gebieten vom BVerwG festgelegte Irrelevanzregelung auch gilt, wenn die Gesamtbelastung unterhalb des doppelten Critical-Load liegt, ist rechtlich noch offen. Da jedoch in weiten Teilen Deutschlands die Critical-Loads zum Teil deutlich überschritten werden (http://gis.uba.de/website/depo1/index.htm), ist der Abstandssituation zu FFH-Gebieten mit N-empfindlichen Ökosystemen bei der Standortwahl besondere Aufmerksamkeit zu schenken, da sich hier im Vergleich zur Ammoniak-Abstandsregelung der TA Luft deutlich größere Abstände und somit auch Untersuchungsräume ergeben.

5.4 Emissionsminderung durch Abluftreinigung

Um den immissionsschutzrechtlichen Anforderungen Rechnung zu tragen, sollten zunächst vorrangig die im Rahmen der Fütterung sowie der Stall- und Haltungstechnik zur Verfügung stehenden Möglichkeiten der Emissionsminderung ausgeschöpft werden. In vielen Nachbarschaftssituationen reichen diese jedoch nicht mehr aus, um einen Lösungsansatz in der Abstandsproblematik aufzuzeigen. Die Abluftreinigungstechnik kann hier im Einzelfall eine Option darstellen, um noch Entwicklungspotenziale zu eröffnen.

Neben dem Biofilter werden Rieselbettreaktoren, Chemowäscher oder Kombinationen, die aus diesen Systemen bestehen, angeboten und eingesetzt (Tab. 25).

Tab. 25 Bauformen, Einsatzfelder und Vorzüglichkeit von Abluftreinigungsanlagen für die Tierhaltung (verändert nach Hahne 2006)

Anlagentyp	Nutzung	Aufstallung	Bewertung der Abscheidung von:		
			Geruch	Ammoniak	Gesamtstaub
Biofilter	Schweine		++	n. g.	+
Rieselbettreaktor	Rinder	nicht eingestreut	+	+	+
Chemowäscher	Schweine, Rinder, Trockenkotlager		n. g.	++	++
Mehrstufige Abluftreinigungsverfahren					
Wasserwäscher u. Chemowäscher			0/+	++	++
Wasserwäscher u. Biofilter			++	0/+	++
Chemowäscher u. Rieselbett	alle Tierarten	nicht eingestreut oder eingestreut	++	++	++
Wasserwäscher u. Wasserwäscher u. Biofilter			++	+	+++
Wasserwäscher u. Chemowäscher u. Biofilter			+++	+++	+++

n. g. = nicht geeignet; 0 = bedingt geeignet; + = geeignet; ++ = gut; +++ = sehr gut

Genehmigungsbehörden und auch die Rechtsprechung akzeptieren Abluftreinigungsanlagen überwiegend als emissions- und immissionsmindernde Maßnahme in der Tierhaltung, die über den Stand der Technik in der Tierhaltung hinausgeht. Der erfolgreiche Einsatz solcher Systeme setzt jedoch geeignete und geprüfte Anlagen sowie detaillierte Kenntnisse über die Funktions- und Betriebsweise der Abluftreinigungsanlagen voraus.

5.4.1 Grundsätze der Abluftreinigung

Die Abluftreinigung in der Tierhaltung verfolgt das Ziel, den Anteil von z. B. Geruchsstoffen, Ammoniak oder Stäuben in der Abluft deutlich zu senken und damit die Immissionsbelastungen deutlich zu reduzieren. Geruchsstoffe und Stäube werden dabei auf mikrobiellem Wege zu Biomasse, Wärmeenergie, anorganischen Salzen und Wasser abgebaut, während Ammoniak durch bakterielle Nitrifikation zu Nitrat und Nitrit oxidiert wird und es im Fortgang dieser Prozesse zu einer Anreicherung dieser N-Verbindungen im System kommt. Die Abluft wird im Stall mithilfe eines Abluftkanals an einen zentralen Punkt geleitet und dort der Abluftreinigungsanlage zugeführt. Voraussetzung hierfür ist somit eine Zwangsentlüftung der Ställe. Frei belüftete Stallsysteme scheiden im Hinblick auf diesen Verfahrensansatz mithin grundsätzlich aus.

Aus den Abbildungen 67 bis 69 geht eine kleine Auswahl der gängigsten Systeme hervor. Mit einer großen Kontakt- und Austauschfläche wird ein möglichst umfassender Stofftransfer aus der Abluft in das Reinigungsmedium der Abluftreinigungsanlage angestrebt. Als Kon-

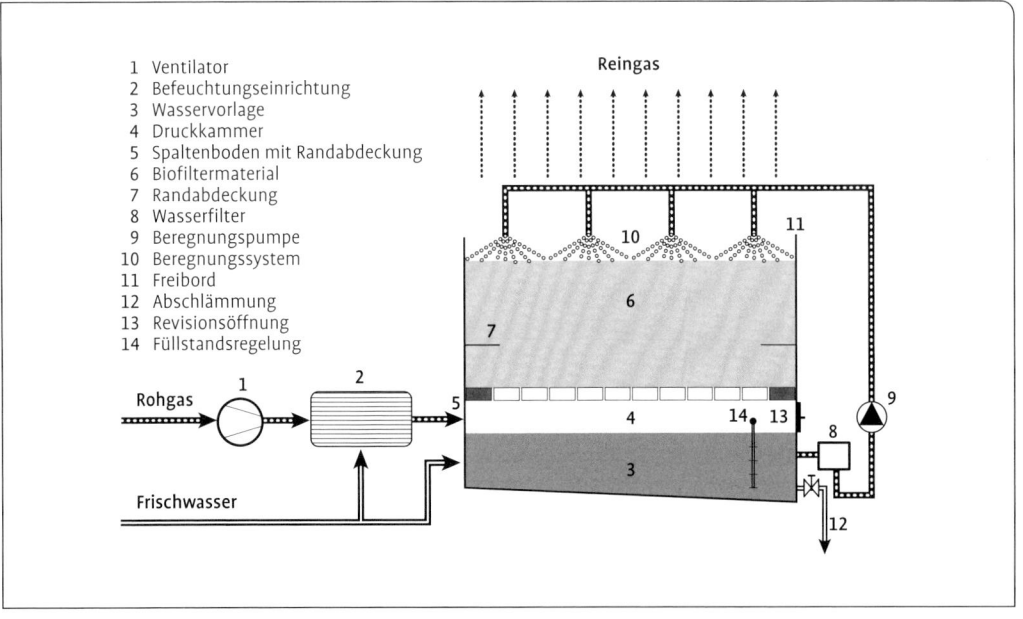

Abb. 67 Schematische Darstellung eines Biofilters mit den wichtigsten Funktionselementen (nach Hahne 2006, verändert).

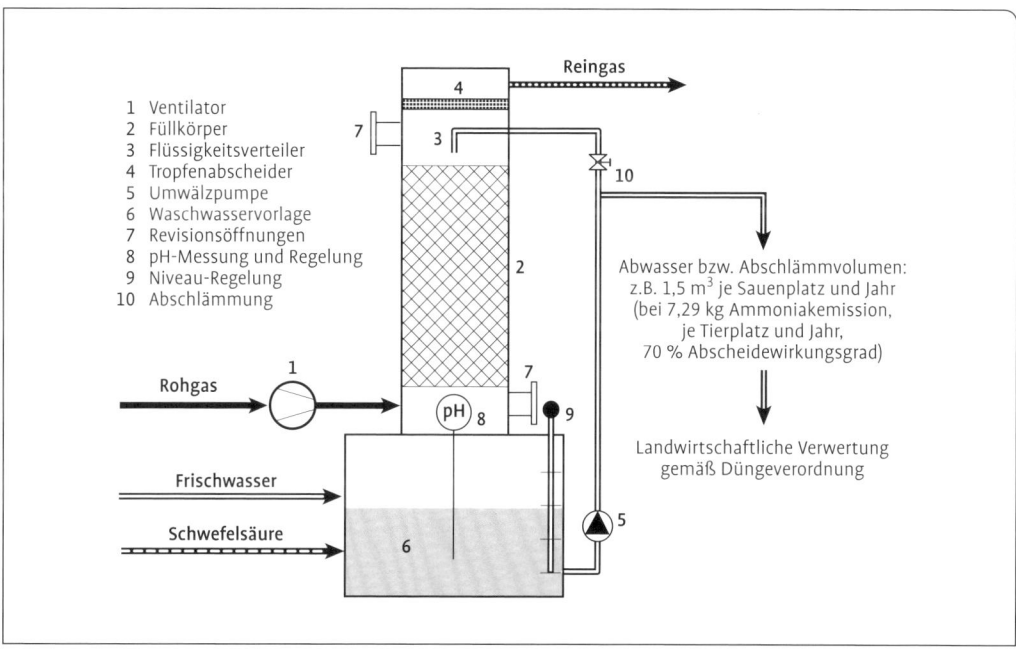

Abb. 68 Schematische Darstellung eines Rieselbettreaktors mit den wichtigsten Funktionselementen (nach Hahne 2006, verändert).

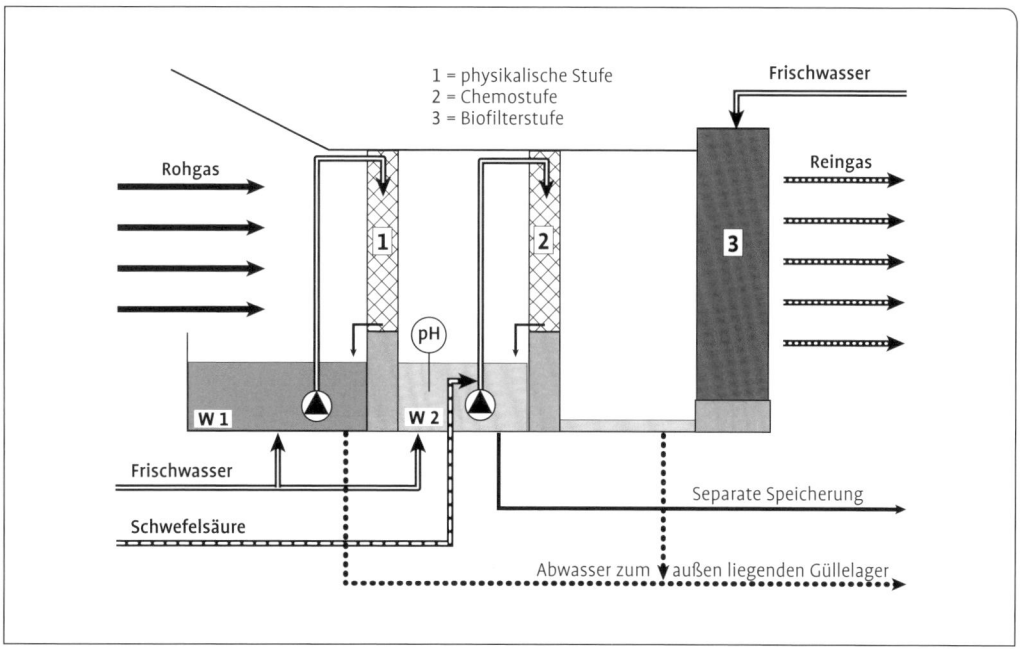

Abb. 69 Schematische Darstellung einer 3-stufigen Abluftreinigungsanlage mit den wichtigsten Funktionselementen (nach Hahne 2006, verändert).

Biofilter

Rieselbettreaktor

takt- und Austauschfläche wird in Biofiltern auf organische Materialien zurückgegriffen, wie Wurzelholzschredder oder Holzhackschnitzel. In Rieselbettreaktoren und Kombinationssystemen kommen Füllkörper oder Padwände aus Kunststoff zum Einsatz, wobei neben einer großen inneren Oberfläche Aspekte wie Stabilität, Haltbarkeit und ein gutes (Selbst-)Reinigungsvermögen Leistungskriterien darstellen. Als Reinigungsmedium wird in der Regel Wasser eingesetzt, mit dem die Kontakt- und Austauschflächen nach Erfordernissen des Systems mehr oder minder intensiv benetzt werden. Die in der Flüssigphase angereicherten Abluftbestandteile können direkt auf der Austauschfläche durch die Aktivität der dort angesiedelten Mikroorganismen abgebaut oder umgewandelt (Biofilter, mehrstufige Systeme) oder mit dem Waschwasser als Transportmedium zu den Einrichtungen befördert werden, in denen die eigentliche mikrobielle Reinigung erfolgen soll, z. B. im Füllkörper von Rieselbettreaktoren.

Da sich die Stoffwechselprodukte und der Staub durch Sedimentation in der Waschwasservorlage anreichern, ist es erforderlich, in entsprechenden Abständen eine Abschlämmung vorzunehmen, um dem Aufsalzen und Verschlammen der Anlage vorzubeugen.

Ammoniak ist in Wasser grundsätzlich gut löslich, führt jedoch aufgrund seines basischen Charakters dazu, dass der pH-Wert angehoben wird und das Lösungsvermögen abnimmt. Bei pH-Werten oberhalb von 7,5 wird Ammoniak zunehmend wieder aus der Lösung freigesetzt (Ammoniak-Stripping). Andererseits setzt im Waschwasser oder der Phasengrenzfläche der Kontakt- und Austauschflächen in Anwesenheit von Ammoniak und anderen Nährstoffen der mikrobielle Prozess der Nitrifikation von Ammoniak zu Nitrit und Nitrat ein. Optimal für die Nitrifikation ist ein Bereich von pH 6,5 bis 7,5. Bei der Nitrifikation entstehen Wasserstoffprotonen bzw. salpetrige Säure und Salpetersäure, die eine Absenkung des pH-Wertes bedingen. In der Abluftreinigung gilt es, die vorgenannten Prozesse gezielt zu nutzen. Voraussetzung hierfür ist, dass eine entsprechende Abschlämmung und ein Ausgleich durch Frischwasserzufuhr erfolgt. Andernfalls bedingen die aufgrund der mikrobiellen Aktivität entstehenden Reaktionsprodukte und Salze eine die Bakterientätigkeit hemmende bzw. beeinträchtigende Wirkung, wodurch die Leistungsfähigkeit der Abluftreinigungsanlage sinkt oder gar zusammenbrechen kann. Die Abschlämmung lässt sich manuell oder automatisiert mithilfe einer Leitfähigkeitssteuerung durchführen. Sofern in Biofiltern gröberes zersetzungsstabileres organisches Schüttmaterial (Wurzelholz) eingesetzt wird, sollte die Abschlämmung durch eine entsprechend intensive Berieselung mit Wasser erfolgen. Bei Biofiltern, die mit schnell abbaubarem Material wie Laubholz-Hackschnitzel arbeiten, können die Nachteile der Aufsalzung dagegen nur mit einem häufig durchzuführenden Filtermaterialwechsel (jährlich) vermieden werden.

Durch das gezielte Ansäuern des Waschwassers (bevorzugt mit Schwefelsäure – H_2SO_4) besteht eine weitere Möglichkeit, eine stabile und hohe Ammoniakabscheidung bei verringerten Abschlämmraten zu gewährleisten. Insbesondere bei Chemowäschern, Rieselbettreaktoren oder mehrstufigen Anlagen mit chemischer Abscheidung wird von dieser Option Gebrauch gemacht. Die dabei anfallende hochkonzentrierte Ammoniumsulfatlösung(($NH_4)_2SO_4$) ist jedoch nicht zusammen mit der Gülle zu lagern. Unmittelbar vor der Ausbringung ist ein Verschneiden der $(NH_4)_2SO_4$-Lösung mit Gülle möglich. Dies darf jedoch aufgrund der für Mensch und Tier bestehenden Vergiftungsgefahr, die durch Bildung von Schwefelwasserstoff (H_2S) und Kohlenstoffdioxid (CO_2) hervorgerufen werden kann, nicht im belegten Stall erfolgen.

5.4.2 Bedeutung der Abluftreinigung im Genehmigungsverfahren

Für beantragte Vorhaben ist im Rahmen des Genehmigungsverfahrens der Nachweis zu führen, dass durch den späteren Betrieb der Anlage die gegenüber Mensch und Umwelt festgelegten Schutz- und bei genehmigungsbedürftigen Anlagen auch die Vorsorgeansprüche erfüllt werden. In den Fällen, in denen die Abstände zu den relevanten Schutzgütern nicht ausreichen, kann der Einsatz einer geeigneten Abluftreinigungsanlage die Voraussetzung für eine immissionsschutzrechtliche Zulässigkeit des Bauvorhabens herbeiführen. Die in diesem Zusammenhang zu beachtenden Bewertungsansätze für Ammoniak, Staub und Geruch sind jedoch unterschiedlich. Bei Ammoniak und Staub lassen sich in Abhängigkeit von der Reinigungsleistung eines Abluftreinigungssystems die systemspezifischen Wirkungsgrade heranziehen. Diese lassen sich direkt bei der Ermittlung der Masse der von der Tierhaltungsanlage zu erwartenden Emission anwenden und führen z. B. gegenüber stickstoffempfindlichem Wald nach Anhang 1 der TA Luft (siehe Abb. 65) zu einer analogen Abstandsminderung. Auch beim Staub ist der Wirkungsgrad der Minderung direkt bei der Ermittlung der Staubemission anwendbar. Die so berechnete reduzierte Masse kann in der Bagatellprüfung nach Ziffer 4.6.1.1 TA Luft oder zum Zweck der Bestimmung der PM_{10}-Zusatzbelastung (Irrelevanzprüfung nach Ziffer 4.2.2 a der TA Luft) im Rahmen einer Ausbreitungsrechnung herangezogen werden.

Beim Geruch ist die Situation komplexer als bei Ammoniak und Staub, denn bei allen biologisch aktiven Abluftreinigungsanlagen entstehen systembedingte Eigengerüche, die auf der Reingasseite das Ergebnis olfaktometrischer Messungen beeinflussen und dadurch den tatsächlichen Wirkungsgrad der Rohgasreinigung verfälschen. Im DLG-Prüfrahmen für Abluftreinigungssysteme in der Tierhaltung ist deshalb ein Pauschalansatz festgelegt worden. Als Kriterien sind eine Reingaskonzentration von maximal 300 GE/m³ und das Fehlen von Rohgasgeruch im Reingas zu erfüllen, um eine Eignungsbestätigung im

Hinblick auf die Geruchsabscheidung zu erlangen. Im Kontext mit der Wahrnehmung des von Abluftreinigungsanlagen freigesetzten Eigengeruches ist darüber hinaus noch ein anderer Aspekt von entscheidender Bedeutung. Der Eigengeruch besitzt einen erdig und leicht muffigen Charakter. Aus diesem Grunde kann er mit zunehmender Entfernung gegenüber der natürlichen geruchlich ähnlichen Hintergrundgeruchskulisse immer weniger wahrgenommen werden. Die mit dieser Schwelle oder Grenze verbundene Entfernung liegt bei ordnungsgemäß betriebenen Biofilterstufen in der Regel bei 50 m.

Um die Geruchsabscheidung zertifizierter Abluftreinigungssysteme im Rahmen immissionsschutzfachlicher Fragestellungen berücksichtigen zu können, enthält der DLG-Prüfrahmen für Abluftreinigungssysteme in der Tierhaltung im Anhang eine spezielle Abstandsregelung. Diese basiert (siehe Abb. 70) vereinfacht dargestellt darauf, dass aufgrund des nicht mehr wahrnehmbaren Eigengeruchs bodennah und diffus emittierende Abluftreinigungsanlagen nach 100 m und hohe, als Punktquelle emittierende Abluftreinigungsanlagen nach 200 m gegenüber der benachbarten Wohnbebauung in Abstandsbetrachtungen oder in Ausbreitungsrechnungen zu vernachlässigen sind. In Situationen mit Abständen zwischen der Abluftreinigungsanlage und der Wohnbebauung von weniger als 50 m sollten Stallanlagen dagegen auf Basis dieser Abstandsregelung nicht mehr gebaut werden. Im Entfernungsbereich von 50 bis 100 m bzw. bis 200 m wird empfohlen, keine Stallbauvorhaben zu realisieren. Wenn dies doch geschehen soll, ist im Rahmen von Ausbreitungsrechnungen gegebenenfalls eine Restemission von 30 GE/m³ Abluft (10 % von 300 GE/m³) zu berücksichtigen. Damit wird vorsorglich der Eigengeruchskulisse von Abluftreinigungsanlagen Rechnung getragen. Um Punktquellen handelt es sich, wenn die Reinluft durch eine zentrale Ableitung oberhalb des Firstes des Stalles abge-

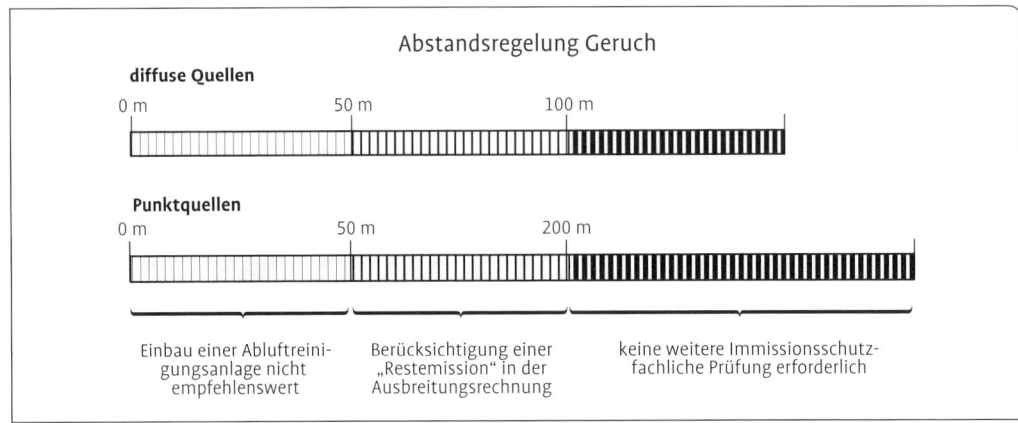

Abb. 70 Vereinfachte Darstellung der im Anhang des DLG-Prüfrahmens für Abluftreinigungssysteme in der Tierhaltung (DLG 2006) enthaltenen Abstandsregelung (Geruch) für zertifizierte Abluftreinigungsanlagen.

geben wird. Alle anderen Formen der Ableitung unterhalb des Firstniveaus bzw. im bodennahen Bereich der Stallanlagen sind als diffuse Quellen zu deklarieren.

Mit dem DLG-Prüfrahmen für Abluftreinigungssysteme in der Tierhaltung, hervorgegangen aus dem so genannten Cloppenburger Leitfaden, hat sich auf der Basis eines freiwilligen Verfahrens ein Zertifizierungssystem etabliert, das sowohl für potenzielle Betreiber als auch für Genehmigungsbehörden eine verlässliche Basis für die Beurteilung der Eignung und Leistungsfähigkeit von Abluftreinigungssystemen darstellt.

5.4.3 Kosten der Abluftreinigung

Investitions- und Betriebskosten der Abluftreinigung sind in ihrer Höhe neben den eigentlichen Anlagenkosten von unterschiedlichsten betriebsbedingten Gegebenheiten beeinflusst. Bedeutsam ist, ob es sich um einen Neubau oder um eine Altbausanierung handelt, bei der sich eine zentrale Abluftführung oftmals nicht so einfach oder gar nicht realisieren lässt. Bei den Beschaffungskosten des Wassers spielen Herkunft und Menge eine Rolle. Mit dem Wasser bzw. der erforderlichen Wasserumwälzung stehen die Betriebskosten der Pumpen in direkter Verbindung. Auch die Kosten für die Bereitstellung von Lagerkapazitäten für das aus dem System abgeschlämmte Wasser sind zu berücksichtigen. Abluftreinigungssysteme, die ohne Säureeinsatz arbeiten, verursachen in diesem Zusammenhang höhere Lagerungskosten. Andererseits ist mit dem Säureeinsatz, neben den Kosten für die Säure, auch eine separate Lagerung des Abschlämmwassers verbunden.

Hinzu kommen Mehrkosten, die sich im Bereich der Lüftungsanlage ergeben, da hier, bedingt durch die Abluftreinigungsanlage, in der Regel höhere Druckwiderstände zu einem energetischen Mehraufwand führen.

Eine orientierende Kostenaufstellung ist der Tabelle 26 zu entnehmen. Sie enthält für unterschiedliche Abluftvolumina (40 000 und 120 000 m³/h) die Kosten für Biofilter, Rieselbett-Reaktoren, 2-stufige und 3-stufige Anlagen. Bei einem Abluftvolumen von 40 000 m³ je Stunde, welches nach der DIN 18910 in der Temperaturzone von 3 K bei einer Sommerluftrate von 86 m³ je Tierplatz einem Sauenbestand von etwa 465 Sauen (gerechnet auf Basis tragende Sauen) mit einer Lebendmasse von durchschnittlich 250 kg entspricht, ergibt sich z. B. ein Investitionskostenbedarf, abhängig vom Anlagensystem (Biofilter, Rieselbettreaktor, 2-stufige und 3-stufige Anlage), pro Tierplatz von netto etwa € 72,80 bis € 109,30. Je Tierplatz entspricht dies jährlichen Investitionskosten von € 8,40 bis € 11,80 bzw. Betriebskosten von € 7,00 bis € 15,60 je Tierplatz und Jahr. Bei der Betrachtung der Gesamtkosten fallen mithin pro Tierplatz und Jahr € 15,40 bis € 27,40 an. Damit wird deutlich, dass die Abluftreinigung in der Ferkelerzeugung eine nach wie vor kostenintensive Emissionsminderungsmaßnahme darstellt. Im speziellen Einzelfall kann im Zuge der betrieblichen Weiterentwicklung das Erfordernis bestehen, auf die Abluftreinigung zurückzugreifen. Um weiterhin wirtschaftlich erfolgreich zu sein, sollte der Betrieb jedoch zu den überdurchschnittlich erfolgreichen Betrieben zählen. Aufgrund der wirtschaftlichen Gesichtspunkte stellt die Abluftreinigung gegenwärtig weder eine Standardlösung in der Tierhaltung dar, noch repräsentiert sie den Stand der Technik in der Tierhaltung.

Tab. 26 Investitionsbedarf und Kosten[1] eignungsgeprüfter Abluftreinigungsanlagen für die Schweinehaltung (netto, gerundet, nach Grimm 2010, verändert)

Anlagenkapazität:	40 000 m³/h Lüftungskapazität								
Anlagentyp		Biofilter		Rieselbett-Reaktoren		zweistufige Anlagen		dreistufige Anlagen	
		von	bis	von	bis	von	bis	von	bis
Investitionsbedarf	€/(TP×a)	72,8	78,9	76,9	90,0	95,1	99,2	78,9	109,3
jährliche Kosten für: Investition	€/(TP×a)	8,4	8,9	8,9	10,6	11,6	11,8	8,4	11,1
Betrieb	€/(TP×a)	7,0	8,3	9,7	11,7	14,4	15,6	9,5	12,5
Gesamtkosten	€/(TP×a)	15,4	17,2	18,6	22,3	26,0	27,4	17,9	23,6
Anlagenkapazität:	120 000 m³/h Lüftungskapazität								
		Biofilter		Rieselbett-Reaktoren		zweistufige Anlagen		dreistufige Anlagen	
		von	bis	von	bis	von	bis	von	bis
Investitionsbedarf	€/(TP×a)	62,7	67,8	49,6	67,8	71,8	75,9	48,6	65,8
jährliche Kosten für: Investition	€/(TP×a)	7,0	7,4	5,4	7,8	8,3	8,6	4,9	6,4
Betrieb	€/(TP×a)	5,5	6,7	8,4	9,8	10,6	11,9	7,4	9,5
Gesamtkosten	€/(TP×a)	12,5	14,1	13,8	17,6	18,9	20,5	12,3	15,9

[1] Angegeben sind der Investitionsbedarf für die Anlagentechnik und das Bauwerk, die Betriebskosten für: Strom, Säure und die Abwasserverwertung, Arbeitszeitkosten für Kontrolle und Wartung der Anlagen sowie Reparaturkosten.

6 Wirtschaftlichkeit der Ferkelerzeugung

(P. Spandau)

Wie in den meisten Produktionszweigen der Landwirtschaft muss sich auch der Ferkelerzeuger im Markt als Mengenanpasser verhalten. Dies bedeutet, dass er mit Ausnahme von verhandelbaren Mengen- und Qualitätszuschlägen praktisch keinen Einfluss auf den Ferkelerlös hat und den Markt, der sich für ihn in Form der Ferkelnotierungen darstellt, lediglich akzeptieren kann.

Um die Wirtschaftlichkeit seines Handelns positiv zu beeinflussen, bleiben ihm daher im Wesentlichen nur die Produktionskosten und deren Optimierung. Das folgende Kapitel widmet sich der Frage, wie sich diese zusammensetzen und welche Möglichkeiten ihrer Beeinflussung bestehen.

Weitere Abschnitte befassen sich mit der Betriebsentwicklung in der Ferkelerzeugung, den Grenzen des Wachstums und den Chancen und Risiken des Marktes.

6.1 Direktkostenfreie Leistung

Grundlage der meisten Wirtschaftlichkeitsbetrachtungen ist die Direktkostenfreie Leistung (DkfL). Diese wird durch viele Erzeuger- und Beratungsringe regelmäßig in den Betrieben auf Grundlage betrieblicher Aufzeichnungen in Kombination mit der Buchführung für das jeweilige Wirtschaftsjahr ermittelt. Die DkfL verzichtet auf den gesamten Bereich der Fixkosten und gilt daher mittlerweile als nur noch bedingt aussagekräftig.

> DkfL = Leistungen minus Direktkosten.

Bei der DkfL werden die Leistungen und Kosten üblicherweise je Sau ausgewiesen – anders als bei der Vollkostenrechnung, bei der die Kosten auf das Ferkel bezogen werden. Welche Höhe diese haben, zeigt die Betriebszweigauswertung Nordrhein-Westfalen (NRW) für das Wirtschaftsjahr (Wj.) 2010/11. Um ein gewisses Benchmarking zu ermöglichen, werden neben dem Durchschnitt jeweils die oberen und die unteren 25 % ausgewiesen.

Die Leistungen in der Ferkelerzeugung ergeben sich aus der Zahl der verkauften Ferkel und deren Erlösen. Hinzugerechnet werden muss noch der anteilige Schlachtsauenerlös. Bei der später noch dargestellten Ermittlung der Produktionskosten je Ferkel ist zu berücksichtigen, dass der anteilige Altsauenerlös mit den Viehzukäufen saldiert werden muss, um die Kosten je Ferkel zu ermitteln, die dem Ferkelerlös zwecks Beurteilung gegenüberzustellen sind.

6.2 Produktionskosten in der Ferkelerzeugung

Als Synonym für den Begriff der Produktionskosten wird immer wieder auch die Bezeichnung Vollkosten benutzt. Unabhängig von der Begrifflichkeit implizieren beide, dass sämtliche bei der Produktion anfallenden Kosten erfasst werden.

6.2.1 Direktkosten

Unter den Direktkosten versteht man die Kostenpositionen, die im direkten Zusammenhang mit der Stückproduktion stehen und daher in der Regel einen linearen Zusammenhang mit dem Produktionsumfang aufweisen. Dazu gehören:

- **Bestandsergänzung** bzw. **Viehzukäufe,** die bei Bezug der Produktionskosten auf das Ferkel um den Altsauenerlös vermindert werden,
- Futterkosten, die sich aus den Positionen Sauen- und Ferkelfutter zusammensetzen, wobei auch die Bewertung selbsterzeugter Futtermittel wie Getreide und Mais erforderlich ist,
- Tiergesundheitskosten, bestehend aus Tierarzt- und Medikamentenkosten,
- Besamung und **Deckgeld**,
- Energie- und Wasserkosten,
- **Beiträge** zu Tierseuchenkasse, Erzeuger- und Beratungsringen, etc.,
- **Sonstiges**, als Sammelposition für in den anderen Positionen nicht abgedeckten Aufwand,
- **Zinsanspruch** für das Umlaufvermögen als kalkulatorischer Ansatz für das im Viehbestand und den Futtermitteln gebundene Kapital.

In Tabelle 27 sind die Direktkosten den Leistungen gegenübergestellt. Wie schon beschrieben ist die DkfL nur die erste Stufe einer betriebswirtschaftlichen Auswertung. Für die Produktionskosten stellen sie lediglich einen Teilbereich dar.

6.2.2 Arbeitserledigungskosten

Unter den Arbeitserledigungskosten sind sämtliche Kosten zusammenzufassen, die mit der erbrachten Arbeitsleistung in Verbindung stehen. Für Familienbetriebe ist dies der Lohnanspruch, im Betrieb mit Mitarbeitern sind dies ausschließlich oder ergänzend die Lohnkosten, die nicht nur den Bruttoarbeitslohn beinhalten, sondern natürlich auch die Arbeitgeberanteile zur Sozialversicherung. Als weitere Nebenkosten werden grundsätzlich die Beiträge zur Berufsgenossenschaft hinzugerechnet, die als gesetzliche Unfallversicherung fungiert.

Sowohl Lohnanspruch als auch Lohnkosten ergeben sich aus den beiden Faktoren Arbeitszeit in Stunden je Sau einschließlich aller Nebentätigkeiten und dem jeweiligen Stundenlohn. Für Familien-AK wird derzeit mit etwa € 15,00 je Stunde gerechnet, für den Mitarbeiter müssen einschließlich der Verrechnung der Lohnnebenkosten, der

Urlaubs- und Krankheitstage im Minimum € 18,00 je Stunde veranschlagt werden.

Weitaus größere Schwankungen sind im AKh-Bedarf je Sau zu finden. Dabei spielt die Bestandsgröße eine entscheidende Rolle. In Tabelle 28 sind die Ergebnisse einer Erhebung in nordrhein-westfälischen Ferkelerzeugerbetrieben dargestellt.

Mit zunehmender Bestandsgröße sinkt die Arbeitszeit kontinuierlich. Einschließlich der Ferkelaufzucht gelten heute etwa 10,0 AKh je Sau und Jahr als sehr guter Wert. Da in der Übersicht praktisch nur strohlose Betriebe erfasst sind, muss davon ausgegangen werden, dass

Tab. 27 Direktkostenfreie Leistung je Sau, Betriebszweigauswertung NRW, Wj. 2010/11

	- 25 %	∅	+ 25 %
verk. Ferkel/Sau	21,89	24,45	26,29
Ferkelerlös	55,17 €	57,13 €	59,10 €
Summe Ferkelerlöse	1 208 €	1 398 €	1 552 €
anteilige Altsauenerlöse	79 €	79 €	76 €
Summe Leistungen	**1 287 €**	**1 477 €**	**1 628 €**
Viehzukäufe	139 €	127 €	120 €
Futterkosten	654 €	674 €	655 €
- davon Sauenfutter	329 €	320 €	298 €
- davon Ferkelfutter	325 €	354 €	357 €
Tiergesundheit	132 €	127 €	125 €
Deckgeld, Besamung	30 €	27 €	26 €
Energie, Wasser	103 €	89 €	80 €
Beiträge	16 €	16 €	17 €
Sonstiges	16 €	17 €	15 €
Zinsanspr. Umlaufvermögen	30 €	30 €	30 €
Summe Direktkosten	**1 120 €**	**1 107 €**	**1 068 €**
DkfL	**167 €**	**370 €**	**560 €**

Tab. 28 AKh-Bedarf und Ferkelzahl in Abhängigkeit von der Bestandsgröße, Betriebszweigauswertung NRW, Wj. 2009/10

∅-Sauenbestand	143	181	217	267	395
AKh/Sau & Jahr	13,9	12,8	12,5	11,8	10,9
verk. Ferkel/Sau & Jahr	22,87	24,23	23,92	24,36	25,63

in kleineren Beständen mit weniger als 100 Sauen und teilweiser Einstreu auch heute noch bis zu 20 AKh je Sau und Jahr eingesetzt werden müssen, was zu einer sehr hohen Kostenbelastung je Ferkel führt.

6.2.3 Gebäudekosten

Die Gebäudekosten setzen sich aus der Abschreibung, den Unterhalts-, Reparatur- und Versicherungskosten sowie den Kapitalkosten zusammen. Für überschlägige Planungen hat sich ein Ansatz von 10 % der Investitionssumme bewährt und kann für eine Kostenermittlung und Rentabilitätsbewertung durchaus herangezogen werden. Im Hinblick auf die Liquidität ist dieser Wert jedoch wenig aussagekräftig, da hierfür die Anteile von Eigen- und Fremdkapital von herausragender Bedeutung sind.

Unterschiedlichste Faktoren üben auf die Höhe der Gebäudekosten je Sau Einfluss aus: Neue Gebäude verursachen höhere Kosten als Altgebäude und Umbaulösungen sind in der Regel kostengünstiger als Neubauten. Sinkende Kosten in größeren Beständen aufgrund von Degressionseffekten, Verhandlungsgeschick bei der Ausschreibung und die Höhe des Fremdkapitalanteils sind weitere Faktoren. Und nicht zuletzt spielt der Produktionsrhythmus mit seinen unterschiedlichen Anforderungen an Abferkel- und Reserveplätze eine Rolle.

> Baukosten je produktive Sau: 2700 – 3000 € netto.

Bei Neubaumaßnahmen ist heute mit Baukosten bzw. einer Investitionssumme von € 2700 bis € 3000 netto je produktiver Sau einschließlich Ferkelaufzucht zu rechnen. Daraus ergeben sich Gebäudekosten von etwa € 320 bis € 360 brutto je Sau und Jahr.

6.2.4 Sonstige Fixkosten

Bislang in vielen Kalkulationen noch vernachlässigt, erlangen die sonstigen Fixkosten eine zunehmende Bedeutung. Neben den Kosten für Beratung, Buchführung und weiteren kleinen Aufwandspositionen gewinnen insbesondere in viehintensiven Regionen die Gülleverwertungskosten einen immer größeren Umfang. In größeren Betriebseinheiten, die aufgrund fehlender Fläche steuerlich nicht mehr als landwirtschaftliche, sondern als gewerbliche Viehhaltung betrieben werden müssen, kommen zusätzliche Kosten (Verlust der Umsatzsteuerpauschalierung, Gewerbesteuer, IHK-Beiträge, etc.) hinzu. Ein Ansatz von etwa € 30,00 je Sau ist hier durchaus gerechtfertigt.

6.2.5 Produktionskosten je Ferkel

Werden die vier zuvor beschriebenen Kostenpositionen addiert, kommt man auf die Vollkosten je Sau. Zur Ermittlung der Produktionskosten ist eine einheitliche Basis notwendig, die in aller Regel das jeweilige Verkaufsprodukt darstellt. In der Ferkelerzeugung ist dies nicht die Sau, sondern das Ferkel. Daher ist es notwendig – unter Berücksichtigung der Saldierung des Altsauenerlöses – die Vollkosten je Sau durch

Tab. 29 Vollkosten je Sau und Produktionskosten je Ferkel (Betriebszweigauswertung NRW, Wj. 2010/11). Gebäudekosten auf Grundlage des durchschnittlich vorhandenen Gebäudebestandes

Ferkelproduktion bis 29 kg Verkaufsgewicht (je Sau)		
	∅	+ 25 %
Direktkosten - Altsauenerlös saldiert	1 028 €	992 €
Arbeitskosten - 12,6 AKh bzw. 12,0 AKh × 18 €/Akh	227 €	216 €
Gebäudekosten - 10 % von 2 100 € bzw. 2 260 € Zeitwert	210 €	226 €
sonstige Kosten	30 €	30 €
Vollkosten je Sau	1 495 €	1 464 €
Produktionskosten je Ferkel - 24,45 bzw. 26,29 verk. Ferkel	61,15 €	55,69 €

die Zahl verkaufter Ferkel zu dividieren, um so die Produktionskosten je Ferkel zu ermitteln. In Tabelle 29 wurde dies für durchschnittliche und die oberen 25 % der Ferkelerzeuger auf Grundlage der Betriebszweigauswertung NRW für das Wirtschaftsjahr 2010/11 vorgenommen.

Während sich zwischen den beiden Gruppen die Vollkosten je Sau kaum unterscheiden, kommt aufgrund der unterschiedlichen Ferkelzahl je Sau eine erhebliche Differenz bei den Produktionskosten von über € 5,00 je Ferkel zustande.

Zu berücksichtigen ist bei der Auswertung, dass es sich um die Kosten pauschalierender Betriebe handelt, die Umsatzsteueranteile in den Kosten also noch enthalten sind. Für einen Vergleich mit optierenden Gewerbebetrieben müssen aus den einzelnen Kostenpositionen die entsprechenden Umsatzsteuersätze herausgerechnet werden.

6.3 Einflussfaktoren für die Produktionskosten

Die Höhe der Produktionskosten weist eine nicht unerhebliche Spanne auf. Wenn im Benchmarking einer Betriebszweigauswertung verschiedene Gruppen miteinander verglichen werden, überlagern sich die verschiedenen Effekte teilweise sehr stark. Um zu vergleichen, inwieweit einzelne Effekte für die Höhe der Produktionskosten verantwortlich sind, müssen die jeweils anderen Faktoren konstant gelassen werden. Im Folgenden wird zwischen den produktionstechnischen und Management-Faktoren unterschieden.

6.3.1 Produktionstechnische Leistungen

Wesentliches produktionstechnisches Leistungsmerkmal in der Ferkelerzeugung ist die Zahl verkaufter Ferkel. Mit steigender Ferkelzahl nehmen nicht alle Kostenpositionen in gleichem Maße zu, so bleiben z. B. die Gebäudekosten für die Sau konstant, lediglich in der Ferkelaufzucht steigen sie durch einen höheren Platzbedarf bei mehr Ferkeln an. Das gleiche gilt für die Arbeit und auch den überwiegenden Teil der Direktkosten, die ausschließlich die Sau selbst betreffen. Die nachfolgende Abbildung 71 zeigt, wie sich in einem Leistungsspektrum von 21 bis 27 verkauften Ferkeln die Produktionskosten verändern.

Betrachtet man das aufgezeigte Leistungsspektrum, das die heute in der Praxis vorhandene Spannweite repräsentiert, ergeben sich allein durch die Ferkelzahl je Sau und Jahr Produktionskostenunterschiede von bis zu € 10,00 je Ferkel.

6.3.2 Management

Neben der produktionstechnischen Leistung beeinflusst auch das Management die Produktionskosten nicht unerheblich. Management ist dabei ein umfassender Begriff für viele Faktoren, von denen das Verhandlungsgeschick beim Ein- und Verkauf, das Kostenmanagement und die Arbeitsorganisation die wichtigsten sind.

Tabelle 30 zeigt eine Sonderauswertung des Betriebszweiges Ferkelerzeugung, in der zwei Betriebsgruppen mit identisch gutem Leistungsniveau gegenübergestellt wurden, die jedoch nach der Höhe der Direkt-

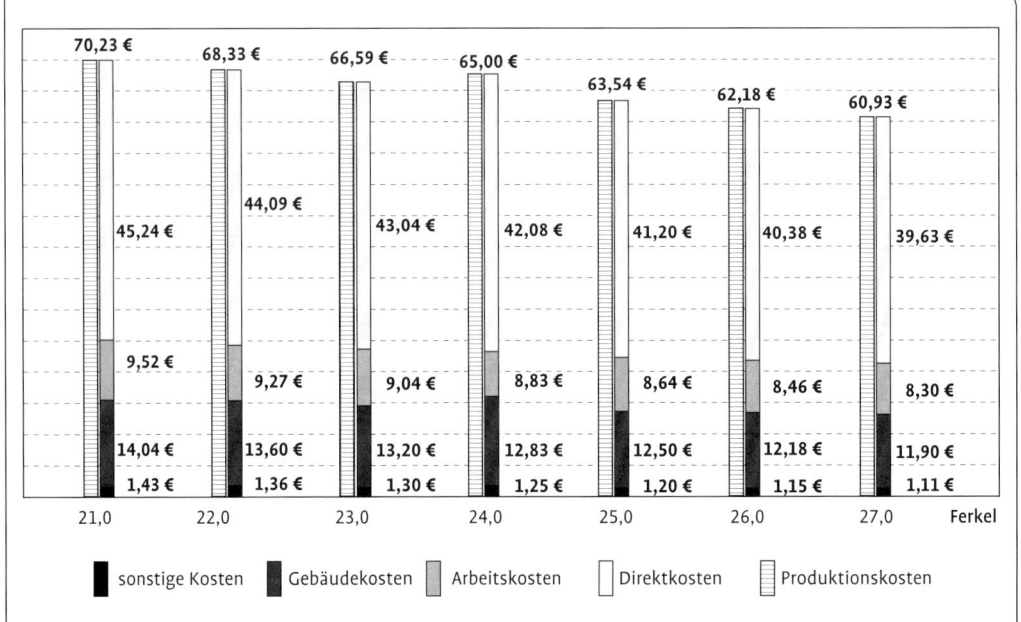

Abb. 71 Produktionskosten je Ferkel bei Neubaukosten im Wirtschaftsjahr 10/11 in Abhängigkeit von der Ferkelzahl je Sau und Jahr.

kosten in eine Gruppe mit hohen und eine mit niedrigen sortiert wurden. Bei ansonsten gleichen Bedingungen zeigt sich eine Differenz in den Produktionskosten von über € 7,00 je Ferkel, die im Wesentlichen aus den Futterkosten resultieren.

Ein weiterer Managementfaktor beeinflusst zwar nicht die Produktionskosten, aber dennoch die Wirtschaftlichkeit der Ferkelproduktion. Die Grundlage für jede Abrechnung ist grundsätzlich eine allgemein gültige Notierung, daneben werden aber zusätzliche Mengen- und Qualitätszuschläge vereinbart, die den Ferkelpreis erhöhen. Werden Ferkelpartien angeboten, die kleiner sind als die von der Notierung vorgegebenen, müssen mittlerweile sogar Abschläge in Kauf genommen werden.

Zuschläge sind zum einen von der Partiegröße abhängig, daher spielt bei gleicher Größe des Sauenbestandes der Produktionsrhythmus eine wichtige Rolle (Tab. 31). Zum anderen werden gerade im Ferkelerzeuger-Mäster-Direktverkehr die Zuschläge individuell ausgehandelt. Daher erweist sich hier ein gutes Verhandlungsgeschick als vorteilhaft.

Tab. 30 Produktionskostenvergleich von Betrieben mit hohen und niedrigen Direktkosten bei gleicher Leistung, Betriebszweigauswertung NRW, Wj. 08/09

	50 % der Betriebe mit hohen Direktkosten	50 % der Betriebe mit geringen Direktkosten
Sauenbestand	217	255
verkaufte Ferkel/Sau und Jahr	25,2	25,1
Summe Viehzukäufe je Sau	150 €	125 €
Sauenkraftfutter je dt	25,40 €	23,10 €
Verbrauch Sauenkraftfutter je Sau	12,9 dt	12,4 dt
Ferkelfutter €/dt	34,30 €	30,70 €
Verbrauch Ferkelfutter dt/Ferkel	0,44 dt	0,40 dt
Summe Futtermittel €/Sau	**702 €**	**592 €**
weitere Direktkosten je Sau	293 €	232 €
Summe Direktkosten je Sau	1145 €	949 €
Produktionskosten je Ferkel	**58,30 €**	**51,00 €**

Tab. 31 Ferkelerlöse in Abhängigkeit von der Partiegröße (Betriebszweigauswertung NRW, Wj. 09/10)

Partiegröße	<= 100	101–150	151–200	201–300	> 300
⌀-Sauenbestand	143	181	217	267	395
25 kg-Ferkelerlös, netto	49,42 €	50,06 €	51,02 €	51,37 €	52,66 €
		+ 0,64 €	+ 1,60 €	+ 1,95 €	+ 3,24 €

So können je nach Produktionsrhythmus, Vermarktungsweg und Verhandlungsgeschick die Zuschlagsdifferenzen bei gleichen Sauenbestandsgrößen durchaus zwei bis drei € je Ferkel betragen.

6.3.3 Gebäude- und Arbeitskosten

In engem Zusammenhang bei der Wirkung auf die Produktionskosten stehen Gebäude und Arbeit. Dies wird besonders deutlich, wenn man die Produktionskosten von Ferkeln aus Altgebäuden mit denen aus einem Neubau vergleicht.

Für das Altgebäude sprechen immer die deutlich niedrigeren Kosten im Vergleich zum Neubau. Aufgrund teilweiser Abschreibung und sogar historischer Anschaffung liegen diese immer günstiger als die Kosten bei einem Neubau, deren Höhe bereits beschrieben wurde.

Da die Ferkelerzeugung aber zu den arbeitsintensiven Produktionsverfahren gehört, zeigt sich in aller Regel ein deutlich höherer Arbeitszeitbedarf in den Altgebäuden. Nicht zusammenhängende Funktionsbereiche, lange und umständliche Treibwege und sehr häufig funktional nicht optimale Entmistungssysteme verursachen einen deutlich höheren Zeitaufwand gegenüber Neubauten.

Solange die Arbeit über Familienangehörige bereitgestellt wird, unterbleibt häufig die notwendige Ermittlung der dadurch entstehenden Mehrkosten. Bei Fremd-AK verhält sich dies jedoch völlig anders.

Werden durch eine bauliche Verbesserung der Arbeitsproduktivität z. B. drei Stunden je Sau eingespart, so ergibt sich je Sau eine Kosteneinsparung von € 54,00 (3 AKh × 18,00 €/h). Bei einem pauschalen Ansatz von 10 % Gebäudekosten können damit aber € 540 je Sau investiert werden.

Dieser Zusammenhang führt dazu, dass sich mit steigenden Bestandsgrößen und der Notwendigkeit eines Mitarbeiters die Produktion immer stärker in neue, zumindest aber unter arbeitswirtschaftlichen Gesichtspunkten optimal umgebaute Ställe verlagern muss.

6.4 Faktoren der Betriebsentwicklung

Lange Zeit galt für die Betriebsplanung, dass bei günstigen Produktionskosten einer weiteren Entwicklung des Unternehmens nichts im Wege steht. Mittlerweile zeigt sich mit regionalen Unterschieden aber schon sehr deutlich, dass heute das Wachstum in der Schweinehaltung in Größenordnungen geht, bei denen zusätzliche Faktoren auf der Kostenseite Berücksichtigung finden müssen. In diesem Zusammenhang sind insbesondere die Steuer- und Umweltgesetzgebung zu nennen.

6.4.1 Landwirtschaft oder Gewerbe in der Ferkelerzeugung

Die Grundlage einer im Sinne des Steuerrechtes landwirtschaftlichen Ferkelerzeugung ist die Flächenausstattung des Betriebes. Über die Vieheinheiten (VE) wird die Viehhaltung mit der vorhandenen Fläche abgeglichen, wobei nicht mehr VE produziert werden dürfen als über die Fläche abgedeckt sind. Tabelle 32 zeigt den flächenabhängigen VE-Schlüssel, Tabelle 33 den VE-Schlüssel für Sauen und Ferkel.

Tab. 32 Vieheinheitenschlüssel für landwirtschaftliche Flächen (LF)

VE je ha LF	
bis 20 ha	10 VE je ha
über 20 bis 30 ha	7 VE je ha
über 30 bis 50 ha	6 VE je ha
über 50 bis 100 ha	3 VE je ha
über 100 ha	1,5 VE je ha

Tab. 33 Vieheinheitenschlüssel für Ferkelerzeuger

VE je Bestandstier	
Sau, Eber	0,33 VE
VE je verkauftes Ferkel	
wenn Ferkel < 12 kg	0,01 VE
wenn Ferkel < 30 kg	0,04 VE
wenn Ferkel > 30 kg	0,06 VE

Tab. 34 Vergleich von Option zu Pauschalierung in der Ferkelerzeugung

	Ferkelerzeugung, Verkaufsgewicht ca. 28 kg	
	optierend	pauschalierend
Ferkel- und Altsauenerlös	1375,00 €	1522,13 €
Bestandsergänzung	123,00 €	131,61 €
Sauenfutter	245,00 €	262,15 €
Ferkelfutter	287,00 €	307,09 €
Tierarzt, Medikamente	109,00 €	129,71 €
Besamung	23,00 €	27,37 €
Beiträge, TSK	13,00 €	13,00 €
Energie, Wasser	70,00 €	83,30 €
Verluste	4,00 €	4,28 €
Sonstiges	13,50 €	16,07 €
Zinsanspruch Umlaufverm.	25,00 €	26,75 €
Summe Direktkosten	912,50 €	1001,33 €
DkfL je Sau	462,50 €	520,80 €
Gebäude		
Anschaffungswert	2605,00 €	3100,00 €
Jahreskosten	260,50 €	310,00 €
Überschuss	202,00 €	210,80 €
Differenz	−8,80 €	

Ein Betrieb mit 82 ha LF und daraus resultierenden 486 VE (20 ha × 10 VE + 10 ha × 7 VE + 20 ha × 6 VE + 32 ha × 3 VE = 486 VE) kann bei einer Leistung von 25 verkauften Ferkeln mit 28 kg Gewicht landwirtschaftlich rund 360 Sauen einschließlich der Eber und Jungsauen halten (360 Sauen × 0,33 VE + 9000 Ferkel × 0,04 VE + 2 Eber × 0,33 VE + 18 Jungsauen × 0,33 VE = 485,4 VE). Überschreitet er diese Grenze, wird die gesamte Ferkelerzeugung gewerblich, was im Wesentlichen den Verlust der Umsatzsteuerpauschalierung mit sich bringt.

Wie hoch dieser Nachteil ist, zeigt Tabelle 34. Dort stehen sich die Erlöse und Kosten der optierenden und pauschalierenden Ferkelerzeugung ausgehend von einem durchschnittlichen Jahresergebnis gegenüber.

Bei der Option wird ausschließlich mit Nettobeträgen gerechnet, die pauschalierende Ferkelerzeugung beinhaltet hingegen die Umsatzsteuer, die aktuell beim Verkaufserlös 10,7 % und bei den Kosten je nach Position 7 % bzw. 19 % beträgt.

Während bis zur DkfL die Differenz rund € 60,00 zugunsten der Pauschalierung beträgt, schrumpft sie unter Berücksichtigung der Vorsteuererstattung auf das Stallgebäude auf unter € 10,00 je Sau und Jahr.

Diese Differenz ist so gering, dass anders als in der Schweinemast zumindest bei einer vollständigen Neubaumaßnahme einer gewerblichen Ferkelerzeugung kaum wirtschaftliche Nachteile entstehen. Hinzu kommen zwar noch Beiträge zur Industrie- und Handelskammer, Gewerbesteuer und Grundsteuer B, insgesamt sind dies aber eher zu vernachlässigende Kostenpositionen.

6.4.2 Nährstoffverwertung als Kostenfaktor

In den Veredlungshochburgen stellt sich als weiteres zu lösendes Problem der Schweinehaltung die ordnungsgemäße Verwertung der Gülle dar. Da die landwirtschaftliche Fläche nicht nur für die steuerliche Abgrenzung benötigt wird, sondern auch für die ordnungsgemäße Ausbringung der über die Gülle anfallenden Nährstoffe, ist sie auch in der Ferkelerzeugung unabdingbar.

Entweder muss der Schweinehalter entsprechende Flächen anpachten oder er muss die ordnungsgemäße Verwertung über langfristige Gülleabnahmeverträge nachweisen. Da Phosphor der begrenzende Faktor ist, bei nährstoffreduzierter Fütterung etwa 15,4 kg P_2O_5 je Sau einschließlich der Ferkelaufzucht pro Jahr anfallen und bei mittlerer Ertragslage etwa 80 kg P_2O_5 als Entzug angesetzt werden dürfen, beträgt der Gülleflächenbedarf im Durchschnitt etwa 0,2 ha LF je Sau.

Mit Flächenpachtpreisen von deutlich über € 700,00 überschreiten gerade in den intensiven Veredlungsregionen die Pachtpreise selbst bei einer Grenzkostenbetrachtung den aus dem Ackerbau finanzierbaren Pachtpreis um € 300,00 und mehr. Wenn der Sauenhalter diese Pachtpreise zahlt, um letztendlich seine Nährstoffe aus der Gülle ordnungsgemäß verwerten zu können, führt schon dieser Differenzbetrag zu einer zusätzlichen Belastung je Sau von € 60,00.

Wer nicht bereit ist, diese Pachtpreise zu zahlen, entscheidet sich immer öfter für eine Abgabe der Gülle zur Verwertung auf Drittbetrieben. Bei Kosten von etwa € 8,00 je m³ und einem durchschnittlichen Anfall von 6 m³ je Sau liegen die Kosten dann mit € 48,00 auf nahezu gleichem Niveau.

Einzelbetrieblich muss also sehr genau entschieden werden, für welchen Weg man sich entscheidet – in Abhängigkeit von der Ertragskraft und dem Pachtpreis der jeweiligen Flächen.

6.4.3 Immissionsschutz und seine Kosten bei der Betriebsentwicklung

Gerade in den viehintensiven Regionen ist die räumliche Dichte der Stallanlagen so groß geworden, dass im Rahmen von Genehmigungsverfahren nach dem BImSchG die immissionsrechtlich geforderten Abstände zur Wohnbebauung im Hinblick auf Gerüche und zu stickstoffempfindlichen Biotopen im Hinblick auf Ammoniak kaum noch eingehalten werden können.

Technisch bietet sich eine Lösung mithilfe von Abluftreinigungsanlagen an. Mittlerweile gibt es auch eine größere Zahl von zertifizierten Anlagen, die von den Genehmigungsbehörden als betriebssicher eingestuft werden und somit Bestandteil der Genehmigung und des Anlagenbetriebs werden können.

Im Hinblick auf die Emissionsminderung erfüllt man mit der Abluftreinigung in der Regel alle Forderungen, allerdings verursachen diese Systeme zusätzliche Kosten.

Tabelle 35 weist die Kosten für unterschiedliche Reinigungssysteme bei einer Auslegung für maximal 100 000 m³/h Abluftvolumenstrom aus. Alle drei Systeme sind in der Lage, sowohl Geruch wie auch Ammoniak und Stäube mit mindestens 70 % abzuscheiden. Die Systeme

Tab. 35 Kosten von Abluftreinigungsanlagen (nach Grimm, KTBL 2006 und Jansen, Lehe 2007)

	Rieselbettreaktor	3-stufige Anlage mit Chemostufe	3-stufige Anlage ohne Chemostufe
Investitionsbedarf je 100 000 m³/h Abluftvolumenstrom ca.	59 500 €	60 100 €	63 600 €
Kapitalkosten/Jahr	6 550 €	6 600 €	7 000 €
Betriebskosten/Jahr (Wartung, Reparatur, Energie, etc.)	10 760 €	11 950 €	12 220 €
Gesamtkosten je 100 000 m³/h Abluftvolumenstrom	**17 310 €**	**18 550 €**	**19 220 €**

unterscheiden sich geringfügig, im Mittel liegen die Gesamtkosten bei rund € 18 000 pro Jahr.

Bei einer Auslegung nach DIN (Sommerluftrate je Sau inklusive Ferkelaufzucht ~ 250 m³/h) würde eine entsprechende Anlage für einen Bestand von 400 Sauen inklusive Aufzucht ausreichen. Damit entstünden Kosten von etwa € 45,00 je Sau. Bei einer Leistung von 25 verkauften Ferkeln steigen so die Produktionskosten um € 1,80 je Ferkel.

Dies sind zusätzliche Kosten, die oft nur bei deutlich überdurchschnittlichen Leistungen vom Betrieb noch aufgefangen werden können (vgl. auch Kapitel 5).

6.5 Optimale Betriebsgrößen und Grenzen des Wachstums

Eine der am häufigsten gestellten Fragen im Zusammenhang mit betrieblichem Wachstum ist die nach der Endgröße der Entwicklung. Während in den frühen 1990er Jahren eine Sauenzahl von 130 schon als groß und zukunftsfähig galt, gehört diese 20 Jahre später eher zu den Auslaufmodellen. 400er und 500er Sauenbestände sind keine Seltenheit mehr und einzelne Betriebe auch in den alten Bundesländern wachsen in den 4-stelligen Bereich, mit allen Konsequenzen im Hinblick auf Kapitalbeschaffung und Mitarbeiterbeschäftigung.

6.5.1 Betriebsentwicklung vom Familienbetrieb zum Mitarbeiter

Der Wachstumsschritt von Bestandsgrößen zwischen 200 und 300 Sauen auf Größen oberhalb von 400 Tieren stellt für die meisten Betriebsleiter eine deutliche Hürde dar. Kann bislang die Arbeit, die bis 300 Sauen je nach Qualität der Arbeitsorganisation bei etwa 3500 AKh

Tab. 36 Ermittlung der effektiven Kosten pro geleisteter Mitarbeiterstunde

12,50 € Stundenlohn brutto, 2 088 tariflich vereinbarte Jahresarbeitsstunden		
	26 100,00 €	**Jahresbruttolohn**
19,33 %	5 045,13 €	Arbeitgeberanteil an Sozialversicherung
7,00 %	1 827,00 €	davon Krankenversicherung
1,40 %	365,40 €	davon Arbeitslosenversicherung
9,95 %	2 596,95 €	davon Rentenversicherung
0,98 %	255,78 €	davon Pflegeversicherung
2,39 %	623,79 €	Umlage zur Lohnfortzahlung
	31 768,92 €	**Jahreslohnkosten**
	1 750	effektive Arbeitsstunden, nach Abzug von Feier-, Urlaubs- und Krankheitstagen
	18,15 €	**effektive Kosten je Arbeitsstunde**

pro Jahr liegt, noch durch Familienarbeitskräfte, Auszubildende und Aushilfen aufgefangen werden, stellt sich bei Beständen über 400 Sauen zwangsläufig die Frage nach einem fest angestellten Vollzeit-Mitarbeiter.

Der Unterschied zur Familien-AK liegt dabei zum Teil in den höheren Kosten. Zwar haben auch die durch die Familienarbeitskräfte getätigten Stunden einen Anspruch auf Entlohnung, jedoch kommen beim versicherungspflichtig beschäftigten Arbeitnehmer erhebliche Sozialabgaben hinzu. Tabelle 36 zeigt ausgehend von einem Bruttolohn von € 12,50, welche Kosten dem Arbeitgeber für jede effektiv geleistete Arbeitsstunde entstehen.

Neben den höheren Kosten für die Arbeitsstunde kommt des Weiteren ein nicht unerheblicher negativer Liquiditätseffekt zum Tragen. Während insbesondere in wirtschaftlich schlechten Zeiten der Lohnanspruch der Familien-AK als Liquiditätspuffer benutzt wird – man übt Verzicht, sind Fremdlöhne eine feste Größe bei den Ausgaben. Dieser Effekt stellt eine weitaus größere Hürde für das Wachstum dar als die höheren Kosten, die zu einem erheblichen Teil durch Effizienzsteigerung kompensiert werden können.

6.5.2 Standort als Kostenfaktor

Im vorangegangenen Kapitel wurden bereits die Faktoren besprochen, die neben den klassischen Produktionskosten bei der Betriebsentwicklung zu berücksichtigen sind.

> Sowohl für die steuerliche Abgrenzung der Landwirtschaft gegenüber dem Gewerbe als auch für die Nährstoffverwertung spielen die Verfügbarkeit und der Preis landwirtschaftlicher Nutzflächen eine entscheidende Rolle. Im Hinblick auf den Immissionsschutz gewinnt die regionale Konzentration ganz entscheidenden Einfluss.

In der Vergangenheit hatten die Konzentrationszonen in der Schweinehaltung durchaus Standortvorteile. Westfalen und das Emsland, Hohenlohe und Niederbayern sind traditionell die Gebiete mit hoher Schweinedichte. In der Regel sorgt hier die gute Infrastruktur in der Futtermittel-, der Schlacht- und Verarbeitungsindustrie, aber auch in der Beratung und tierärztlichen Versorgung für komparative Vorteile gegenüber den extensiveren Veredlungsgebieten.

Mittlerweile scheint sich das Blatt aber zu wenden. Insbesondere die Konkurrenz um die Fläche, in den letzten Jahren nicht nur durch Schweinehalter selbst, sondern auch durch eine Vielzahl neuer Biogasanlagen, treibt die Pachtpreise in die Höhe.

Dazu kommt immer häufiger bei Neubauanträgen auch die Forderung nach Abluftreinigung seitens der Behörden. In den Landkreisen

Cloppenburg und Vechta wird kaum noch ein Schweinestall ohne Filteranlage genehmigt (siehe Kapitel 5.4).

Rechnet man für den Umsatzsteuerverlust durch die Gewerblichkeit rund € 10,00 je Sau und Jahr (siehe Kapitel 6.4.1), weitere € 48,00 für die Abgabe von etwa 6,0 m³ Gülle und dann noch etwa € 45,00 für die Abluftreinigung, entstehen so Mehrkosten von € 103,00 je Sau bzw. von € 4,00 je Ferkel.

Dadurch wird mittlerweile so mancher Vermarktungsnachteil in veredlungsextensiven Regionen wettgemacht.

6.5.3 Skaleneffekte und Kostendegression

Nach wie vor wird die Frage nach der Betriebsgröße diskutiert, die für einen zukunftsfähigen Ferkelerzeugerbetrieb notwendig ist. Obwohl bundesweit der Bestandsdurchschnitt in der Ferkelerzeugung bei nur rund 120 Sauen liegt, werden immer häufiger Zielbestände diskutiert, die im oberen dreistelligen Bereich liegen.

Kostendegression ist jedoch ein Schwert mit zwei Schneiden. Natürlich sinken bestimmte Stückkosten mit zunehmender Größe. Im Wesentlichen sind hier die Baukosten und die Arbeitswirtschaft zu betrachten. Hier zeigen Auswertungen, dass insbesondere bis zu einer Größe von etwa 300 bis 400 Sauen stärkere Degressionseffekte zu verzeichnen sind. Danach wird die Abnahme aber deutlich flacher. So müssen bei großen Bauvorhaben z. B. Erschließungs- und Genehmigungskosten, weitreichende Hygienemaßnahmen wie etwa eine Einzäunung sowie die bereits angesprochenen Kosten für eine Abluftreinigung berücksichtigt werden. Dadurch werden die Vorteile, die ggf. noch in einer effektiveren Arbeitswirtschaft stecken, zumindest teilweise kompensiert.

In der Ferkelvermarktung sind, wie in Abschnitt 6.3.2 beschrieben, ebenfalls Größeneffekte vorhanden. Jedoch muss auch hier berücksichtigt werden, dass innerhalb der einzelnen Partiegrößen die Zuschlagsschwankungen praktisch genau so hoch sind wie zwischen den Größenklassen. 300er bis 400er Ferkelpartien erreichen dabei durchaus gute Zuschläge und können beim 14-Tage- oder 3-Wochenrhythmus in den Bestandsgrößen bereitgestellt werden, die auch im Hinblick auf die Produktionskosten gute bis sehr gute Werte erreichen.

6.6 Chancen und Risiken des Marktes

Die Entwicklung des Ferkelmarktes wurde in Kapitel 1 besprochen. Unabhängig davon ist jedoch für den Einzelbetrieb zu berücksichtigen, dass auch bei einer positiven Nachfrage mit steigendem Ferkelbedarf die spezifische Situation des Einzelbetriebes für Investitionsentscheidungen und einen damit verbundenen Verbleib in der Produktion viel entscheidender ist.

6.6.1 Weltmarkt auf Wachstumskurs

Als Investitionsmotor für die Schweinehaltung gilt die weltweit steigende Nachfrage nach Fleisch im Allgemeinen und Schweinefleisch im Besonderen. Damit ist jedoch noch nicht beschrieben, wer diese Nachfrage zukünftig befriedigen wird. Aufgrund der hohen internationalen Konkurrenz in der Schweinefleisch- wie auch in der Ferkelerzeugung spielen selbst bei steigender Nachfrage die Produktionskosten weiterhin eine entscheidende Rolle. Diese werden jedoch nicht nur von einzelbetrieblichen Faktoren bestimmt, sondern auch von regionalen und nationalen Gegebenheiten. Ein Beispiel hierfür sind Tierschutz- und Umweltauflagen und deren Vergleich zwischen der EU und Erzeugerländern, wie z. B. Brasilien oder zukünftig auch Russland oder China.

Aufgrund deutlich höherer Anforderungen innerhalb der EU werden sich hier kaum die Produktionskosten realisieren lassen, wie in den zuvor genannten Ländern. Zwar erfolgt hier immer der Hinweis auf die deutlich höheren produktionstechnischen Leistungen der europäischen Schweinefleischerzeuger, jedoch wird dies in vielen Fällen durch günstigere Arbeitskräfte außerhalb der EU kompensiert.

Allein der Blick auf die am Weltmarkt steigende Nachfrage reicht daher lange nicht aus, um auf dieser Grundlage die weiteren Produktionspotenziale für den eigenen Betrieb abzuschätzen.

6.6.2 Volatile Märkte

Seit der Ernte 2007 hat der Begriff der volatilen Märkte auch in der Landwirtschaft Einzug gehalten. Die als Folge der Knappheit von Getreide auf den Weltmärkten gestiegenen Futtermittelpreise führten insbesondere in der Ferkelerzeugung zu dem in den letzten 20 Jahren schlechtesten Ergebnis nach 1999. Schon ein Jahr später pendelten sich diese jedoch auf einem wieder deutlich niedrigeren Niveau ein, um zur Ernte 2010 wieder auf einen Spitzenwert zu steigen.

> Volatilität = Schwankungsbereich von Preisen, Zinssätzen u. a. in einem bestimmten Zeitraum.

Die Brisanz entsteht insbesondere in der Ferkelerzeugung dadurch, dass zusätzlich die Ferkelnotierung eine deutlich höhere Schwankungsbreite aufweist als die Schlachtschweinenotierung. Während diese in den letzten 20 Jahren zwischen rund € 0,80 je kg Schlachtgewicht im Minimum und € 2,25 im Maximum schwankte, lagen die Eckdaten der Ferkelnotierung bei rund € 17,00 und € 80,00 für das 25 kg-Ferkel.

Sofern zukünftig nicht nur die Absatzmärkte, sondern auch die Bezugsmärkte in diesen Extremen schwanken werden, wird insbesondere für die Ferkelerzeugung das Investitions- und Liquiditätsrisiko erheblich steigen.

6.6.3 Liquidität oder Rentabilität

Angesichts der zuvor beschriebenen Entwicklung der Absatz- und Bezugsmärkte stellt sich die Frage, ob im Hinblick auf Investitionsentscheidungen die Betrachtung der Rentabilität noch ausreichend ist.

> Rentabilität = Verhältnis des Gewinns zum eingesetzten Kapital.

150　Wirtschaftlichkeit der Ferkelerzeugung

Liquidität = Verfügbarkeit über genügend Zahlungsmittel.

Diese ist grundsätzlich ausgerichtet auf die Nutzungsdauer einer Investition und spiegelt damit die Wirtschaftlichkeit über den gesamten Zeitraum wider. Preisschwankungen sowohl auf der Erlös- wie auch auf der Kostenseite werden auf ihren Mittelwert nivelliert. Eine Unterscheidung in pagatorische (auf Zahlungsvorgängen beruhende) und kalkulatorische Kosten entfällt.

Der Liquidität als Betrachtung der Geldzu- und -abflüsse kommt im Hinblick auf die hohen, marktbedingten Schwankungen eine erheblich größere Bedeutung zu.

Gerade auch deshalb, weil im Zuge betrieblicher Wachstumsschritte durch höhere Fremdkapitalanteile und auch Fremdlöhne der Anteil der pagatorischen Kosten steigt.

Die Abbildungen 72 und 73 zeigen am Beispiel durchschnittlicher und überdurchschnittlicher Produktionsleistungen, wie sich in den einzelnen Wirtschaftsjahren die Liquidität in der Ferkelerzeugung bei unterschiedlichen Betriebssituationen dargestellt hat.

Für die nachfolgende Liquiditätsbetrachtung werden drei unterschiedliche Szenarien unterstellt:

1. Geringe Ausgaben aufgrund älterer Gebäudesubstanz mit nur geringer Fremdkapitalbelastung (30 %) im klassischen Familienbetrieb (100 %), Ausgaben von € 323,– je Sau brutto,
→ etwa 150 bis 200 Sauen

Abb. 72 Liquiditätsüberschuss je Sau und Jahr bei durchschnittlichen Produktionsleistungen in Abhängigkeit von der Arbeitsverfassung und dem Fremdkapitalanteil.

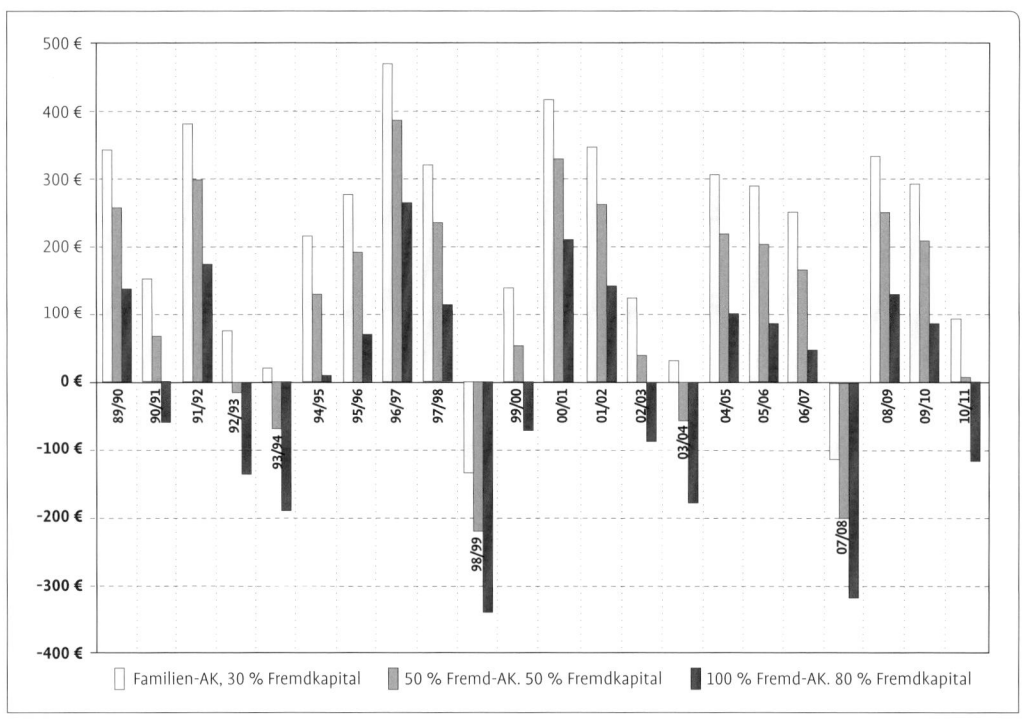

2. Mittlere Ausgaben aufgrund von Fremdkapital (50 %) für Wachstumsinvestitionen in den letzten Jahren und Beschäftigung einer Fremd-AK (50 %) im Familienbetrieb, Ausgaben von € 409,– je Sau brutto,
→ etwa 400 bis 500 Sauen
3. Hohe Ausgaben aufgrund einer überwiegend fremdfinanzierten (80 %) Investition im reinen Fremd-AK-Betrieb (100 %), Ausgaben von € 529,– je Sau brutto,
→ über 1200 Sauen

Die Abbildungen zeigen, dass ein Betrieb mit durchschnittlichen Produktionsleistungen und einem Ausgabenniveau, das einer Betriebsgröße von etwa 400 bis 500 Sauen entspricht, in der Vergangenheit etwa jedes vierte Wirtschaftsjahr einen Liquiditätsengpass hatte. Dieser lag sowohl 98/99 als auch 07/08 bei über € 200,– pro Sau und Jahr. Großbetriebe mit einem sehr hohen Anteil pagatorischer (betriebsbedingter) Kosten mussten in diesen beiden Wirtschaftsjahren bis zu € 350,– je Sau an Liquiditätsbedarf anmelden. Da dieser negative Liquiditätssaldo sich mit der Größe des Bestandes multipliziert, ergab sich in diesen Jahren für beide Betriebsgrößen Geldfehlbedarf im sechsstelligen Bereich. Lediglich klassische Familienbetriebe mit Beständen um 200 Sauen waren in der Lage, die letzten 20 Jahre weitestgehend unbelastet zu überstehen.

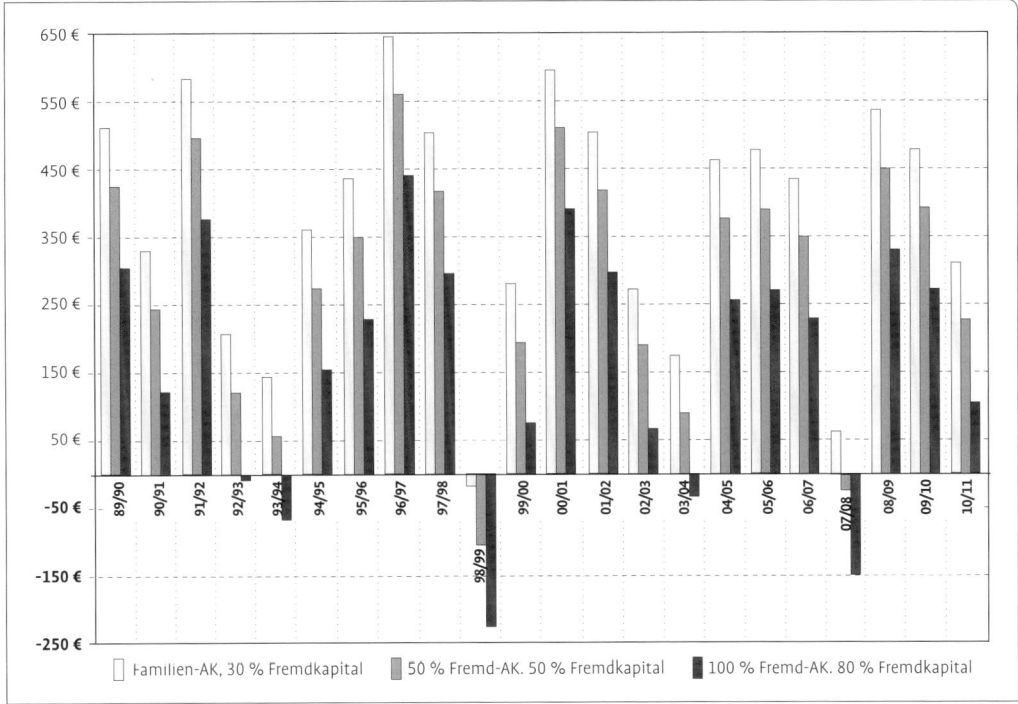

Abb. 73 Liquiditätsüberschuss je Sau und Jahr bei überdurchschnittlichen Produktionsleistungen in Abhängigkeit von der Arbeitsverfassung und dem Fremdkapitalanteil.

Anders stellt sich die Situation bei Betrieben mit überdurchschnittlichen Produktionsleistungen dar. Klassische Familienbetriebe mit diesem Niveau hatten in den letzten 22 Jahren praktisch kein Liquiditätsproblem. Lediglich im Wirtschaftsjahr 98/99 reichten die Einnahmen nicht aus, um die Ausgaben – Privatentnahmen jeweils eingerechnet – abzudecken.

Auch für den Wachstumsbetrieb mit 400 bis 500 Sauen ergibt sich bei überdurchschnittlichen Leistungen ein insgesamt positives Bild. Für typische Großbetriebe zeigt sich, dass zwar auch hier etwa alle vier Jahre ein Liquiditätsengpass vorhanden war, die Zeiträume dazwischen aber immer deutlich ausreichen, um diese Liquiditätslöcher in kurzer Zeit wieder zu füllen.

Als Fazit der Liquiditätsbetrachtungen ist festzuhalten, dass betriebliches Wachstum in Größenordnungen von über 300 Sauen aufgrund des Fremdkapitalbedarfs und des Einsatzes von Mitarbeitern nur noch für Ferkelerzeuger möglich ist, die nachhaltig überdurchschnittliche Produktionsleistungen erzielen. Dies bedeutet heute eine Produktionsleistung von mindestens 25 verkauften Ferkeln je Sau und Jahr.

Betriebe mit lediglich durchschnittlichen Leistungen tun hingegen gut daran, den Status als klassischer Familienbetrieb mit Bestandsgrößen bis etwa 250 Sauen nicht zu verlassen.

7 Fütterung von Zuchtschweinen

(H. Kleine Klausing, G. Riewenherm)

Die Fütterung ist einer der wichtigen Erfolgsfaktoren in der Ferkelerzeugung vor dem Hintergrund der in den letzten Jahren stetig zunehmenden Wurfgrößen und damit einhergehender geringerer Geburtsgewichte. Hinzu kommt vor allem bei Altsauen eine größer werdende Streuung der Ferkelgewichte. Außerdem können aufgrund der hohen Ferkelzahlen verzögerte Geburten mit MMA-Problemen bei den betroffenen Sauen auftreten. Alle diese Faktoren führen zu steigenden Ferkelverlusten direkt nach der Geburt. Zur Erhöhung der Geburtsgewichte, zur Verbesserung der Gleichmäßigkeit der Würfe, zur Unterstützung des Geburtsverlaufs und zur Senkung der Ferkelverluste kann die Fütterung einen großen Beitrag leisten.

7.1 Fütterung und Nährstoffverwertung der Sauen

Auch die Remontierungsraten und Sauenverluste sind in den letzten Jahren angestiegen. Sauen und Jungsauen, die bis zu 14 Ferkel säugen, werden in der Laktation stark beansprucht und müssen ihre Körperreserven zum Teil stark mobilisieren. Ausreichende Fettreserven und eine hohe Futteraufnahme in der Laktation sind zwingend erforderlich. Dies stellt entsprechende Anforderungen an die Futterzusammensetzung – sowohl hinsichtlich der Komponentenwahl als auch im Hinblick auf Vitamin-, Spurenelement- und weitere Wirkstoffzusätze.

Für die richtige Fütterungsstrategie müssen die Abläufe im Organismus bekannt sein. Nur so kann der Bedarf des Einzeltieres errechnet werden, um auf den Bedarf der Gruppe und des Bestandes zu schließen. Die Reihenfolge der Nährstoffverwertung ist in Abbildung 74 am Beispiel der Energie dargestellt. Es wird deutlich, dass die Sau zunächst ihren Erhaltungsbedarf deckt. Dieser ist vom Körpergewicht des Tieres abhängig und nimmt im Laufe der Trächtigkeit zu. Danach wird der Bedarf für die Fortpflanzung gedeckt. Der Aufwand für die Konzeptionsprodukte – also Ferkel, Uterus und Gesäuge – ist zu Beginn der Trächtigkeit noch sehr gering und nimmt in der Hochträchtigkeit stark zu.

Erst wenn diese Anforderungen befriedigt sind, erfolgt der Körpermasseaufbau. Für den Praktiker ist entscheidend, dass die Fortpflanzung in der Natur grundsätzlich höchste Priorität hat. Aus diesem Grund ist in leichten Mangelsituationen die Versorgung der Früchte kaum gefährdet, auch die Milchleistung nimmt nur gering ab. Um maximale Ferkelgewichte und eine hohe Milchbildung zu erreichen, ist selbstverständlich eine optimale Versorgung über die Futterzusammensetzung und die Menge des angebotenen Futters in den einzelnen Leistungsphasen anzustreben. Der aktuelle Kenntnisstand zur Sauenfuttergestaltung und die sich daraus ableitenden Richtwerte werden in diesem Kapitel zusammengefasst dargelegt.

Die wesentlichen Anforderungen der tragenden und säugenden Sauen an die Energie- und Aminosäurenversorgung sowie an das Verhältnis der Aminosäuren im Tragefutter sind in den Tabellen 37 bis 40 zusammengestellt. Die Vorgaben gelten für den thermoneutralen Bereich von mindestens 14 °C bei Gruppenhaltung und mindestens 19 °C bei Einzeltierhaltung. Je 1 °C Unterschreitung sollte bei Gruppenhaltung eine Zulage von 0,3 MJ ME/Tier und Tag erfolgen, bei Einzeltierhaltung von 0,6 MJ ME/Tier und Tag. Die Anforderungen an die Calcium-Versorgung nieder- und hochtragender Sauen in Abhängigkeit von der Körpermasse sind in der Abbildung 75 zusammengefasst.

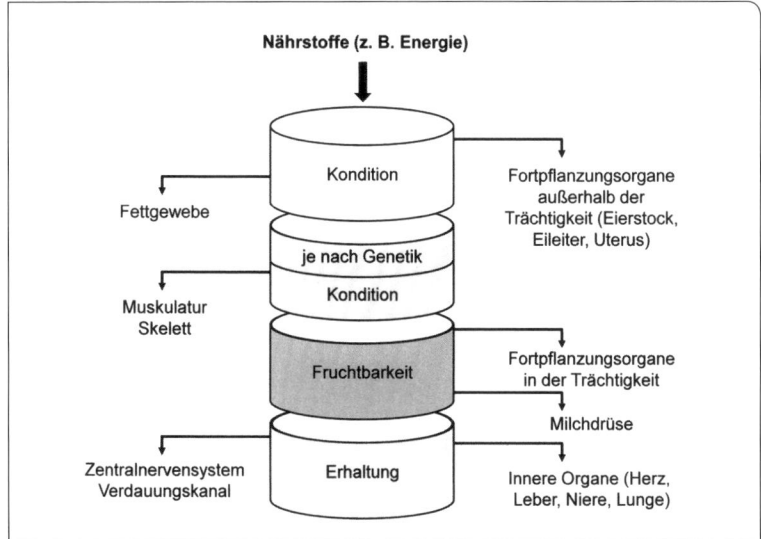

Abb. 74 Reihenfolge der Nährstoffverwertung bei Sauen (nach Lotthammer, 1995).

Tab. 37 Versorgungsempfehlungen für tragende Sauen (nach GfE 2006, DLG 2008 und eigenen Berechnungen)

	MJ ME/Tag		pcv Lysin g/Tag		Lysin g/Tag[2]	
	Jungsau	Sau[1]	Jungsau	Sau	Jungsau	Sau
Niedertragend Besamungszentrum Tag 1–28	29	40	11,0	11,5	14,0	14,5
Niedertragend Tag 29–94	32	32	11,0	11,5	14,0	14,5
Hochtragend Tag 95–115	39	43	16,0	16,5	20,0	20,5

[1] LM-Verlust in der vorangegangenen Laktation 25 kg;
[2] unterstellte praecaecale Verdaulichkeit von 80 %

Die Relationen für die Aminosäuren im Futter gelten sowohl bei einer unterstellten praecaecalen Verdaulichkeit (pcv) von 80 bzw. 85 % als auch bei Brutto-Aminosäuren.

Bei den Empfehlungen für Vitamine handelt es sich um die Vorgaben der Gesellschaft für Ernährungsphysiologie (GfE), die von der Deutschen Landwirtschafts-Gesellschaft e. V. (DLG) übernommen und in entsprechende Gehaltsempfehlungen umgesetzt wurden. Die Empfehlungen beruhen auf Ergebnissen von Wachstums- und Bilanzversu-

Tab. 38 Verhältnis der Aminosäuren im Tragefutter

Lysin	:	Meth/Cys	:	Thr	:	Trp
1		0,68		0,70		0,20

Tab. 39 Versorgungsempfehlungen für säugende Sauen (nach GfE 2006, DLG 2008 und eigenen Berechnungen)

Ferkelzahl	Wurfzuwachs (kg/Tag)	MJ ME/Tag		Lysin g/Tag[1]	
		Jungsau	Sau	pcv Lysin	Lysin[2]
8–10	2	66	70	38	45
11–12	2,5	81	85	48	57
13–14	3	90	95	56	66

[1]Durchschnittswerte über gesamte Laktation ohne Ferkelbeifütterung; [2]unterstellte praecaecale Verdaulichkeit von 85 %

Tab. 40 Verhältnis der Aminosäuren im Säugefutter und Jungsauenfutter

Lysin	:	Meth/Cys	:	Thr	:	Trp
1		0,60		0,65		0,19

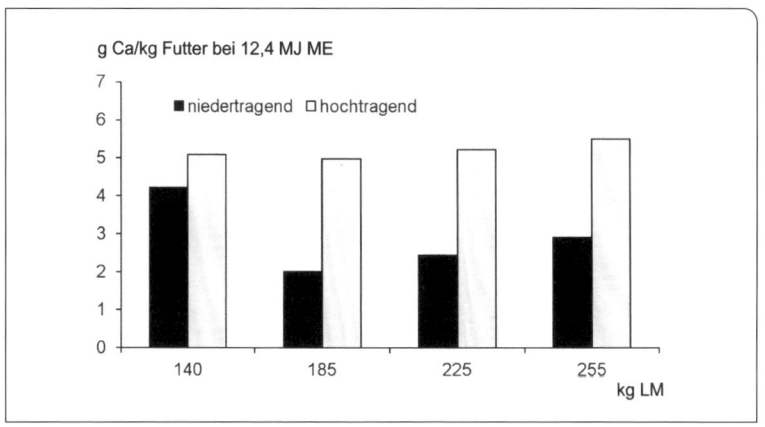

Abb. 75 Anforderungen an die Calcium-Versorgung niedertragender und hochtragender Sauen in Abhängigkeit von der Körpermasse (GfE 2006).

chen. Einzelergebnisse, die aus Versuchen mit Sonderwirkungen abgeleitet wurden, sind nicht berücksichtigt. In der praktischen Fütterung werden diese Werte in der Regel mehr oder weniger deutlich überschritten. Dies ist in der Fütterungspraxis auch gerechtfertigt, da die Sauen verschiedene Belastungen, z. B. Stress und Infektionsdruck, kompensieren müssen und zu genetisch bedingt unterschiedlichen Leistungen in der Lage sind. In der Tabelle 41 sind daher zusätzlich übliche Gehalte dargestellt – bezogen auf die fertige Mischung.

Tab. 41 Empfehlungen und Höchstgehalte für Spurenelemente und Vitamine für Sauen bezogen auf 88 % TS (nach DLG 2008 und eigenen Angaben)

	Einheit	Zuchtläufer/ Sauen tragend GfE/DLG	Praxisübliche Gehalte Tragefutter	Zuchtsauen säugend GfE/DLG	Praxisübliche Gehalte Säugefutter	Gesetzlicher Höchstgehalt
Spurenelemente						
Eisen	mg/kg	80	120	80	120	750
Jod	mg/kg	0,6	2	0,6	2	10
Kupfer	mg/kg	8	10	10	10	25
Mangan	mg/kg	20	60	25	60	150
Selen	mg/kg	0,2	0,4	0,2	0,4	0,5
Zink	mg/kg	50	120	50	120	150
Vitamine						
Vitamin A	I. E./kg	4000	15000	2300	15000	
Vitamin D	I. E./kg	200	2000	200	2000	2000
Vitamin E	mg/kg	15	80	30	80	
Vitamin K	mg/kg	0,1	2,0	0,1	2,0	
Vitamin B_1	mg/kg	1,7	2,5	1,7	2,2	
Vitamin B_2	mg/kg	4	5	4	5	
Vitamin B_6	mg/kg	1,5	4	1,5	4	
Vitamin B_{12}	µg/kg	17	40	17	40	
Niacin	mg/kg	11	30	11	30	
Pantothensäure	mg/kg	13	15	13	15	
Folsäure	mg/kg	1,44	2	1,44	2	
Biotin	µg/kg	220	220	220	220	
Cholin	mg/kg	1200	1200	1200	1200	

7.2 Versorgungsempfehlungen für Zuchtläufer und Jungsauen

Die Anforderungen an die Gewichts- und Körperkonditionsentwicklung in der Jungsauenaufzucht (Eckwerte: 25 kg mit 70 Tagen, 100 kg mit 180 Tagen, 140 kg mit 230 Tagen) bedingen daher eine Fütterung mit detaillierter Beachtung des Aminosäuren-Energie-Verhältnisses im Phasenfutter und insbesondere einer bedarfsangepassten Energiezufuhr. Seitens der Zucht wird neben einem bestimmten Niveau der Lebenstagszunahme auch ein Mindestmaß an Fettreserven, häufig vereinfacht ausgedrückt als „mm Seitenspeckdicke", als optimal vorgegeben. Dazu muss das Fleischansatzvermögen der weiblichen Zuchtläufer und Jungsauen in der Aufzuchtphase bis etwa 70 kg optimal ausgefüttert werden. Die Gewichtsentwicklung in der sich anschließenden Aufzuchtphase bis zur Selektion bzw. bis zum Umstallen/Verkauf in den Zuchtbereich wird über die tägliche Energiemengenzuteilung – entweder durch rationierte Fütterung oder über die Futterzusammensetzung beeinflusst – gezielt gesteuert.

> Grundlegendes Ziel der Jungsauenaufzucht bis zum Zeitpunkt der Eingliederung ist –unabhängig von der genetischen Herkunft – der Aufbau einer optimalen Zuchtkondition und eines tragfähigen Fundamentes.

Der Versorgung der Zuchtläufer und Jungsauen mit Calcium und Phosphor, besser gesagt verdaulichem Phosphor, ist besondere Beachtung zu schenken. Die Einlagerung von Calcium und Phosphor in die Mineralstoffspeicher des Körpers, also vornehmlich in die Knochen, ist zum einen grundlegend wichtig für die Entwicklung eines stabilen Fundamentes und zum anderen Voraussetzung für eine ausreichende Mobilisierung in Phasen negativer Bilanz, also in der Laktation. Mit den in Tabelle 42 dargestellten Werten ist eine bedarfsdeckende Versorgung mit Energie, Lysin, Calcium und verdaulichem Phosphor sichergestellt.

Außerdem ist auf die Vitaminversorgung zu achten. Dies gilt besonders für den Gehalt an Vitamin D_3, der für eine optimale Ca- und P-Einlagerung in die Knochendepots zwischen 1000 und 2000 I. E. je kg liegen sollte. Biotin wirkt positiv auf Klauenwachstum und -festigkeit. Die Konzentration sollte mindestens 200 µg je kg Futter betragen. Verschiedene weitere Vitamine der B-Gruppe und Vitamin E nehmen u. a. einen günstigen Einfluss auf die Stoffwechselleistung, insbesondere auch den Leberstoffwechsel, und unterstützen die Immunantwort. Versorgungsempfehlungen für weibliche Zuchtläufer und Jungsauen und die Mindestanforderungen an die Energiegehalte der verwendeten Phasenfutter in der Jungsauenaufzucht und der Eingliederungsphase sind in Tabelle 42 zusammengefasst.

Fütterungsstrategie in der Aufzucht und Jungsauen-Eingliederung
Die kontrollierte Aufzucht beginnt bereits im Flatdeck. Gerade für die Ausbildung eines stabilen Fundamentes gilt hier wie in der gesamten Aufzucht: nicht „maximale Tageszunahmen", sondern ein gleichmäßiges Wachstum aller Körperpartien ist das Ziel. Was bereits in der Ferkelaufzuchtphase versäumt oder geschädigt wird, kann in der eigentli-

Tab. 42 Versorgungsempfehlungen für weibliche Zuchtläufer und Jungsauen und Energiegehalte des Futters (nach GfE 2006, DLG 2008 und eigenen Berechnungen)

Gewichts-abschnitt, kg	ME-Versorgung MJ/Tag	ME MJ/kg	Lysin*** g/kg	pcv** Lysin g/kg	Calcium* g/kg	verdaulicher Phosphor* g/kg	Phosphor* g/kg
30–60	21	13,0	10,0	7,9	7,0	3,0	5,0
60–100	28	13,0	7,5	6,0	6,0	2,7	4,5–5,0
100–140 (Eingliederung)	33–37	13,0	6,0–6,3	4,8–5,0	6,0	2,2	4,5

*unter Zulage von mikrobieller Phytase; **pcv = praecaecal verdaulich; ***Folgeaminosäuren siehe Verhältnis der Aminosäuren im Säuge- und Jungsauenfutter

Tab. 43 Sauentypbezogene Futterkurve

Sauentyp		Jungsau	Robuste Sau	Milchsau
Annahmen:				
Gewicht beim Belegen	(kg)	150	225	225
Gewicht beim Abferkeln	(kg)	220	265	280
Konditionsverlust	(kg)	-	15	25
Trächtigkeitsprodukte	(kg)	25	20	25
Wachstum	(kg)	45	5	5
Säugezeit	(Wochen)	3	3	3
ges. geb. Ferkel/Wurf		15	12,5	15
leb. geb. Ferkel/Wurf		14	11,5	14
abges. Ferkel/Wurf		12,5	10,5	12,5
Absetzgewicht	(kg)	6,2	6,8	6,5
Futterkurve				
Konzept		Steigerungsfütterung	Konditionserhalt	Auffettung
Trächtigkeit:				
Tag 1–28	(MJ/Tag)	29	32	40
Tag 29–94	(MJ/Tag)	32	32	32
Tag 95–114		39	39	43
Laktation:				
Ø Futteraufnahme in der Laktation	(MJ/Tag)	> 80*	85	> 90

*Konditionsverlust in der ersten Säugeperiode etwa 25 kg

chen Jungsauenaufzucht nicht nachgeholt oder wieder regeneriert werden. Eine gleichmäßige Jugendentwicklung ist bei einer ad libitum-Fütterung im Flatdeck durch Ferkelfutter mit mittleren Energiegehalten (13,4 bis max. 13,8 MJ ME je kg) sicherzustellen. In der sich anschließenden Aufzuchtphase wird zweiphasig entsprechend den Eckwerten in Tabelle 42 gefüttert.

Nach der Selektion der Jungsauen und Auslieferung zum Ferkelerzeugerbetrieb ist es in der mindestens sechswöchigen Eingliederungsphase die Aufgabe, über das Fütterungsmanagement im Rahmen der genetisch festgelegten Möglichkeiten ein Mindestmaß an Fettreserven im Körper aufzubauen. Hier werden je nach genetischer Herkunft zwischen 14 und 18 mm Seitenspeckdicke angestrebt. Ausgehend von einem Speckmaß zwischen 10 und 14 mm bei Anlieferung der Jungsauen sollen somit im Mittel 4 mm Speckdicke aufgefüttert werden. Über die zu wählende Strategie wird in der Praxis intensiv diskutiert. Geht man davon aus, dass Jungsauen mit etwa 100 kg Gewicht auf dem Ferkelerzeugerbetrieb angeliefert werden und etwa 180 Tage alt sind, dann müssen bis zur Erstbelegung etwa 40 kg Körpergewicht in etwa 50 Tagen zugelegt werden. Daraus resultieren im Gewichtsabschnitt von etwa 100 bis 140 kg, je nach einzelbetrieblicher Situation, Tageszunahmen von annähernd 800 g. Dazu müssen die Jungsauen in diesem Gewichtsbereich mit täglich mindestens 33 bis 37 MJ ME versorgt werden. Diese Energiemenge ist über den Zeitraum der Aufzucht/Eingliederung ab etwa 100 kg Gewicht konstant einzustellen. Bei Anlieferung der Jungsauen sollte in den ersten 3–4 Tagen die Futterkurve von etwa 33 auf 37 MJ ME gesteigert werden. Die vom Grundsatz her nach wie vor gültige Empfehlung lautet, dafür ein Laktationsfutter mit mindestens 12,6 bis 13,0 MJ ME je kg zu verwenden. Weiterhin werden so genannte „Eingliederungsfutter" eingesetzt, die bei einem ME-Gehalt von 13,0 MJ je kg und mehr einen niedrigen Protein- und Lysingehalt aufweisen. Sie sollen den Fettansatz in dieser Aufzuchtphase gezielt fördern. Allerdings ist zu beachten, dass die genetisch festgelegten Rahmenbedingungen des Fleisch- und Fettansatzes nicht außer Kraft gesetzt werden können. Natürlich muss der Ferkelerzeugerbetrieb seitens Futterlagerung und Fütterungstechnik in der Lage sein, in der Eingliederung ein separates Futter zu verwenden. Fest steht aus fachlicher Sicht, dass für einen entsprechend erwünschten Fettansatz im Körper eine ausreichend hohe Energieversorgung unabdingbare Voraussetzung ist.

7.3 Versorgungsempfehlungen für tragende Sauen

In Kapitel 7.1 wurde dargestellt, wie und in welcher Reihenfolge die Sau die Nährstoffe für Erhaltung, Körperwachstum und Fötenbildung nutzt. Die Sauen moderner Genotypen zeigen in der Regel eine gute Futteraufnahme. Daher ist in der Tragephase eher eine gezielte Zuteilung als eine intensivierte Nährstoffversorgung erforderlich. Bei einem Durchschnittsgewicht von etwa 220 kg müssen die Sauen im Durchschnitt der Trächtigkeit etwa 35 MJ ME je Tag aufnehmen (Tab. 43). Die Tiere werden mit dieser Energiemenge zunächst ihren Erhaltungsbedarf decken und danach das genetische Ansatzpotenzial für Fleisch realisieren. Sämtliche zusätzliche Energie wird dann in den Fettansatz gelangen und ein entsprechendes „Schulterpolster" als Reserve aufbauen (siehe Konditionsfütterung). Die erste Phase der Tragefütterung (Tag 1 bis 28 nach erfolgreicher Belegung) ist also eine „Auffettungsphase".

Bei Jungsauen ist diese „Auffettungsphase" nicht notwendig, da schon in der Jungsaueneingliederung eine deutliche Erhöhung der Speckmaße angestrebt wird (siehe Jungsauenfütterung). Jungsauen sollten möglichst mit einer „eigenen" Futterkurve gefüttert werden, die eine zwei- bis dreimalige Futtersteigerung in der Trächtigkeit vorsieht. Bei den Bestandssauen ergibt sich nach der „Auffettungsphase" eine Phase mit niedrigerer Nährstoffversorgung, um das „Auffleischen" der Sauen zu verhindern. In dieser Phase muss der Energiebedarf des Tieres (zum Beispiel je Tag etwa 25 MJ ME Erhaltungsbedarf plus etwa 7 MJ ME für die Ferkel am Ende dieser Phase) mindestens gedeckt werden. Um in der Hochträchtigkeit auch bei großen Würfen eine ausreichende Versorgung sicherzustellen, sollte ab Trächtigkeitstag 95 (wegen der Gefahr des „Auffleischens" möglichst nicht früher) auf etwa 43 MJ ME/Tag gesteigert werden.

Futterzusammensetzung und Komponentenwahl

Ein Tragefutter für Sauen einer modernen Genetik muss mit ausreichend Rohfaser ausgestattet sein. Wird über die Futtermenge oder zusätzliche Fütterung von Rohfaser (Stroh, Heu, etc.) eine Aufnahme von 200 g Rohfaser pro Tag nicht sichergestellt, so muss das Tragefutter 7 % Rohfaser (bezogen auf 87 % TS) enthalten.

Die Rohfaser sollte aus verschiedenen, gut bakteriell fermentierbaren Quellen zusammengesetzt sein. Hier haben sich besonders Weizenkleie guter Qualität und Zuckerrübenschnitzel in Kombination mit weiteren Faserträgern bewährt, wie z. B. Gerste, Apfeltrester, Sonnenblumenschrot, Rapsextraktionsschrot etc.

Anforderungen an Tragefutter:

Im Tragefutter muss eine spezielle Kombination der Aminosäuren gewählt werden, da im Erhaltungsbedarf in Relation zum Lysin mehr Threonin und Methionin + Cystin im Vergleich zum Säugefutter verbraucht werden. Der Proteingehalt sollte je nach Verdaulichkeit der Aminosäuren zwischen 13,5 und 14,5 % eingestellt werden. Im Besamungszentrum sind auch bis zu 16 % Rohprotein sinnvoll. Die Energieausstattung liegt in der Regel zwischen 11,8 und 12,4 MJ ME je kg

(Tab. 44). Wichtig ist im Tragefutter eine optimale Einstellung der Mineralstoffgehalte, da Imbalancen in der Kationen-Anionen-Bilanz um die Geburt Probleme bereiten können (siehe Geburtszeitraum).

Ist die Aufteilung in Futter für niedertragende und hochtragende Sauen nicht möglich, ist das Futter für hochtragende Sauen während der gesamten Trächtigkeit zu füttern.

Konditionsfütterung

Ein starkes „Absäugen" belastet den Stoffwechsel der Sau (speziell die Leber). Ein gewisses Maß an „Absäugen" (Lebendmasseverlust etwa 15–25 kg LM) im Laufe der Laktation ist nicht zu vermeiden und physiologisch unproblematisch. Der Substanzverlust besteht zu einem überproportionalen Anteil aus Fettgewebe. Damit es nicht zu einem extremen Verlust an Körpermasse kommt, muss in den 115 Tagen der Trächtigkeit eine optimale Kondition aufgebaut werden, die ein möglichst großes Fettdepot beinhaltet. Hier kann die Futterstrategie helfen:

Tab. 44 Anforderungen an Tragefutter für Sauen (nach GfE 2006, DLG 2008 und eigenen Berechnungen)

Reproduktions-abschnitt	Rohfaser g/kg	Roh-protein g/kg	ME MJ/kg	Lysin g/kg	pcv** Lysin g/kg	Calcium* g/kg	verdaulicher Phosphor* g/kg	Phosphor* g/kg
Niedertragend Tag1 bis etwa 80	70 oder 200 g/Tier/d	135–145	11,8–12,4	5,5	4,4	5,5	2,0	4,0
Hochtragend Tag etwa 80–115	70 oder 200 g/Tier/d	135–145	11,8–12,4	6,0	4,8	6,0	2,2	4,5

*unter Zulage von mikrobieller Phytase; **pcv = praecaecal verdaulich

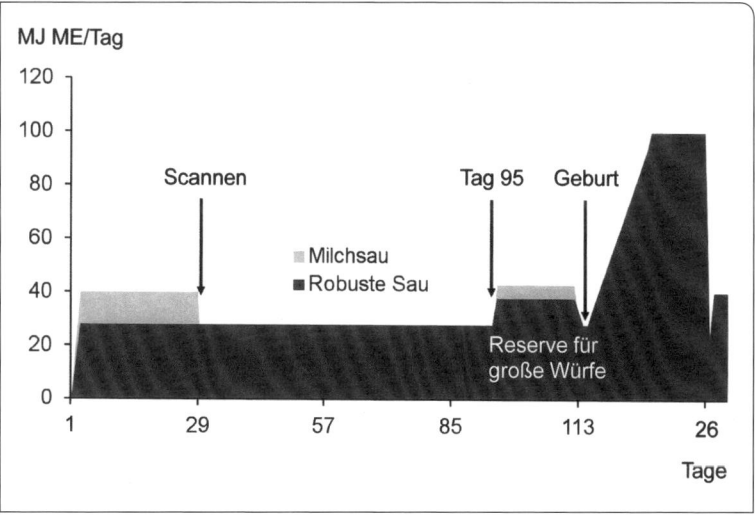

Abb. 76 Futterkurve für tragende und laktierende Sauen.

Um möglichst die Fettreserven im Körper aufzufüllen, muss im ersten Drittel der Trächtigkeit eine gezielte Konditionsfütterung erfolgen (Abb. 76). Die Sauen verlieren in der Säugeperiode überproportional Fett und müssen daher teilweise noch bis Tag 50 der Trächtigkeit „aufkonditioniert" werden. Dazu sind Energiemengen von 40 MJ ME und mehr je Tag notwendig. In der Praxis erfordert dies eine Anfütterungsphase, da in der ersten Woche nach der Belegung in der Regel noch keine 40 MJ ME/Tag von den Sauen aufgenommen werden. Mit dieser Strategie wird auch der im Zusammenhang mit dem embryonalen Frühtod häufig diskutierte „Futterstress" vermieden. Diese angepasste Fütterung fördert zudem das gleichmäßige Wachstum der Feten. Ab der 14. Trächtigkeitswoche ist eine starke Entwicklung bzw. ein starker Energie- und Proteinansatz bei Feten, Uterus und Gesäugegewebe festzustellen.

7.4 Fütterung im geburtsnahen Zeitraum

> Je schneller und reibungsloser die Geburten ablaufen, desto vitaler sind auch die neugeborenen Ferkel. Dies sichert eine frühzeitige und für die Immunität der Neugeborenen lebensnotwendige Kolostralmilchaufnahme.

Um einen optimalen Geburtsablauf zu gewährleisten, muss bei der Auswahl der Komponenten in der Hochträchtigkeit auch die Kationen-Anionen-Bilanz (KAB) beachtet werden, denn im geburtsnahen Zeitraum muss der Organismus von der Mineralstoffeinlagerung auf die Mineralstoffauslagerung umgestellt werden. Dies gelingt nur, wenn am Ende der Trächtigkeit u. a. der Calciumgehalt der Mischung eher mäßig eingestellt wird. Nur so kann der aktive Transport von Calcium in den Stoffwechsel rechtzeitig unterstützt werden.

Im Trächtigkeitsfutter sollten daher nicht über 0,7 % Calcium, besser 0,6 % bei 0,45 % Phosphor enthalten sein. Wird dies nicht beachtet, werden die Geburten durch geringe Calciumgehalte im Blut der Muttersau gebremst. Die bedarfsgerechte Versorgung der Sauen ist mit 0,6 % Calcium im Futter sichergestellt. Auf eine diesbezügliche Luxusausstattung im Tragefutter sollte unbedingt verzichtet werden. Bei mangelnder Mobilisation kann zusätzlich durch eine aktive Verschiebung der KAB mit Phosphorsäure, Methionin oder ähnlichen Produkten das Auftreten der Gebärparese minimiert werden. Die Konzentration an Bicarbonat nimmt hier eine Schlüsselrolle ein, da bei einer Ansäuerung des Blutes die Bicarbonatkonzentration sinkt und mehr Calcium aus den Knochen, die den größten Calciumspeicher im Organismus darstellen, freigesetzt wird. Ein Nebeneffekt der Zulage von anionenreichen Mineralstoffverbindungen ist die Absenkung des Harn-pH-Wertes. Ein Ergebnis dieser Maßnahme kann eine Begrenzung der Wachstumsintensität von u. a. *E. coli* sein. Diese Keime benötigen für ihr Wachstum ein pH-Optimum zwischen 6,0 und 7,0. Bereits eine Reduzierung des pH-Wertes um 0,2 Einheiten kann das Wachstum dieser Krankheitserreger signifikant begrenzen.

Die KAB kann u. a. nach folgender Formel berechnet werden (nach Sommer, 2004):

$$\text{KAB (mmol/kg TM)}: 49{,}9 \times g\,Ca + 82{,}3 \times g\,Mg + 43{,}5 \times g\,Na - 59 \times g\,P \\ - 13 \times g\,(\text{Methionin} + \text{Cystein}) - 28 \times g\,Cl$$

Anhand des KAB-Wertes einer Futtermischung kann dann der Harn-pH-Wert vorausgeschätzt werden (nach Sommer, 2004):

$$\text{Harn-pH-Wert} = 6{,}19 + 0{,}0031 \times \text{KAB} + 3 \times 10^{-6} \times \text{KAB}^2$$

Neben dem Mineralstoffwechsel ist rund um die Geburt für eine ausgeglichene Mikroflora im Magen-Darm-Trakt eine gute Versorgung mit Nährstoffen entscheidend. Um möglichst wenig Schwankungen in der Versorgung der Dickdarmflora zu erhalten, sollte zunächst über die Geburt mit einem faserreichen Futter weitergefüttert werden. Dies kann das Tragefutter sein. Auch ein faserreiches Säugefutter erleichtert die Futterumstellung. Der Wechsel auf das Säugefutter sollte entweder 7–10 Tage vor der Geburt oder erst etwa 3 Tage nach der Geburt erfolgen. In dieser Phase ist die Nährstoffkonzentration des Futters weniger bedeutend als die „Funktionalität" des Futters im Darm. Ideal ist im Zeitraum vom Aufstallen im Abferkelstall bis etwa 3 Tage nach der Geburt die Zulage eines „Geburtskonzentrates" zum Tragefutter oder Säugefutter zur Herstellung einer Geburtsmischung und damit einer Verschiebung des KAB-Wertes. Wird das vorhandene Futter lediglich um den Zusatz ergänzt, muss sich der Darm nicht wieder auf neue Komponenten und damit Nährstofffraktionen einstellen. Vorteilhaft ist aber eine Einmischung beim Hersteller oder bei der Erstellung der Hofmischung; eine Zulage als Konzentrat führt oft zu Futterverweigerungen.

7.5 Versorgungsempfehlungen für laktierende Sauen

Um den Verdauungstrakt nach der Geburt nicht zu überfordern, ist eine Futtersteigerung über 10 bis 14 Tage anzustreben. Nach drei Tagen sollte ein „Plateau" als zusätzliche Beruhigungsphase für die Verdauung eingebaut werden (siehe Abb. 77).

Entscheidend ist die Futtermenge in der 3. und 4. Säugewoche, da hier die Laktationskurve ihren Höhepunkt erreicht. Dreimaliges Füttern ist daher ab der dritten Säugewoche notwendig. Entscheidend ist auch die Versorgung mit qualitativ hochwertigem Tränkwasser in ausrei-

Höchste Milchleistung in der 3. und 4. Laktationswoche.

Abb. 77 Empfehlungen zur täglichen Energieversorgung (Futterkurve) von säugenden Sauen.

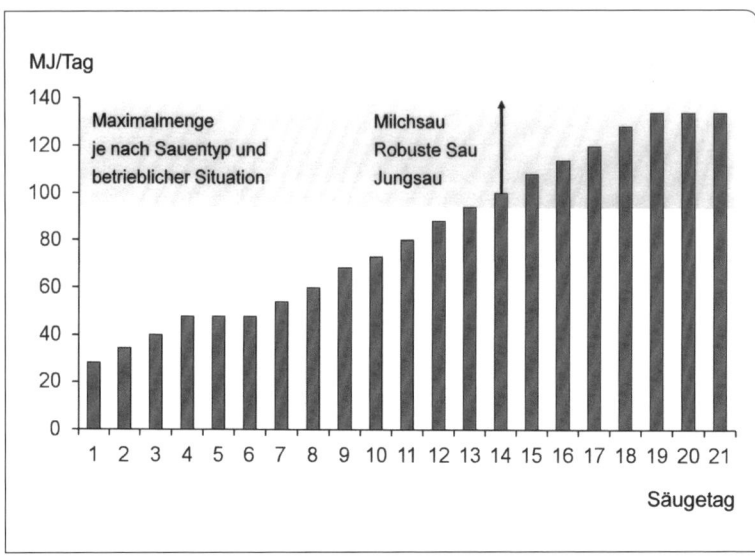

Tab. 45 Anforderungen an Geburts-/Säugefutter für Sauen (nach GfE 2006, DLG 2008 und eigenen Berechnungen)

Reproduktionsabschnitt	Rohprotein g/kg	Rohfaser g/kg	ME MJ/kg	Lysin g/kg	pcv** Lysin g/kg	Calcium* g/kg	verdaulicher Phosphor* g/kg	Phosphor* g/kg
Geburtsfutter (Tag 108 a. p. bis Tag 2 p. p.)	145–165	55–65	12,6–13,0	8–9	6,5–7,5	6–7	3–3,3	5–5,5
Säugefutter	160–175	50–60	13,0–13,4	9,5–10	8,0–8,5	7,5–8,5	3,3	5,5

*unter Zulage von mikrobieller Phytase; **pcv = praecaecal verdaulich

chender Menge (siehe auch Kapitel 7.7). In der Phase rund um die Geburt ist eine zusätzliche Wassergabe neben der Nippeltränke unumgänglich, zumal die Tiere in dieser Phase nicht ausreichend lange stehen, um die benötigten Wassermengen aus dem Nippel zu entnehmen.

Futterzusammensetzung für hohe Absetzgewichte
Um die Verdauung in den hinteren Darmabschnitten zu unterstützen und Schadkeime, wie *E. coli* und Clostridien, zu verdrängen, sollten futtermittelrechtlich zugelassene Probiotika im Trage- und Säugefutter zum Einsatz kommen. Ein Teil der von Schadkeimen gebildeten Endotoxine kann durch den Einsatz von speziellen Toxinbindern neutralisiert werden. Sie haben durch ihre ammoniakbindenden Eigenschaften parallel einen positiven Effekt auf die Stallluft, und durch ein hohes Wasserbindevermögen können sie auch die Kotkonsistenz positiv beeinflussen.

Tab. 46 Beispielrationen für tragende und säugende Sauen

		Tragefutter	Säugefutter	Geburtsfutter
Hofeigene Komponenten:				
Gerste	(%)	40	30	40
Weizen	(%)	29,5	33,5	24
Mais	(%)		5	5
Zukaufskomponenten:				
Sojaöl	(%)	0,5	1,5	1
Trageergänzung*	(%)	30		20
Säugeergänzung**	(%)		30	5
Geburtskonzentrat***	(%)			5
Nährstoffe:				
Energie	(MJ ME/kg)	12	13,4	12,6
Rohprotein	(%)	13,5	16,5	14,5
Lysin	(%)	0,65	1,0	0,8
Methionin	(%)	0,25	0,3	0,31
Rohfaser	(%)	7	> 5	> 6
Calcium	(%)	0,65	0,85	0,65
Phosphor	(%)	0,45	0,55	0,55
Natrium	(%)	0,2	0,25	0,2
Zusatzstoffe:				
Vit. A	(I.E./kg)	15 000	16 000	16 000
Vit. D	(I.E./kg)	2 000	2 000	2 000
Vit. E	(mg/kg)	80	120	120
L-Carnitin	(mg/kg)	30	50	50
Probiotikum		x	x	x
Endotoxinbinder			x	x

*Trageergänzung enthält: Weizenkleie, Sojaschrot, Sonnenblumenschrot, Rapsextraktionsschrot, Sojabohne, Zuckerrübenschnitzel, Mineralfutter und Vitamine, Spurenelemente und Zusatzstoffe;
**Säugeergänzung enthält: Sojaschrot, Sojabohne, aufgeschlossenes Getreide, Weizenkleie, Zuckerrübenschnitzel, Sonnenblumenschrot, Mineralfutter und Vitamine, Spurenelemente und Zusatzstoffe;
***Geburtskonzentrat enthält: aufgeschlossenes Getreide, Mineralstoffe (hohe Anionengehalte) und Vitamine, Zusatzstoffe

In der Säugephase ist eine optimale Ausnutzung der Nährstoffe entscheidend. Hier geht es speziell um die Unterstützung der Energie- und Proteinverdauung. Die Anforderungen an Geburts- und Säugefutter für Sauen enthält die Tabelle 45. Zur Verbesserung der Energieverwertung bietet sich die Verwendung von Emulgatoren und L-Carnitin zur Optimierung der Fettverdauung an. Nach dem Einsatz von L-Carnitin wurde über verbesserte Geburtsgewichte und eine erhöhte Milchleistung berichtet. Aber auch der Einsatz von aufgeschlossenem Getreide hat sich etabliert und unterstützt die Leistungsausprägung. Die Tabelle 46 zeigt Beispielrationen für tragende und säugende Sauen.

7.6 Fütterung der Ferkel

Die Anforderungen an Ferkelfutter in den einzelnen Entwicklungsabschnitten sind in Tabelle 47 dokumentiert.

Komponentenwahl im Ferkelfutter

Fester Bestandteil in den verschiedenen Ferkelfuttermitteln ist aufgeschlossenes Getreide. Durch intensive Aufschlussverfahren wird die kompakte Struktur der Stärke in den Getreidekörnern aufgebrochen. Die Amylaseproduktion zur Verdauung von Stärke ist bei den Ferkeln noch in der Entwicklung. Durch den Aufschluss wird zum einen die Stärkeverdauung gezielt unterstützt. Glucose (Traubenzucker) wird schnell freigesetzt, über die Darmwand absorbiert und steht so dem Stoffwechsel zur Verfügung. Das druckhydrothermisch aufgeschlossene Getreide hat zum anderen aber auch wichtige Funktionen in der Verdauung: speziell in der kritischen Absetzphase muss sich das Futter in

Tab. 47 Richtwerte für Ferkelfutter in den verschiedenen Entwicklungsabschnitten (nach GfE 2006, DLG 2008 und eigenen Berechnungen)

Futtersorte	LM kg	ME MJ/kg	Rohprotein g/kg	Rohfaser g/kg	Lysin/ME g/MJ**	Lysin g/kg***	Calcium* g/kg	verdaulicher Phosphor* g/kg	Phosphor* g/kg
Prestarter[1]	5–8	16,0–13,4	220–180	> 25	1,0	16–13,5	8,5	3,5	6,0–5,5
Absetzfutter	8–12	14,6–13,4	190–180	40	1,0	14–13,5	7,5	3,5	5,5
Diätfutter*	8–12	14,0–13,0	170–165	> 40	1,0	14–13	6,5	3,3	5,0
Ferkelaufzuchtfutter I	12–20	13,8–13,0	180–170	35	0,95	13–12,5	7,5	3,5	5,5
Ferkelaufzuchtfutter II	20–35	13,8–13,0	180–170	30	0,85	12–11,5	7,5–7,0	3,3	5,0

*für einen befristeten Einsatz bei Darmstörungen; **Lysin : Met/Cys : Thr : Tryp = 1 : 0,53 : 0,63 : 0,18; ***unterstellte praecaecale Aminosäurenverdaulichkeit von 90 %; [1]Ergänzungsfuttermittel für Saugferkel

der Magenflüssigkeit schnell und gut lösen, damit der gesamte Mageninhalt optimal durchsäuert wird (Ziel: pH 2 bis max. pH 4), die Proteinverdauung gezielt gefördert wird und letztendlich in den Magen eingetragene Keime sicher reduziert werden. Hier wirkt sich eine höhere Viskosität im Futter positiv aus. Die Futterviskosität im Magen kann gezielt durch die Verwendung von druckhydrothermisch aufgeschlossenem Getreide erhöht werden.

Dabei ist zu beachten, dass die erhöhte Viskosität zwar im Magen erwünscht, im Darm aber eher negativ zu beurteilen ist. Wird die erhöhte Viskosität durch aufgeschlossenes Getreide induziert, so wird sie im Dünndarm durch die Aktivität der von der Bauchspeicheldrüse abgegebenen α-Amylase direkt wieder reduziert und hat somit im Darm selbst keinen Einfluss mehr. Derart aufgeschlossenes Getreide ist bei einer Dosierung zwischen etwa 30 und 10 % – je nach Fütterungsphase – im Futter auch für ein deutlich schnelleres Auflösen des Futters in der Flüssigfütterung verantwortlich. Der druckhydrothermische Aufschluss der Faserfraktionen im Getreide – speziell in Gerste – erhöht das Wasserbindevermögen in den aufgeweiteten Faserstrukturen. Das nimmt u. a. einen positiven Einfluss auf das vorstehend beschriebene Löseverhalten in Flüssigkeiten, unterstützt die sich entwickelnde Fermentation im Dickdarm und bindet freies Wasser im Verdauungsbrei.

In den ersten Lebenswochen ist die Aktivität der eiweißspaltenden Enzyme noch gering. Diese Tatsache erfordert den Einsatz hochverdaulicher Eiweißquellen (Tab. 48). Sehr gut verdaulich und schmackhaft ist Milcheiweiß (Magermilchpulver, Molkenpulver). Als weitere, aus tierischen Quellen gewonnene Aminosäurenquellen haben sich Blutplasma und Proteinhydrolysat vom Schwein bewährt. Als Blutplasma werden die flüssigen, zellfreien Bestandteile des Blutes bezeichnet, welche keine roten Blutkörperchen und anderen Blutzellen mehr enthalten. Proteinhydrolysat vom Schwein wird aus der Dünndarm-

Tab. 48 Komponenten und Zusatzstoffe im Ferkelfutter

Nährstoffe	Prestarter bis 8 kg	Absetzfutter 8 bis 12 kg	Ferkelaufzuchtfutter I – 12 bis 20 kg	II – ab 20 kg
Milchprodukte	+	+/-	+/-	-
Proteinkonzentrate	+	+	+/-	-
Aufgeschlossenes Getreide	+	+	+	+/-
NSP-Enzyme	+	+	+	+
Probiotikum	+	+	+	+/-
Endotoxinbinder	-	+	+	+/-
L-Carnitin	-	+	+	+/-

schleimhaut von Schlachtschweinen gewonnen. Das Aminosäurenmuster ist daher dem der Körperzellen vom Schwein sehr ähnlich. Eine hohe und schnelle Futteraufnahme und somit verbesserte Zuwachsleistungen sind Vorteile derartiger Produkte. Als Eiweißquelle pflanzlicher Herkunft eignet sich entbittertes Kartoffeleiweiß. Diese Proteinquelle zeichnet sich durch einen Rohproteingehalt von etwa 74 %, ein günstiges Aminosäurenmuster (hohe Lysingehalte) sowie durch eine hohe Verträglichkeit aus. Mit dem Einsatz von Sojaextraktionsschrot muss dagegen bei Saugferkeln und frisch abgesetzten Tieren vorsichtig gestartet werden. Sojaextraktionsschrot kann eine allergene Reaktion im Magen-Darm-Trakt bewirken und so das Risiko von Verdauungsstörungen erhöhen. Allerdings sollte auf den Einsatz von Sojaprodukten nicht vollständig verzichtet werden, um das Verdauungssystem an diese in den späteren Aufzucht- und Mastabschnitten übliche Proteinquelle zu gewöhnen. Hier bietet sich in der Absetzphase Sojaproteinkonzentrat an.

Vitamine, Spurenelemente und Zusatzstoffe in der Ferkelfütterung
Die Empfehlungen und Höchstgehalte für Spurenelemente und Vitamine können der Tab. 49 entnommen werden.

Die Verwendung von organischen und/oder anorganischen Säuren im Ferkelfutter ist geprüfte gängige Praxis. Eine bedeutende Voraussetzung für die Wirksamkeit zugesetzter Säuren ist die konsequente Beachtung der „Säurebindungskapazität" (SBK) im Ferkelfutter. Die SBK ist ein Maß für das Puffervermögen eines Futters. Es wird heute empfohlen, in einem Ferkelfutter den Wert von 700 mmol HCl je kg Futter (Basis: pH 3) SBK nicht zu überschreiten. Das ist über verschiedene Maßnahmen, wie
- begrenzter Calciumgehalt (< 0,80 %) bei gleichzeitigem Einsatz von Phytase,
- Verwendung „alternativer" Calciumquellen (z. B. Calciumformiat),
- Begrenzung des Rohproteingehaltes auf max. 18 % (im Absetz- und Ferkelaufzuchtfutter, nicht im Prestarter) unter Einsatz synthetischer Aminosäuren

zu erreichen. Auch der Einsatz von Säuren, die überwiegend im Magen dissoziieren, wirkt reduzierend auf die SBK.

Bei den wichtigsten Wirkmechanismen der Säuren muss zunächst zwischen den anorganischen (z. B. Phosphorsäure) und den organischen Säuren (z. B. Ameisensäure, Milchsäure, Fumarsäure, Zitronensäure, Benzoesäure, Sorbinsäure) unterschieden werden. Die anorganischen Säuren haben ausschließlich eine Wirkung auf den pH-Wert.

Die organischen Säuren können demgegenüber in der undissoziierten Form durch die Zellmembran in Mikroorganismen eindringen. In der Zelle dissoziieren die Moleküle, das H^+-Ion senkt den pH-Wert und beeinflusst damit Zellstoffwechselfunktionen. Das Anion greift in Stoffwechselprozesse ein, wie den DNA- und den Proteinstoffwechsel. Die Summe der Einflussgrößen bedingt den mehr oder weniger starken antibakteriellen Effekt verschiedener organischer Säuren.

Der Grad der Säurewirkung ist vom Dissoziationsgrad der verschiedenen organischen Säuren bei einem bestimmten pH-Wert abhängig. Dieser Zusammenhang wird durch den so genannten pK_s-Wert charakterisiert. Dieser Wert gibt an, bei welchem pH-Wert 50 % der Säuremoleküle dissoziiert sind. Säuren mit einem hohen pK_s, wie die Propionsäure (pK_s 4,9), sind eine klassische Säure für die Futter-

Tab. 49 Empfehlungen und Höchstgehalte für Spurenelemente und Vitamine für Ferkel bezogen auf 88 % TS (nach DLG 2008 und eigenen Angaben)

	Einheit	Ferkel GfE/DLG	Praxisübliche Gehalte Ferkel	Gesetzlicher Höchstgehalt
Spurenelemente				
Eisen[1]	mg/kg	100[2]	120–150	750
Jod	mg/kg	0,15	2	10
Kupfer	mg/kg	6	150	170 (bis 12 Wochen)
Mangan	mg/kg	20	50–60	150
Selen	mg/kg	0,25	0,4	0,5
Zink	mg/kg	100–80[2]	130	150
Vitamine				
Vitamin A	I. E./kg	4 000	15 000–16 000	
Vitamin D	I. E./kg	500	2 000	2 000
Vitamin E	mg/kg	15	80–120	
Vitamin K	mg/kg	0,15	5–7,5	
Vitamin B_1	mg/kg	1,7	5–7	
Vitamin B_2	mg/kg	4,4–3,7[2]	5–6	
Vitamin B_6	mg/kg	3	3–4	
Vitamin B_{12}	µg/kg	40–23[2]	40–50	
Niacin	mg/kg	20–23[2]	20–30	
Pantothensäure	mg/kg	13	10–15	
Folsäure	mg/kg	0,3	3–5	
Biotin	µg/kg	90	100–200	
Cholin	mg/kg	1 000	1 000	

[1] mind. 200 mg Eisen intramuskulär am 2.–3. Tag nach der Geburt; [2] nach dem Absetzen

konservierung. Propionsäure liegt bei einem pH von z. B. 4,5 zu etwa 70 % in der undissoziierten Form vor und ist somit biologisch aktiv. Säuren mit einem niedrigen pK_s, wie die Ameisensäure (pK_s 3,75), sind demgegenüber primär im Magen-Darm-Trakt wirkende Säuren. Bei einem Futter-pH von z. B. 4,5 liegt Ameisensäure nur zu etwa 15 % undissoziiert vor. Im niedrigen pH-Wert des Magens von z. B. 3,0 liegen demgegenüber etwa 85 % der Ameisensäuremoleküle undissoziiert – also biologisch aktiv – vor.

Weiterhin ist für die Wirksamkeit der Säure deren Molekulargewicht maßgeblich. So hat z. B. Zitronensäure mit 3,1 einen niedrigeren pK_s als Ameisensäure. Allerdings ist das Molekulargewicht mit über 190 g je mol um das Vierfache höher als das Gewicht der Ameisensäure (etwa 46 g je mol). Dies bedeutet, dass bei gleicher Massedosierung die Ameisensäure mit wesentlich mehr aktiven Molekülen wirksam ist als die Zitronensäure und daher bei identischem pH des Substrates bzw. der Umgebung auch mehr Bakterien von intakten, biologisch aktiven Säuremolekülen angegriffen werden. Die Zitronensäure hat wie auch die Milchsäure hingegen bekanntlich positive Effekte hinsichtlich des Geschmackes. Beide Säuren werden daher in Ferkelfutterrezepturen häufig in Kombination mit anderen organischen Säuren verwendet, wie Ameisensäure und/oder Benzoesäure.

Ein weiterer zu beachtender Aspekt der Säurewirkung ist deren Löslichkeit. So hat die Benzoesäure mit 4,2 einen relativ hohen pK_s-Wert und mit 121 g je mol auch ein relativ hohes Gewicht. Gleichzeitig ist sie als kristalline Säure mit einer spezifischen Molekularstruktur aber auch deutlich schwerer wasserlöslich als vergleichbare Säuren. Sie weist daher insbesondere im feuchten Futter – z. B. in der Flüssigfütterung – eine langanhaltende konservierende Wirkung speziell gegen Hefen und Schimmel auf. Aufgrund des spezifischen Löseverhaltens ist sie aber auch im Magen bis in den vorderen Darm hinein zu einem für den gegebenen pK_s-Wert vergleichsweise hohen Teil noch undissoziiert und antimikrobiell aktiv (Tab. 50).

Zusatzstoffe in der Ferkelfütterung

In der Ferkelfütterung werden außerdem verschiedene weitere Zusatzstoffe verwendet, die auf unterschiedlichste Weise das Gleichgewicht im Darm unterstützen bzw. Nährstofffraktionen, die im Magen-Darm-Trakt das mikrobielle Gleichgewicht stören können und mittels körpereigener Enzyme nicht abbaubar sind, reduzieren. Für den letztgenannten Aufgabenbereich sind die Nicht-Stärke-Polysaccharide (NSP)-spaltenden Enzyme anzuführen. Diese vom Tier selbst nicht gebildeten Enzyme, wie Xylanasen und Glucanasen, bauen in verschiedenen Futterkomponenten, wie Weizen, anderen Getreidearten und auch pflanzlichen Proteinträgern wie Sojaschrot, mehr oder weniger konzentriert enthaltene Nicht-Stärke-Polysaccharide (NSP) ab. Diese NSP können dann u. a. keine im Darm negativ wirkende Viskositätsveränderung des Verdauungsbreies mehr verursachen. Ihre enzymatischen Abbau-

Tab. 50 Antibakterieller Effekt organischer Säuren

Säure		undissoziierter Anteil (Säurewirkung in %)		g/mol	Löslichkeit im Wasser	pk$_s$ (Säurekonstante)
		pH 3	pH 5			
Propionsäure	($C_3H_6O_2$)	99	43	74,08	++	4,9
Buttersäure	($C_4H_8O_2$)	99	40	88,11	+	4,8
Sorbinsäure	($C_6H_8O_2$)	100	45	112,13	-	4,8
Essigsäure	($C_2H_4O_2$)	98	37	60	++	4,76
Benzoesäure	($C_7H_6O_2$)	95	12	121	-	4,2
Milchsäure	($C_3H_6O_3$)	87	7	90,08	+	3,87
Ameisensäure	(CH_2O_2)	85	5	46,03	++	3,75
Zitronensäure	($C_6H_8O_7$)	65	2	192,43	+	3,14
Phosphorsäure	(H_3PO_4)	5	0	98		2,13

Wenn der pH-Wert dem pk$_s$-Wert entspricht, sind 50 % der Säure dissoziiert;
Starke Säuren pK$_s$: 1,74–4,5;
Mittelstarke Säuren pK$_s$: 4,5–9; Schwache Säuren pK$_s$: 9,0–15,74

produkte stehen dem Ferkel zu einem höheren Anteil zur energetischen Nutzung zur Verfügung. Außerdem kann durch deren Abbau auch ein positiver Einfluss auf die Verdaulichkeit von pflanzlichen Futterproteinen und auf die Verfügbarkeit von einzelnen Mengen- und Spurenelementen genommen werden, die von den NSP komplex gebunden oder gekapselt waren.

Probiotika haben im Dünndarmbereich eine gewisse „Platzhalterfunktion" gegenüber Schadkeimen (z. B. Colibakterien). Sie regen weiterhin die Bildung und Ausschüttung körpereigener Enzyme an. Somit werden eine verbesserte Nährstoffverdauung, ein daraus resultierender Leistungseffekt und die weitere Reduzierung der „Nahrung" für Schadkeime im hinteren Dünndarm bzw. vorderen Dickdarm erreicht. Probiotische Bakterien stimulieren wie die körpereigenen Milchsäurebakterien die Schleimhaut und immunkompetente Zellen zur Stabilisierung der Schutzbarriere des Darmes.

Probiotika

Die Prebiotika stellen in der Ferkelfütterung ebenfalls eine wirkungsvolle Unterstützung für die Darmgesundheit dar. Sie können u. a. bei verschiedenen potenziellen Schadkeimen im Darm (speziell verschiedene *E. coli*-Serotypen, aber auch einzelne Salmonellen-Serovare) die Rezeptorstellen blockieren, sodass sich die Keime nicht an die Darmwand anheften und somit ihre Toxine nicht mehr an die Darmzellen abgeben können. Weiterhin stehen sie als energiereiche Verbindungen auch positiv zu beurteilenden Keimen im Dickdarm als Nahrungsquelle zur Verfügung und fördern deren Entwicklung. Zu den

Prebiotika

Prebiotika gehören z. B. die Fructo-Oligosaccharide, Mannan-Oligosaccharide, Lactulose und Xylo-Oligosaccharide.

Kräuter und Gewürze

Die Gruppe der Kräuter und Gewürze – oder anders ausgedrückt: „phytogene Zusatzstoffe" – wird in den letzten Jahren immer wieder intensiv betrachtet und diskutiert.

> Futtermittelrechtlich werden phytogene Zusatzstoffe der Gruppe „Aroma- und appetitanregende Stoffe" zugeordnet und sind demgemäß als Geschmacksverbesserer, die den Appetit anregen, in der Fütterung zu verwenden.

Allen voran stehen hier Oreganoprodukte, Zimt, Thymian, Knoblauch und auch Anis im Mittelpunkt des Interesses. Neben dem reinen „Geschmackseffekt" bestimmter Produkte sind verschiedene weitere Wirkzusammenhänge bekannt, wie Unterstützung der Ausschüttung körpereigener Enzyme und eine direkte antimikrobielle Wirksamkeit. Leistungseffekte sind versuchsseitig für verschiedene Produkte aus der Gruppe der Kräuter und Gewürze ermittelt worden und werden auch aus der Praxis berichtet.

MCFA = Medium chain fatty acids
MCT = Medium chain triglycerides

Eine weitere, stärker in den Fokus rückende Gruppe von Zusatzstoffen sind die so genannten MCFA bzw. MCT. Dabei handelt es sich um freie mittelkettige Fettsäuren mit einer Kettenlänge von 6 bis 12 C-Atomen (MCFA) bzw. daraus hergestellten Glycerinestern, die dann als Mischungen von Tri-, Di- und Monogliceriden vorliegen (MCT). Sie haben eine wachstumshemmende Wirkung auf gramnegative und auch auf grampositive Keime (z. B. *Clostridium perfringens*, *Streptococcus* spp.). Diese Fettsäuren dringen in die Schadkeime ein und hemmen durch Eingriffe in den Zellstoffwechsel das Wachstum der Bakterienzelle bis hin zu deren Zerstörung. Da die mittelkettigen Fettsäuren in der freien Form eine sehr spezifische, speziell für die menschliche Wahrnehmung teilweise unangenehme Geruchsentwicklung aufweisen, sind die mittelkettigen MCT in der letzten Zeit ebenfalls in den Fokus gekommen. Sie haben diesen negativen Geruchseffekt nicht. Allerdings ist deren Wirksamkeit bisher nicht in der wie bei den MCFA umfassenden Form untersucht und dokumentiert. Kombinationen von MCFA bzw. MCT mit Mischungen organischer Säuren stehen ebenfalls in der praktischen Effektivitätsprüfung. Hier sind in den kommenden Jahren sicher noch neue Erkenntnisse und praktische Erfahrungen zu erwarten.

Fütterungsempfehlungen für Saug- und Absetzferkel

Hauptnahrungsmittel für die Ferkel ist in den ersten 21 bis 28 Lebenstagen die Sauenmilch. Gerade bei großen Würfen sollte allerdings nach 5–7 Tagen die Beifütterung mit Prestarter beginnen. Bei begrenzter Versorgung mit Sauenmilch hat sich in Betrieben mit großen Würfen die Beifütterung der Saugferkel mit speziell konzipierten Ferkelmilchprodukten bewährt. Diese Milchprodukte werden den Ferkeln überwiegend mithilfe technischer Einrichtungen angeboten. Der parallel dazu angebotene Prestarter sollte möglichst über den Absetzzeitpunkt hinaus vorgelegt werden.

Im Ferkelaufzuchtstall empfiehlt sich eine Ferkelsortierung nach Gewicht. So können die Ferkel gezielt angefüttert und ein weiteres Auseinanderwachsen verhindert werden. Je leichter die Ferkel sind, desto höher sind die Ansprüche an das Futter. Die Wahl des Futters richtet sich also auch nach der Anzahl an Säugetagen.

Ein spezielles Absetzfutter ist notwendig, das an die Besonderheiten des sich noch entwickelnden Verdauungssystems bestens angepasst sein muss. Dabei muss die ursprüngliche Ernährungsquelle der Ferkel vor dem Absetzen, also die Sauenmilch, ebenso berücksichtigt werden, wie die gebildeten Mengen an Verdauungssäften (Enzyme und Säuren) in der Absetzphase. Bei Verwendung eines Prestarters über das Absetzen hinaus sollte dieser nach einigen Tagen (leichte Ferkel später) mit dem folgenden Absetzfutter verschnitten werden. Das Absetzfutter kann bei einem Lactoseanteil von 5–6 % bis etwa 10–12 kg Ferkelgewicht eingesetzt werden. Damit es in dieser Phase nicht zu einem Überfressen und einer Magenüberladung mit Verdauungsstörungen kommt, sollte neben dem Einsatz von schmackhaften Futtermitteln eine gleichmäßige Futteraufnahme gefördert werden. Eine gesunde Verdauung beim Ferkel beginnt mit dem guten Einspeicheln des Futters im Maul, da im Speichel Amylasen für die erste Stärkeverdauung sorgen. Eine schnelle pH-Wert-Absenkung im Magen wird durch kleine Futterportionen gefördert. In der Praxis hat sich dafür der Einsatz von Anfütterungsschalen bewährt, da die Ferkel aus der Säugezeit das gemeinsame Fressen gewohnt sind. Zusätzliche Fressplätze und regelmäßiges Befüllen der Schalen animieren die Ferkel zum Fressen. Eine derartige portionierte Futtervorlage kann z. B. über eine Ferkel-Flüssigfütterung mechanisiert werden. Die Gefahr des Überfressens und der sich daraus häufig entwickelnden Durchfallerkrankungen sinkt. Kommt es dauerhaft zu Umstellungsproblemen mit auftretenden Verdauungsstörungen, so sind spezielle Diätfutter zu empfehlen. Diese haben einen hohen Rohfaseranteil (mind. 40 g/kg) und vor allem ein niedriges Säurebindungsvermögen (niedriger Protein- und Calciumgehalt). 170 g Rohprotein und 6,5 g Calcium je kg sollten möglichst nicht überschritten werden, um den gewünschten darmstabilisierenden Effekt zu erzielen.

Anforderungen an Absetzferkelfutter

Fütterungsempfehlungen für Aufzuchtferkel
Ferkelaufzuchtfutter I – Gewichtsbereich 10 bis 20 kg LM
Der Wechsel zum Ferkelaufzuchtfutter I muss in einem eng begrenzten Gewichtsbereich erfolgen. Stichprobenartige Wägungen sollten hier zu einem festen Bestandteil im betrieblichen Ablauf gehören. Wenn die Fer-

kel in dieser Phase die freie Futterwahl haben, stellen sie sich eigenständig von dem Absetzfutter auf das Ferkelaufzuchtfutter I um. Dies kann mit zusätzlichen mobilen Trockenautomaten erreicht werden. Bei einem Gewicht von 10–12 kg bzw. mit steigender Futteraufnahme vertragen die Ferkel ein Absetzfutter mit hohen Anteilen an Milchprodukten nicht mehr. Die Ferkel schnellwüchsiger Genotypen bilden schon sehr früh nicht mehr ausreichend Laktase zur Verdauung des Milchzuckers. Unverdaut in den Dickdarm gelangter Milchzucker kann zu Fehlgärungen mit sich häufig bei den schwersten Ferkeln einer Gruppe anschließenden Durchfallerscheinungen führen. Um in der Aufzucht Wachstumseinbrüche zu vermeiden, sollte auch hier der Wechsel von einem zum nächsten Futter mit einer ausreichenden Übergangsphase erfolgen.

Ferkelaufzuchtfutter II – Gewichtsbereich 20 bis 35 kg LM
Wenn die Möglichkeit besteht, kann der Einsatz eines weiteren Futters für die Phase über 20 kg sinnvoll sein. Hierdurch lassen sich Futterkosten sparen und bei entsprechender Nährstoffanpassung die Umwelt entlasten. Die Entscheidung für oder gegen eine weitere Phase wird auch vom Verkaufsgewicht der Ferkel beeinflusst. Zu beachten ist, dass die Ferkel durch einen zusätzlichen Futterwechsel ein bis zwei Tage geringere Zunahmen zeigen. Aufgrund der guten Sicherheitsausstattung werden Ferkelaufzuchtfutter II in der Schweinemast bei Einstallgewichten unter 35 kg erfolgreich als „Begrüßungsfutter" eingesetzt. In der Tabelle 51 sind zusammenfassend einige Faustzahlen zur Ferkelfütterung aufgelistet.

Tab. 51 Orientierungswerte für Futterverbräuche und Zunahmen

Lebenswoche	Gewicht von – bis (kg)	Energieaufnahme MJ/kg	Futter aufnahme (g/Tag)	tägl. Zunahmen (g/Tag)	Futter verwertung (1 : kg)	Kum. Zunahmen (g/Tag) bei 49 Futtertagen	
						Absetzgewicht 6,0 kg	7,9 kg
4	6,0–7,9	4,7	339	265	1,28	265	
5	7,9–10,1	5,6	403	322	1,25	292	322
6	10,1–12,8	6,7	486	386	1,26	322	353
7	12,8–16,0	9,0	652	456	1,43	354	388
8	16,0–19,7	11,6	841	529	1,59	388	421
9	19,7–23,9	14,4	1043	603	1,73	423	457
10	23,9–28,6	17,0	1232	666	1,85	458	492
11	28,6–33,7	19,7	1424	730	1,95		526

Annahme: 500 g tägliche Zunahmen von 6–34 kg Lebendmasse; Futter mit 13,8 MJ ME/kg

7.7 Wasserversorgung

In Tabelle 52 ist der Wasserbedarf der Schweine aufgeführt. Die Angaben beziehen sich auf eine Umgebungstemperatur von etwa 20 °C. Laut verschiedenen Untersuchungen kann sich der Wasserbedarf bei einer Temperaturerhöhung von 20 auf 30 °C (warme Sommermonate) durchaus verdoppeln.

Da Wasser wesentliche physiologische Funktionen im Körper zu erfüllen hat (unter anderem Temperaturregulation, Zelldruck, Nährstofftransport, Beteiligung an verschiedensten Stoffwechselreaktionen, Bestandteil verschiedener Körperflüssigkeiten), muss gerade bei hohen Umgebungstemperaturen deutlich über 20 °C der sicheren Wasserversorgung besondere Beachtung gewidmet werden. Dazu muss auch die Durchflussrate an den Tränken (Tab. 52) regelmäßig kontrolliert werden. Tränkwasser für Schweine muss schmackhaft und verträglich sein und darf nicht zu technischen Störungen führen (z. B. bei hohen Eisengehalten). Die Beurteilung erfolgt anhand objektiv messbarer physikalischer, chemischer und mikrobiologischer Werte, die in Tabelle 53 aufgeführt sind. Für die Gesunderhaltung der Tiere sollten mikrobiologische Grenzwerte möglichst nicht überschritten werden. Durch ein konsequentes Tränkemanagement wird das Angebot einer einwandfreien Wasserqualität sichergestellt. Hierbei steht besonders die Vermeidung von Biofilmen im Leitungssystem im Vordergrund. „Kontrolle, Reinigung, Spülung" – diese Maßnahmen gehören zum Standard der Qualitätssicherung.

Tab. 52 Wasserbedarf und empfohlene Durchflussmenge der Nippeltränke (nach DLG 2008 und eigenen Berechnungen)

Reproduktionsabschnitt	Wassermenge (Liter je Tier und Tag)	Durchflussmenge (Liter/Minute)
Saugferkel	0,3–0,7	0,4–0,5
Absatzferkel	0,5–3,0	0,5–0,8
Zuchtläufer/Mastschweine > 30 kg	3–5	0,6–1,0
Zuchtläufer/Mastschweine > 70 kg	5–10	1,0–1,2
Tragende Sauen	12–20	1,5–2,0
Säugende Sauen	25–50	2,0–4,0

Die angegebenen Durchflussmengen beziehen sich auf einen Wasserdruck von max. 2,5 bar.

Tab. 53 Orientierungswerte zur Tränkwasserqualität (DLG 2008 und Orientierungswerte für Tränkwasser des BMELV)

Parameter	Einheit	Orientierungswert für Tränkwasser	Bemerkungen (mögliche Störungen)	Grenzwert Trinkwasser
pH		> 5, < 9	Korrosionen im Leitungssystem	6,5–9
Leitfähigkeit	µS/cm	< 3 000	evtl. Durchfälle bei höheren Werten; Schmackhaftigkeit	2 500
lösliche Salze, gesamt	g/l	< 2,5		
Oxidierbarkeit*	mg O_2/l	< 15	Maß für Belastung mit oxidierbaren Stoffen	5
Ammonium (NH_4^+)	mg/l	< 3	Hinweis auf Verunreinigung	0,5
Nitrat (NO_3^-)	mg/l	< 200	Risiken für Methämoglobinbildung, Gesamtaufnahme berücksichtigen	50
Nitrit (NO_2^-)	mg/l	< 30	Risiken für Methämoglobinbildung, Gesamtaufnahme berücksichtigen	0,5
Sulfat (SO_4^{2-})	mg/l	< 500	Wasseraufnahme erhöht; laxierender Effekt	240
Mangan (Mn)	mg/l	< 4	Ausfällungen in Leitungen; Biofilme möglich	0,05
Natrium (Na)	mg/l	< 500	Erhöhte Puls- und Atemfrequenz	200
Chlorid (Cl^-)	mg/l	< 500		250
Calcium (Ca)	mg/l	500	Funktionsstörungen, Kalkablagerungen in den Rohren und Ventilen	250
Eisen (Fe)	mg/l	< 3	Antagonist zu anderen Spurenelementen; Ablagerungen in Rohren; Biofilmbildung; negativer Geschmack	0,2
Mikrobiologie		gut	bedenklich	ungeeignet
E. coli	KBE/ml	0	10–100	> 100
coliforme Keime	KBE/ml	< 10	100–1 000	> 1 000
Koloniezahl bei 36 °C	KBE/ml	< 100	1 000–10 000	> 10 000

*Maß für organische Substanz im Wasser (< 5 mg/l für eingespeistes Wasser); KBE = Koloniebildende Einheiten

8 Gesunderhaltung der Schweine

(M. Ritzmann)

Maßnahmen zur Stabilisierung oder Verbesserung der Tiergesundheit werden seit Jahrzehnten mittels Optimierung des Betriebsmanagements und der Betriebshygiene umgesetzt. Wurden in den Anfangsjahren der Durchführung von Organisations- und Managementmaßnahmen die Erreger eher unspezifisch bekämpft (z. B. Riemser Hüttenverfahren), sind inzwischen Programme zur gezielten Bekämpfung einzelner Erreger etabliert. Zusätzlich ist zwischen den staatlich geregelten, zu bekämpfenden Tierseuchen (z. B. Aujeszkysche Krankheit, Maul- und Klauenseuche oder Klassische/Afrikanische Schweinepest) und Erregern ohne behördliche Auflagen zu unterscheiden.

8.1 Hygienische Maßnahmen/Organisations- und Managementmaßnahmen

Zu berücksichtigen ist, dass die Begriffe „Sanierung", „Eliminierung" und „Eradikation" in den verschiedenen Ländern nicht einheitlich definiert sind. Im Folgenden sind die im deutschsprachigen Raum derzeit üblichen Definitionen dieser Begriffe dargestellt:

Sanierung: keine Erlangung der Erregerfreiheit, jedoch Stabilisierung der Tiergesundheit mit gezielten Maßnahmen (z. B. Vakzinationsprogramme),

Eliminierung: Erlangung der Erregerfreiheit eines bestimmten Erregers auf der Einzelbetriebsebene (z. B. *Mycoplasma hyopneumoniae* oder PRRSV),

Eradikation: Erlangung der Erregerfreiheit eines bestimmten Erregers in einer Region/einem Land (z. B. Aujeszkysche Krankheit oder PRRSV).

PRRSV = Porzines Respiratorisches Reproduktives Syndrom Virus

Die Verbesserung oder Stabilisierung der Tiergesundheit erfolgt im Rahmen von Organisations- und Managementmaßnahmen meist durch die Unterbrechung von Infektketten. Diese kann betriebsübergreifend oder innerbetrieblich erfolgen. Beispiele für eine betriebs- oder produktionsübergreifende Unterbrechung der Infektketten sind Haltung der Tiere auf getrennten Standorten, wie multisite-production (2-site-production oder 3-site-production). Allerdings lässt sich eine Übertragung verschiedener Erreger durch die Luft (aerogene Übertragung) nicht ganz ausschließen. So können beispielsweise PRRS-Viren bis zu 10 km über die Luft übertragen werden und gelten dabei als immer noch infektiös.

Im Folgenden werden Verfahren dargestellt, die zur Unterbrechung der Infektketten und/oder zur Senkung des Infektionsdruckes prinzipiell geeignet sind. Dabei werden die Verfahren weniger auf einen einzelnen Erreger gezielt ausgerichtet, sondern umfassen meist verschiedene Erreger gleichermaßen:

SPF (spezifisch pathogen frei): Dieses Verfahren stammt ursprünglich aus der Versuchstierkunde (meist Mäuse und Ratten) und wurde verwendet, um mittels Kaiserschnitt entbundene Tiere erregerfrei in einer keimfreien Umgebung aufzuziehen. In einzelnen Ländern werden der Begriff und das Verfahren auch bei der Tierart Schwein verwendet. Allerdings ist hier genau zu definieren, auf welche Erreger sich der Begriff SPF bezieht.

> Weaning (engl.) = Absetzen

MEW (medicated early weaning): Hier erfolgt eine antibiotische/chemotherapeutische Behandlung sowohl der Sauen um den Geburtszeitraum als auch der Ferkel kurz nach der Geburt. Aufgrund des hohen und teilweise auch nicht gezielten Einsatzes von Antibiotika/Chemotherapeutika ist dieses Verfahren umstritten und sollte nur gezielt gegen einzelne Erreger (z. B. *Pasteurella multocida toxogenica*) und in Einzelfällen eingesetzt werden.

SEW (segregated early weaning): Ziel dieses Verfahrens ist es, durch frühes Absetzen der Ferkel und eine räumliche Trennung eine Infektion mit bestimmten Erregern im Saugferkelalter zu verhindern. Hierbei sind zwingend die rechtlichen Grundlagen bezüglich des Mindestabsetzalters (21 Tage in Deutschland) zu berücksichtigen. Manche Erreger können bereits in den ersten Lebenstagen von den Muttertieren auf die Ferkel übertragen werden (z. B. Streptokokken), womit sich dieses Verfahren nicht für alle Erreger eignet.

MD-Verfahren (minimal disease-Verfahren): Im Vordergrund des Verfahrens steht eine Senkung des Erregerdruckes sowohl in der Tierpopulation als auch in der Umwelt. Die Durchführung erfolgt mittels Managementmaßnahmen (Alles rein-Alles raus-Verfahren), hygienischer Maßnahmen (gezielte Reinigung und Desinfektion), immunprophylaktischer Maßnahmen (Vakzinationsprogramme), prophylaktischer Maßnahmen (Parasiten-Behandlung) und metaphylaktischer Maßnahmen (Einsatz von Antibiotika anhand der Leitlinien für den ordnungsgemäßen Umgang mit antimikrobiell wirksamen Tierarzneimitteln). Auch hier ist zu definieren, welche Erreger damit bekämpft werden sollen.

Depopulation/Repopulation: Ein sehr effektives Verfahren zur Erregereliminierung ist der Austausch der gesamten Tierpopulation innerhalb eines Betriebes. Dieses Verfahren zählt aufgrund des hohen finanziellen Aufwandes (Ersatz der Tierpopulation, Leerstehzeiten, zeitweilige Produktionsausfälle) als kostenintensivstes Verfahren, womit eine detaillierte Kosten/Nutzen-Analyse durchzuführen ist. Zusätzlich zu berücksichtigen ist, dass die Eliminierung von Erregern keine

Garantie darüber geben kann, eine Reinfektion auszuschließen. So zeigen Erfahrungen aus der PRRS-Eliminierung, dass es einfacher ist, Erreger kurzzeitig zu eliminieren, als einen Betrieb über einen längeren Zeitraum erregerfrei zu halten. Erreger, bei denen eine Depopulation/Repopulation sinnvoll scheint, sind beispielsweise *Actinobacillus pleuropneumoniae* (APP) oder *Brachyspira hyodysenteriae* (Dysenterie).

In verschiedenen Ländern werden derzeit Programme zur Bekämpfung von PRRSV etabliert. Neben unterschiedlichen Management- und Vakzinationsprogrammen zur Stabilisierung von Schweinezucht- und Mastbetrieben stellt die Viruseliminierung eine weitere Alternative dar. In Betrieben mit geringem Re-Infektionsrisiko und optimalen stallbaulichen Voraussetzungen, wie dem Kammersystem, welches ein hohes Maß an Infektionskontrolle mittels Alles rein-Alles raus-Verfahren ermöglicht, wurden Eliminierungsprogramme bereits erfolgreich umgesetzt. In einzelnen Ländern existieren Programme zur flächendeckenden Eliminierung (Eradikation) von PRRS. Verfahren, die zur PRRS-Eliminierung eingesetzt werden, sind:

„**nursery depopulation**": Entfernung aller Ferkel aus der Ferkelaufzucht mit dem Ziel einer Infektkettenunterbrechung; nur geeignet für geschlossene Betriebe.

„**mass vaccination**": Vakzination aller Tiere eines Betriebes, wobei die zulassungsrechtlichen Voraussetzungen der jeweiligen Vakzinen zu berücksichtigen sind; Verfahren bietet allerdings keine Garantie einer Eliminierung des Erregers; deshalb ist es eher ein Sanierungsverfahren.

„**test and removal**": Kombination aus Vakzination und anschließender Beprobung der Tiere, wobei positive Tiere aus dem Betrieb entfernt werden; zur Bekämpfung der Aujeszkyschen Krankheit erfolgreich eingesetztes Verfahren; für PRRS derzeit ungeeignet, da keine markierten Vakzinen zur Verfügung stehen, die zwischen nach Vakzination gebildeten und nach Infektion gebildeten Antikörpern unterscheiden können.

„**herd closure**": Schließung einer Herde durch die Unterbrechung des Zukaufs von Zuchttieren für einen bestimmten Zeitraum. Dadurch soll gewährleistet werden, dass die bereits vorhandenen Tiere ausreichend Zeit zur Immunitätsbildung bekommen, da dieser Prozess mehrere Monate dauern kann. Das Verfahren eignet sich eher zur Sanierung als zur Eliminierung.

Kombination von verschiedenen Verfahren: Höhere Erfolgsaussichten können mit einer Kombination verschiedener Verfahren erzielt werden. So werden in verschiedenen Ländern zeitgleich Vakzinationen (mass vaccination) sowie eine Schließung der Herde (herd closure) durchgeführt.

8.2 Gesunderhaltung der Sau

Puerperalerkrankungen der Sau
Fieberhafte Erkrankungen der Sauen im Puerperium wurden lange Zeit unter dem Begriff MMA (Mastitis-Metritis-Agalaktie-Syndrom) zusammengefasst. Da diese Symptome kaum gemeinsam auftreten und es selten zu einer Agalaktie kommt, werden inzwischen verschiedene andere Begriffe verwendet:
- PPDS (postpartales Dysgalaktiesyndrom)
- PST (puerperale Septikämie und Toxämie)
- PHS (puerperales Hypogalaktie-Syndrom)

Die Einflüsse auf das Krankheitsbild können vielfältig sein, sodass es sich um eine Faktorenkrankheit handelt, bei der das Management sowie Haltungs- und Fütterungsbedingungen Einfluss haben. Die hohe Variation des klinischen Bildes erschwert eine Diagnosestellung. Die Erhöhung der Körpertemperatur (> 39,5 °C) tritt jedoch nicht in allen Fällen auf. Hilfreich bei der Diagnosestellung sind Saugverhalten und Gewichtsentwicklung der Ferkel. Zur Vorbeugung und Behandlung sind prophylaktische (Geburtshygiene), metaphylaktische (Antibiotika nach Erregernachweis und Antibiogramm) sowie therapeutische (z. B. nichtsteroidale Antiphlogistika) Maßnahmen umzusetzen.

Bewegungsapparat
Neben Reproduktionsstörungen sind Probleme des Bewegungsapparates die häufigsten Gründe für das Ausscheiden von Sauen aus der Produktion. Die Ursachen von Bewegungsstörungen können vielfältig sein. Neben haltungs-, fütterungs- und genetisch bedingten Ursachen kommen auch zahlreiche infektiöse und nicht infektiöse Gründe in Betracht. Einer der Hauptgründe für Lahmheiten bei Sauen sind Klauenprobleme, womit der Erkennung von Klauenläsionen sowie der Klauenpflege große Bedeutung zukommt. Zur Evaluierung werden verschiedene Bewertungsmöglichkeiten (Scoring-Schemata) verwendet. Die Fixierung der Sauen zur Klauenpflege kann mittels mobiler Klauenstände erfolgen, die sich in ihrer Bauart jedoch unterscheiden.

8.3 Gesunderhaltung der Ferkel und Absetzferkel: PCV2, PRRSV

Das Porzine Circovirus Typ 2 (PCV2) und das Porzine Reproduktive und Respiratorische Syndrom Virus (PRRSV) stellen derzeit weltweit, sowohl aus klinischer als auch ökonomischer Sicht, die vermutlich relevantesten Erreger in der Schweineproduktion dar. Beide Erreger können zu Erkrankungen sowohl bei Ferkeln als auch bei adulten Tieren führen.

Porzines Circovirus Typ 2 (PCV2)

Infektionen mit PCV2 werden mit verschiedenen Krankheitsbildern in Verbindung gebracht:
- PMWS (postweaning multisystemic wasting syndrome)
- PDNS (porcine dermatitis and nephropathy syndrome)
- Reproduktionsstörungen
- PRDC (porcine respiratory disease complex)
- PNP (proliferative nekrotisierende Pneumonie)
- granulomatöse Enteritis

Andere Erkrankungen, wie die Myoclonia congenita (Ferkelzittern), die lange Zeit als PCV2-assoziierte Erkrankung eingestuft wurde, scheinen nach derzeitigem Wissensstand nicht mit einer PCV2-Infektion in Verbindung zu stehen.

Die Vielfalt der verschiedenen Krankheitsbilder bedeutet auch ein gezieltes diagnostisches Vorgehen, um prophylaktische Maßnahmen sinnvoll umsetzen zu können. Das weltweit bedeutsamste PCV2-assoziierte Krankheitsbild ist das PMWS. Prinzipiell muss für die Diagnosestellung des PMWS eine so genannte diagnostische Trias umgesetzt werden. Diese beinhaltet eine klinische Untersuchung, wobei die klinischen Symptome des PMWS eher unspezifisch sind. Zusätzlich müssen pathomorphologische sowie pathohistologische Veränderungen an Organen, wie Lunge oder Lymphknoten, vorliegen. Ferner ist ein Erregernachweis erforderlich.

> Vakzinen gegen PCV2 stehen erst seit wenigen Jahren zur Verfügung, sie sind jedoch die bereits am häufigsten eingesetzten Impfstoffe bei Ferkeln.

Die Impfzeitpunkte richten sich nach den Herstellerangaben, wobei in den meisten Ländern eine Impfung im Alter von drei bis vier Wochen durchgeführt wird. Der Einfluss maternaler Antikörper auf den Impferfolg ist bislang nicht ausreichend geklärt und ist nach wie vor Gegenstand aktueller Untersuchungen. Die Höhe maternaler Antikörpertiter hängt insbesondere vom Impfstatus der Muttertiere ab. So wird allgemein empfohlen, Ferkel geimpfter Sauen nicht zu früh, also nicht vor der dritten Lebenswoche zu vakzinieren.

Beim PCV2 können verschiedene Stämme oder Subtypen, wie PCV2a oder PCV2b, unterschieden werden. Ein Zusammenhang zwischen den verschiedenen Stämmen und den unterschiedlichen PCV2-assoziierten Krankheitsbildern wird derzeit jedoch nicht vermutet. Außerdem schützen, nach bisherigem Kenntnisstand, die verfügbaren PCV2-Impfstoffe gegen beide Subtypen.

Porzines Reproduktives und Respiratorisches Syndrom Virus (PRRSV)

PRRSV ist sowohl als primär pathogener Erreger (Fruchtbarkeitsstörungen und Pneumonien) als auch in Form eines beteiligten Erregers beim PRDC (porcine respiratory disease complex) von Bedeutung. Neben den bislang dominierenden Genotypen I und II (Genotyp I: EU-Stamm;

Die Vakzination gegen PRRSV kann bei Sauen und/oder Ferkeln erfolgen. In den meisten Ländern kommt dabei der Vakzination von Sauen die größere Bedeutung zu (Impfschemata siehe Kapitel Immunprophylaxe).

Genotyp II: US-Stamm) scheinen seit kürzerem weitere Genotypen oder Stämme von klinischer und ökonomischer Bedeutung zu sein. Eine deutliche Zunahme der PRRS-Problematik wird insbesondere in Asien beobachtet, wobei diese Erkrankung als PHFD (porcine high fever disease) bezeichnet wird und in Zusammenhang mit HP-PRRSV (highly pathogenic-PRRS) steht. Die Diagnosestellung erfolgt ähnlich wie beim PCV2 anhand von klinischen Symptomen, pathomorphologischen und -histologischen Veränderungen sowie eines Erregernachweises.

8.4 Immunprophylaxe versus Antibiotikametaphylaxe

Therapeutische Maßnahmen infolge eines Krankheitsausbruches sind nach wie vor in vielen Fällen unerlässliche Maßnahmen, um die Gesundheit der Tiere wiederherzustellen. Dennoch haben in den letzten Jahren vorbeugende Maßnahmen zur Gesunderhaltung der Tiere einen zunehmend höheren Stellenwert erreicht. Unterschieden werden dabei immunprophylaktische Maßnahmen, metaphylaktische Maßnahmen (z. B. Antibiotika) sowie prophylaktische Maßnahmen. Letztere werden im Rahmen der Parasitenbekämpfung (Entwurmung, Räudebekämpfung) oder zur Prophylaxe des Eisenmangels beim Saugferkel eingesetzt.

Immunprophylaxe

Aufgrund der Verfügbarkeit von Impfstoffen gegen viele Erreger sowie der Bestrebungen, den Antibiotikaeinsatz in der Nutztierhaltung zu minimieren, hat die spezifische Immunprophylaxe beim Schwein inzwischen hohe Bedeutung. Die relevantesten rechtlichen Grundlagen in Deutschland zum Einsatz von Vakzinen sind die „Tierimpfstoff-Verordnung" sowie das „Tierseuchengesetz". Von Bedeutung ist beispielsweise das prinzipielle Impfverbot gegen anzeigepflichtige Tierseuchen (z. B. Aujeszkysche Krankheit, Klassische Schweinepest, Maul- und Klauenseuche), welches nur auf Anordnung der zuständigen Behörden aufgehoben werden darf.

Ziel von Vakzinationsmaßnahmen bei der Tierart Schwein ist neben einem Individualschutz des einzelnen Tieres meistens ein Populationsschutz, bei dem einzelne Altersklassen bis hin zu allen Tieren eines Betriebes geschützt werden sollen. So können konsequent umgesetzte Vakzinationsprogramme zu einer Reduktion der Erregerausscheidung, zu einer Minimierung des Infektionsdruckes und zu einer Unterbrechung der Infektkette führen.

Die beim Schwein häufigste Art der Immunisierung ist die aktive Immunisierung, bei der vorwiegend zwischen Lebendimpfstoffen und inaktivierten Impfstoffen unterschieden wird. Bei einzelnen Erregern

(z. B. PRRSV) stehen beide Arten von Vakzinen zur Verfügung, wobei in diesem Fall, bei den derzeit verfügbaren Impfstoffen, die Lebendimpfstoffe aufgrund der besseren Wirksamkeit deutlich häufiger eingesetzt werden.

Zusätzlich wird zwischen Handelsvakzinen und betriebsspezifischen Vakzinen unterschieden:
- **Handelsvakzinen:** Von Impfstoffherstellern anhand der oben genannten rechtlichen Grundlagen zugelassene Impfstoffe; Einsatz nur nach den in den Gebrauchsinformationen dargestellten Vorgaben.
- **Betriebsspezifische Vakzinen:** Synonym für bestandsspezifische oder stallspezifische Impfstoffe; Befreiung von der Zulassungspflicht; auch hier sind die rechtlichen Grundlagen insbesondere nach Tierseuchengesetz zu beachten; bei Erregern mit hoher Anzahl verschiedener Serovaren/Serotypen im Einsatz (z. B. Staphylokokken, wie *Staphylococcus hyicus* oder *Staphylococcus aureus*).

Impfstoffe können prinzipiell folgendermaßen appliziert werden:
- **intramuskulär/subkutan:** häufigste Applikationsart beim Schwein,
- **intradermal:** derzeit stehen nur wenige intradermal applizierbare Impfstoffe zur Verfügung; Vorteil hinsichtlich Hygiene, da keine Nadeln verwendet werden müssen; zusätzlich gilt die Haut beim Schwein als gut immunogenes Organ; in Zukunft vermutlich größere Bedeutung,
- **oral:** Applikation über Drenchen (Drench-Pistolen) oder über das Trinkwasser; derzeit nur einzelne Impfstoffe verfügbar (z. B. gegen *Lawsonia intracellularis* oder gegen *Salmonella typhimurium*),
- **aerogen:** wird derzeit in Deutschland nicht durchgeführt; prinzipiell gute Wirksamkeit nach aerogener Applikation, allerdings, neben zulassungsrechtlichen Voraussetzungen, an technische Anforderungen (Aerosolaggregate) gebunden; in kleineren Betrieben technisch kaum machbar.

Zusätzlich wird beim Schwein zwischen der Vakzination von Muttertieren und den Impfungen von Ferkeln/Mastschweinen unterschieden. Bei den Sauenimpfungen können die Vakzinationen produktionsorientiert oder terminorientiert erfolgen:
- produktionsorientierte Impfung: erfolgt einerseits zum Schutz der Sauen (z. B. PRRS oder Influenza) oder zum Schutz der Ferkel (z. B. *E. coli* oder *Clostridium perfringens*) nach Aufnahme von Antikörpern über die Milch; letztere wird vorwiegend sechs bis vier sowie drei bis zwei Wochen vor der Geburt durchgeführt. Die produktionsorientierte Impfung kann während der Trächtigkeit (z. B. PRRS) oder während der Säugephase (z. B. Influenza) erfolgen.
- terminorientierte Impfung: zeitgleiche Vakzination aller Sauen unabhängig vom Trächtigkeitsstadium.

Eine Besonderheit besteht bei Vakzinationen gegen PRRS, bei denen weltweit sehr unterschiedliche Impfschemata verwendet werden. Die terminorientierten Vakzinationen werden meistens zwei- bis dreimal jährlich (teilweise bis zu viermal jährlich) unabhängig vom Trächtigkeitsstadium durchgeführt. Bei den produktionsorientierten Impfungen kommen in verschiedenen Ländern unterschiedliche Impfschemata zum Einsatz:

zweimalige Impfungen:
- 6/60 (6. Tag nach dem Abferkeln sowie 60. Trächtigkeitstag),
- 5/50 (5. Tag nach dem Abferkeln sowie 50. Trächtigkeitstag),
- 60/90 (60. sowie 90. Trächtigkeitstag),

einmalige Impfungen:
- 50 (50. Trächtigkeitstag),
- 60 (60. Trächtigkeitstag).

Ein derzeit diskutierter Punkt und Gegenstand wissenschaftlicher Untersuchungen ist die Kombinierbarkeit verschiedener Impfstoffe. Seit längerer Zeit stehen Kombinationsvakzinen gegen PPV (porcines Parvovirus) und Rotlauf sowie gegen *E. coli* und *Clostridium perfringens* Typ C zur Verfügung. Inzwischen sind in manchen Ländern auch Kombinationsimpfstoffe oder kombinierbare Impfstoffe gegen PCV2, *Mycoplasma hyopneumoniae* und/oder PRRSV im Einsatz. Allerdings sind auch hier eine korrekte Diagnosestellung hinsichtlich der verschiedenen Erkrankungen sowie Kenntnis der Infektionszeitpunkte der unterschiedlichen Erreger notwendig, wenn mehrere Impfstoffe zur gleichen Zeit eingesetzt werden sollen.

Antibiotikametaphylaxe

Der Einsatz von antimikrobiellen Substanzen, die umgangssprachlich meist zusammenfassend als Antibiotika bezeichnet werden, erfordert sowohl hinsichtlich der fachlichen Expertise als auch der rechtlichen Grundlagen hohe Anforderungen. Exemplarisch sind hier einige relevante rechtliche Grundlagen (in Deutschland) erwähnt:
- Arzneimittelgesetz (AMG),
- Verordnung über Tierärztliche Hausapotheken (TÄHAV),
- „Tierärztliches Dispensierrecht",
- „Verordnung zur Herstellung von Fütterungsarzneimitteln",
- Rückstandshöchstmengen-Verordnung,
- „Gute Veterinärmedizinische Praxis" (GVP),
- „Leitlinien für den sorgfältigen Umgang mit antibakteriell wirksamen Tierarzneimitteln" (Antibiotika-Leitlinien),
- „Leitfaden über die orale Anwendung von Tierarzneimitteln im Nutztierbereich über das Futter oder das Trinkwasser".

Eine metaphylaktische Verabreichung von antimikrobiell wirksamen Substanzen kann bei Schweinen erfolgen, bei denen noch keine klinische Erkrankung vorliegt, die jedoch mit an Sicherheit grenzender Wahrscheinlichkeit bereits mit einem identifizierten Krankheitserreger infiziert sind. Dazu ist ein genauer Kenntnisstand des nachgewiesenen Erregers oder mehrerer nachgewiesener Erreger notwendig, was über eine zuvor durchgeführte sorgfältige Diagnostik erfolgt.

Weder Impfstoffe noch Antibiotika sind in der Lage und dazu geeignet, Defizite in der Betriebshygiene, mangelhafte Haltungsbedingungen oder Defizite im Betriebsmanagement zu kompensieren oder gar zu ersetzen. Sowohl Impfstoffe als auch Antibiotika sind bei gezieltem und sorgfältigem Einsatz in der Lage, zur Gesunderhaltung respektive Therapie von Krankheiten bei Schweinen beizutragen. Eine allgemein gültige Entscheidung bezüglich des Einsatzes von Impfstoffen im Vergleich zu Antibiotika ist nicht möglich.

8.5 Diagnostik

Die Einzeltierdiagnostik hat bei der Tierart Schwein im Vergleich zu anderen Tierarten eine weniger große Bedeutung. Die Einzeltierdiagnostik ist jedoch zwingend notwendig, um eine Bestandsdiagnose erstellen zu können. Der prinzipielle Ablauf einer Bestandsdiagnostik ist folgendermaßen aufgebaut:
- Vorbericht,
- Stallrundgang,
- tierärztliche Untersuchung von Einzeltieren.

Labordiagnostik
Weiterführende Untersuchungen, wie pathomorphologische Untersuchungen (Sektionen) oder Laboruntersuchungen, sind sowohl für die Diagnostik von erkrankten Tieren zur Erstellung von Behandlungsplänen als auch im Rahmen von Monitoringprogrammen für prophylaktische (z. B. zur Erstellung von Vakzinationsprogrammen) oder metaphylaktische Maßnahmen (z. B. gezielter Einsatz von Antibiotika) notwendig. Für die Auswahl geeigneter Probenmaterialien sind folgende Punkte zu berücksichtigen:
- Auswahl geeigneter Tiere,
- Anzahl der zu nehmenden Proben,
- geeignetes Probenmaterial,
- geeignetes Labor,
- Untersuchungsmethode,
- Befundinterpretation.

Gesundheitsmonitoringprogramme oder Gesundheitskontrollsysteme werden bereits seit über 40 Jahren in verschiedenen Ländern eingesetzt. In jüngster Zeit konnte eine deutliche Zunahme der Anzahl verschiedener Programme in etlichen Ländern beobachtet werden. So werden in verschiedenen Ländern die Programme nicht nur auf nationaler, sondern häufiger auf regionaler Ebene umgesetzt. Die Programme variieren jedoch strukturell und inhaltlich, sowohl zwischen den verschiedenen als auch innerhalb der verschiedenen Länder, sodass sie nur schwer miteinander vergleichbar sind. Allein die Bezeichnungen der Programme, wie „SPF" (spezifisch pathogen frei), „Ferkelpässe", „Gesundheitszertifikate" oder „Gesundheitspässe", divergieren, womit auf deren Inhalt nur schwer Rückschlüsse gezogen werden können.

Eine zentral unterschiedliche Begriffsbestimmung ist „frei von..." oder „Freiheit von..." im Vergleich zu „unverdächtig für...". Eine Bestätigung der „Freiheit von..." ist aus wissenschaftlicher Sicht für die in den Programmen üblicherweise inkludierten Erreger mit den derzeitigen Programmdurchführungen nicht zu vertreten. Beispiele für die Bestätigung einer „Freiheit von..." sind bei anzeigepflichtigen Erregern bekannt, deren Programme jedoch völlig anders aufgebaut sind.

Weitere gravierende Unterschiede zwischen den Programmen bestehen hinsichtlich der Häufigkeit der Beprobungen sowie der Anzahl der zu beprobenden Tiere. Beide Zahlen sollten sich primär nach epidemiologischen Gesichtspunkten richten, die jedoch im Widerspruch zu ökonomisch vertretbaren Parametern stehen können. Die Anzahl der Proben wird dabei weniger von der Bestandsgröße, sondern vielmehr von der Prävalenz der Erreger beeinflusst.

Einen ebenso entscheidenden Einfluss hinsichtlich der Ergebnisse der Untersuchung auf verschiedene Erreger haben die verwendeten Untersuchungstechniken und Untersuchungsmethoden. So können serologische Untersuchungen völlig andere Ergebnisse darstellen als mittels Molekularbiologie erzielte Daten.

9 Managementmaßnahmen

(S. HOY)

Die Ferkelverluste sind nach wie vor sehr hoch und nehmen mit steigenden Wurfgrößen tendenziell sogar zu. Die Ursachen für hohe Ferkelverluste können zum Teil bereits vor der Geburt liegen (Infektion mit PRRS oder Parvoviren, Mykotoxine im Futter) und müssen dann durch (Mutterschutz-)Impfungen oder die Fütterungshygiene bekämpft werden.

9.1 Geburtsüberwachung und Neugeborenenversorgung

Ins Auge fallen aber Ferkelverluste, die während (Verlängerung der Geburtsdauer, kurz vor der Geburt verendete Ferkel) und vor allem nach der Geburt durch Lebensschwäche/Kümmern, Erdrückung, Erkrankung der Sau (Puerperalstörungen) bzw. der Ferkel (z. B. Durchfälle) und Probleme in der Haltung (Ferkelnestgestaltung, Fußboden, Hygiene) entstehen. Durch eine Intensivreinigung und Desinfektion lassen sich die Ferkelverluste um etwa 2,5 Prozent senken. Je länger die Geburt dauert, umso größer ist das Risiko einer Puerperalstörung der Sau. Sauen mit Puerperalstörungen haben 4 bis 5,5 % höhere Ferkelverluste. Eine schnelle Behandlung der Sau nach den ersten Anzeichen einer Puerperalerkrankung kann die Ferkelverluste begrenzen. Einen frühen Hinweis auf diese Probleme liefert die Rektaltemperatur der Sau. Sie sollte daher 2 bis 3 Tage lang nach der Abferkelung täglich überprüft werden. In den meisten Fällen sollte ab einer Rektaltemperatur von 39,3 °C sofort gehandelt und ein Antibiotikum verabreicht werden. Nur bei Jungsauen kann gelegentlich die Rektaltemperatur auch ohne Puerperalstörungen so hoch ansteigen. Darüber hinaus muss man auf den Abgang der Nachgeburt und das Auftreten von Scheidenausfluss achten und die Futter- und Wasseraufnahme kontrollieren. Die Durchflussmenge der Tränke sollte mindestens 2 l/min betragen.

Mithilfe der Geburtseinleitung können die Geburten beschleunigt und die Abferkelungen zudem zeitlich gebündelt werden.

Die geburtseinleitende Prostaglandingabe ($PGF_{2\alpha}$) darf auf keinen Fall vor dem 114. Trächtigkeitstag erfolgen (Tag der KB 2 = 1. Trächtigkeitstag). Etwa 22 bis 24 Stunden später kann dann zusätzlich ein Depot-Oxytocin gespritzt werden. Die Geburten beginnen dann in der Regel zwei Stunden nach dieser Behandlung. Bei schleppenden Geburten kann 30 bis 50 ml Calcium am besten subkutan auf verschiedene Körperstellen verteilt (z. B. Kniefalte) verabreicht werden. Geht die Geburt dennoch nicht vonstatten, können Ferkel im Geburtskanal stecken geblieben sein. Dann muss Geburtshilfe geleistet werden. Dabei ist die

> Die Geburtseinleitung hat zahlreiche Vorteile: das Risiko von Totgeburten ist vermindert, die Geburten können besser überwacht werden und der Wurfausgleich ist erleichtert.

persönliche Hygiene (Reinigung und Desinfektion von Hand und Arm) sehr wichtig. Dänische Untersuchungen zeigten, dass ohne Geburtshilfe 7 %, mit Geburtshilfe jedoch 40 % Puerperalstörungen auftreten können. Beim Vorliegen von Puerperalstörungen ist neben dem Antibiotikum der Einsatz eines Entzündungshemmers zweckmäßig, da er die Genesung unterstützt und zu geringeren Ferkelverlusten führt.

Die Ursachen von Verlusten lebend geborener Ferkel sind vielfältig und von Betrieb zu Betrieb unterschiedlich (Tab. 54).

Etwa ein Viertel aller Verluste tritt am 1. Lebenstag, etwa 60 % in den ersten 3 Tagen und über 80 % in der ersten Lebenswoche auf. Es ist lange bekannt, dass die Geburtsmasse ein wichtiger Faktor für die Höhe der Ferkelverluste ist:
- bei Ferkeln unter 800 Gramm sterben etwa 50 %,
- bei Ferkeln über 2 kg nur etwa 3,5 %.

> Die wichtigsten Ursachen für Ferkelverluste sind Erdrücken und Lebensschwäche.

Jungsauen haben oft höhere **Ferkelverluste** als Altsauen im 2. und 3. Wurf. Bei älteren Sauen nehmen die Verluste wieder zu – durch Erdrückungsverluste, da die Sauen schwerfälliger werden, und durch Kümmern, da nicht mehr alle Zitzen intakt sind. Die Betreuung der neugeborenen Ferkel in den ersten Lebensstunden und Tagen gehört zu den wichtigsten Maßnahmen, um Verluste zu senken. Die Ferkel sollten etwa nach 30 bis 40 min das erste Kolostrum aufgenommen haben. Das Trockenreiben der Ferkel nach der Geburt oder zumindest das schnelle Abtrocknen durch die Anwendung diverser Pulver (ggf. nur auf das Ferkelnest gestreut) verhindert ein zu starkes Auskühlen der Ferkel ebenso wie das Anbringen eines Heizstrahlers zur Geburt hinter der Sau oder in den ersten 2 bis 3 Lebenstagen zusätzlich zu einer Fußbodenheizung. In sehr großen Würfen sollten die stärksten Ferkel für 2 Stunden abgesperrt werden (2 × Säugen), damit die kleinen Wurfgeschwister unbedrängt Kolostrum aufnehmen können. Schwache oder „verirrte" Ferkel (die in den Buchtenecken oder am Rücken der Sau

Tab. 54 Ursachen für Saugferkelverluste

Ursache	Verluste (Anteil in % an Gesamtverlusten)
Erdrücken	36–47
Lebensschwäche	19–31
Kümmern	12–18
Missbildungen, Spreizer	1–7
Gelenkentzündungen	0,2–2
Totbeißen	ca. 1
Unterkühlung, Sonstiges	1–10

nach den Zitzen suchen) sollten angesetzt werden. Die Nabelschnur kann auf „eine Handbreit" gekürzt und mit Jodlösung desinfiziert werden. Das (noch erlaubte) Kupieren des Schwanzes, die Eisenapplikation und andere Manipulationen am Ferkel sollten erst 24 Stunden nach der Geburt stattfinden, um eine ungestörte Kolostrumaufnahme zu ermöglichen. Über hochenergetische Ergänzungsfutter, Kolostralmilchersatz oder auch Babymilch (ggf. über eine Schlundsonde verabreicht) können schwache Ferkel unterstützt werden, allerdings ist der Aufwand beträchtlich. Die Geburtsüberwachung und Neugeborenenversorgung ist mit einem erheblichen Arbeitszeitaufwand verbunden. Da die Geburten häufig in den späten Nachmittags-/frühen Abendstunden stattfinden, ermöglicht das aber ein konzentriertes und effektives Arbeiten, sodass eine Nachtarbeit nicht zwingend erforderlich ist. Bei einem Drei-Wochen-Rhythmus ist z. B. nur alle 3 Wochen am Mittwoch- und Donnerstagabend (z. B. bis 22 Uhr) eine verlängerte Anwesenheit erforderlich, um die Arbeitszeit sehr effektiv zur Verlustsenkung einzusetzen.

> Die Geburtsüberwachung ist sehr effizient bei der Senkung der Ferkelverluste.

Weitere Ansätze zur Senkung der Ferkelverluste sind:
- das Engstellen des Kastenstandes in den ersten Lebenstagen (minus 0,15 erdrückte Ferkel/Wurf),
- die Nutzung von Klappbügeln im Stand, die ein langsameres Hinlegen der Sauen veranlassen (minus 1,3 % Verluste),
- möglichst wenig (neue) betonierte Flächen in der Abferkelbucht (minus 2 Prozent Ferkelverluste),
- Verwendung tierfreundlicher Fußbodenmaterialien und integrierter Materialien bei Kombiböden (keine verletzungsträchtigen Übergänge),
- kein erhöhter Sauenstand gegenüber dem Ferkellaufbereich (bei „Step two": 2 % mehr gemerzte oder verendete Ferkel) und
- eine hohe Futteraufnahme der Sau (im Mittel über 5 kg pro Tag – minus 2,5 % Verluste).

Baulicherseits ist unbedingt das Auftreten von Zugluft in den Abferkelbuchten zu verhindern, da die Häufigkeit von Puerperalstörungen und die Ferkelverluste ansonsten zunehmen. In der Tabelle 55 sind Maßnahmen der Sauen-Intensivbetreuung zusammengestellt, die durchgeführt werden können (nicht müssen!), um Ferkelverluste zu reduzieren.

Nach der EU-Richtlinie 2008/120/EG ist die **Kastration** bis zum 7. Lebenstag ohne Narkose erlaubt. Allerdings gibt es starke tierschutzbegründete Bestrebungen, die Kastration in der bislang durchgeführten Form abzuschaffen. Hintergrund der Kastration ist die Verhinderung des Ebergeruches im Fleisch nicht kastrierter männlicher Tiere. In Abb. 78 sind die Alternativen zur konventionellen Saugferkelkastration zusammengestellt.

Tab. 55 Maßnahmen zur Sauen- und Ferkelintensivbetreuung rund um die Abferkelung bzw. Geburt

- striktes Alles rein-Alles raus mit Reinigung/Desinfektion
- Klimaregelung nach fester Kurve – beginnend mit 24,5 °C, je Tag minus 0,2 °C
- Geburtseinleitung am Trächtigkeitstag 114/115
- Anlegen kleiner und lebensschwacher Ferkel (Kolostrumaufnahme!)
- Infrarot-Strahler bis 4 Tage nach Geburt, danach abhängig von Bedarf
- nach Abschluss der Geburt – Wegsperren des gesamten Wurfes für 15 min
- Hochtreiben der Sauen – Gesundheitskontrolle, Wasseraufnahme
- Wurfausgleich einmalig – möglichst viele Ferkel an eigener Sau lassen
- Binden von Grätscherferkeln
- Spätdienst bis 22 Uhr an Hauptabferkeltagen
- tägliche Gesundheitskontrolle von Sauen und Ferkeln
- Einstreu mit Gemisch aus Spänen und Einstreupulver
- am Tag nach der Abferkelung Ferkel früh vor der ersten Fütterung wegsperren – Sau kann in Ruhe fressen, Ferkel sind warm; Sau erhält dann 1 ml Depotocin
- in der Entwicklung zurückgebliebene Ferkel täglich „absammeln" und an Ammensauen geben, ggf. Antibiotikum und spezielles Beifutter
- derartige Ferkel bleiben immer im selben Abteil
- ab 3./4. LT: Kastration, Schwänze kupieren, Ohrmarken einziehen, Eiseninjektion
- bei Durchfällen wirksames Präparat
- untergewichtige Ferkel: Energieergänzer, Ansetzen an Sauen im 2./3. Wurf, Ergänzungsfutter in handwarmem Wasser (1 : 3), 10 min lang mehrmals täglich unter Lampe sperren

LT = Lebenstag

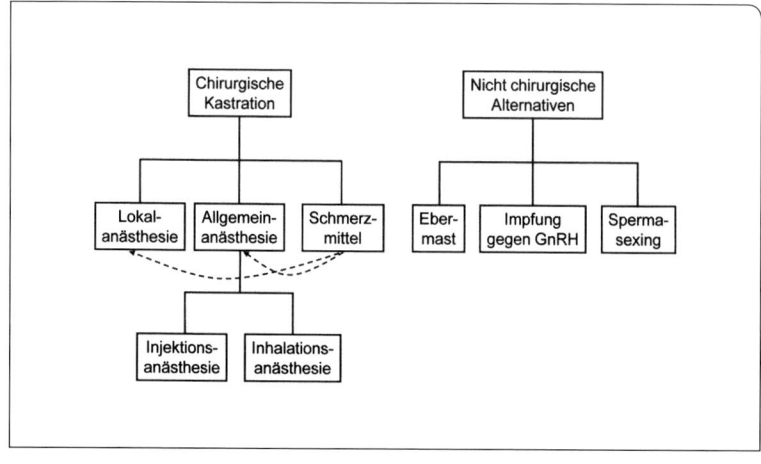

Abb. 78 Alternativen zur konventionellen Saugferkelkastration (nach Ritzmann et al. 2009).

Kastrierte Tiere entwickeln garantiert keinen Ebergeruch und sie sind ruhiger und weniger aggressiv als Eber. Allerdings geht die Kastration mit Schmerzen und Stress einher, und die Wunden bilden eine Eintrittspforte für bakterielle Erreger. Zur Schmerzminderung kann die Kastration unter Injektionsanästhesie (Ketamin in Kombination mit Azaperon – Anwendung durch Tierarzt) oder Allgemeinanästhesie (Narkosegas Isofluran – Anwendung durch Tierarzt; CO_2-Narkose – eventuell Anwendung auch durch Tierarzt) oder Lokalanästhesie (Anwendung durch Tierarzt) stattfinden. Vor der Kastration kann ein Schmerzmittel verabreicht werden, um die postoperativen Schmerzen zu lindern. All diesen Verfahren ist gemeinsam, dass es nach vergleichsweise großem Aufwand und hohen Kosten doch zu einer blutigen Kastration der männlichen Ferkel kommt und das Grundanliegen (Verzicht auf Kastration) somit nicht gelöst ist. Als nicht chirurgische Alternativen werden die Impfung gegen GnRH (= Gonadotropin Releasing Hormon), die Ebermast, das Spermasexing und die Zucht auf geringen Ebergeruch erforscht. Die Verfahren werden ausführlich im Buch „Schweinemast" beschrieben. Bei der Impfung werden sexuell intakte Eber gemästet und vor der Schlachtung in bestimmten Abständen zweimal gegen GnRH immunisiert. Obwohl der Impfstoff in verschiedenen Ländern zugelassen ist, gibt es große Vorbehalte seitens der Verbraucher und der Schlachtunternehmen. Beim Spermasexing ist gegenwärtig die Trennleistung zur Selektion der Spermien für eine Praxisanwendung viel zu gering. Die Zucht auf geringen Ebergeruch erscheint nach vielen Generationen möglich, allerdings wird befürchtet, dass die Fruchtbarkeitsleistung dadurch verringert wird. Am Erfolg versprechendsten ist die Ebermast, die bereits jetzt in größerem Umfang praktiziert wird. Voraussetzung ist, dass geruchsbehaftete Schlachtkörper bei der Schlachtung detektiert und gezielt vermarktet werden. Fragen von Fütterung, Lichtprogramm, Flächenangebot, Gruppengröße, Management und Bezahlung müssen dabei noch gelöst werden.

> Gegenwärtig wird die Ebermast bereits in vielen Betrieben angewendet.

Neben der Kastration steht das **Kupieren** eines Teiles des Schwanzes in der Kritik, sodass auch hier nach Alternativen gesucht wird. Allerdings ist nachgewiesen, dass sich die Gefahr des Schwanzbeißens durch das Kupieren um etwa 40 % reduzieren lässt, dass in Norwegen und Schweden mit einem Verbot des Kupierens deutlich höhere Quoten an Schwanzbeißen auftraten und dass mit zunehmender Länge des Schwanzes das Risiko des Schwanzbeißens auf das 4,6-fache anstieg. Das Schwanzbeißen ist offensichtlich ein sehr komplexes Geschehen, das von vielen Faktoren (Umgebungsreize, Beschäftigungsangebote, Fütterung/Ernährung, Belegungsdichte, Stallklima – vor allem Zugluft, Tiergesundheit) beeinflusst wird. Ein generelles Verbot des Kupierens ohne Anpassung von Haltung und Management würde die Ferkelaufzüchter und Schweinemäster vor große Probleme stellen.

9.2 Management großer Würfe

In zunehmendem Maße werden hochfruchtbare Sauen mit Wurfgrößen von 14 bis 16 Ferkeln eingesetzt. Selbst Würfe mit 18 Ferkeln und mehr sind keine Seltenheit. Gleichzeitig sind aber auch die Ferkelverluste angestiegen. Hohe Verluste stellen ein tierschutzrelevantes Problem dar. Die Zahl der aufgezogenen und verkauften Ferkel je Sau beeinflusst aber auch maßgeblich die Wirtschaftlichkeit der Ferkelerzeugung. Somit müssen alle Möglichkeiten genutzt werden, möglichst viele Saugferkel aufzuziehen. Bis zu einer Leistung von etwa 28 aufgezogenen Ferkeln je Sau und Jahr sollten die natürlichen Mütter allein diese Aufzuchtleistung erbringen. Darüber hinaus gibt es drei Verfahren:

> In Dänemark werden mittelfristig bereits 35 abgesetzte Ferkel je Sau und Jahr angestrebt.

- **Einsatz von Schlachtsauen** aus der vorangegangenen Wochengruppe als Ammensauen: Dazu wird ab einem Alter von 4 Tagen (nach der Kolostralmilchperiode) ein Wurf der am besten entwickelten Ferkel an eine Ammensau gegeben. An die frei gewordene Sau mit guter Milchleistung werden zurückgebliebene Ferkel gesetzt. Vorzüglich ist ein Reserveabteil für die Ammensau, da andernfalls hygienische Risiken bestehen.
- **Einsatz einer technischen Ferkelamme:** Ab einem Alter von 4 Tagen wird ein kompletter Wurf der Ferkel mit der besten Lebendmasseentwicklung an eine technische Ferkelamme umgesetzt. Dafür sollte ebenfalls ein Reserveabteil vorhanden sein. An der frei gewordenen Sau werden schwache Ferkel aus anderen Würfen aufgezogen.
- **Einsatz von Jungsauen als Ammen:** An eine Jungsau der jeweiligen Vorwoche werden 13 bis 14 zurückgebliebene Ferkel gegeben. Jungsauen haben kleinere und noch intakte Zitzen, sodass die Aufzuchtchancen für kleine Ferkel besser als an Altsauen sein können. In der Praxis werden derartige Ammensauen oft wiederholt in die nächste Wochengruppe gegeben. Auch hierbei ist ein Reserveabteil zu empfehlen. Die Nutzung von Schlachtsauen und von Jungsauen funktioniert allerdings nur bei einem Ein-Wochen-Rhythmus.

> Der Zitzenzahl (Ziel: 15 bis 16) und -qualität kommt höchste Bedeutung bei der Aufzucht großer Würfe zu (darin eingeschlossen: hohe Milchleistung der Sauen).

Technische Ferkelammen

Technische Ferkelammen als Einzel- oder Komplettlösung (z. B. RescueDeck – Abb. 79) bestehen aus verschiedenen Komponenten. Dazu gehören ein runder oder länglicher Trog, ein Behälter für das Milchpulver oder die angemischte Milch, eine Dosiereinrichtung für den Milchaustauscher bzw. die Milch und eine dazugehörige Steuereinrichtung.

Die Anzahl und die Menge der Mahlzeiten pro Tag können durch einen Computer oder eine Zeitschaltuhr eingestellt werden. Ferkel an der Sau saugen pro Tag über 30-mal mit abnehmender Tendenz während der Säugezeit. Die technische Amme kann die arttypische Säugehäufigkeit simulieren und die Ferkel werden etwa stündlich gefüttert. Unter hygienischen Aspekten muss eine Restlos-Fütterung praktiziert werden, d. h. die Milchportion muss restlos gefressen werden. Ansonsten kön-

Abb. 79 Blick in Rescue-Deck.

nen die Milchreste bei den hohen Stalltemperaturen verderben und zu Durchfällen führen.

Die technische Amme kann in einem gesonderten Stallabteil aufgestellt werden, was allerdings erhebliche Kosten verursacht, die den betriebswirtschaftlichen Effekt dieser Maßnahme in Frage stellen.

Die Kolostrumaufnahme muss in den ersten 3 Tagen nach der Geburt abgewartet werden, um die Grundimmunität bei den Frühabsetzern sicherzustellen.

Die mutterlose Aufzucht von Kümmerern an der technischen Amme und das Ausgleichen der Herkunftswürfe mit umgesetzten Ferkeln ist nicht zu empfehlen. Eine routinemäßige künstliche Aufzucht ohne Indikation ist tierschutzrechtlich nicht zulässig.

Der Beginn der mutterlosen Aufzucht ist ab dem 3./4. Lebenstag möglich.

9.3 Jungsaueneingliederung

Bedingt durch zunehmende Herdengrößen und das Vorkommen neuer Erreger (z. B. PRRS, pCV2) hat sich der Infektionsdruck in verschiedenen Zucht- und Ferkelerzeugerbetrieben offenbar so verändert, dass beim Zukauf von Jungsauen Krankheiten auftreten können, die nicht immer an klinischen Symptomen zu erkennen sind, die aber die Fruchtbarkeitsleistungen (Pubertätsalter und Pubertätsrate, Alter bei der ersten erfolgreichen Belegung, Abferkelrate, Wurfgröße und Ferkelindex) beeinträchtigen können. Anzeichen dafür sind ein später Eintritt der Geschlechtsreife, eine verminderte Abferkelrate (unter 70 %), eine hohe Umrauscherquote (über 25 %) und das Auftreten von „Durchläufern" (Sauen, die besamt wurden, nicht tragend sind, aber auch nicht umgerauscht haben).

> Die Eingliederungsphase sollte mindestens sechs Wochen dauern und in zwei Schritten – einer Isolations- und einer Akklimatisationsphase – durchgeführt werden.

Daher stellt die Jungsaueneingliederung mittlerweile ein eigenständiges Verfahren mit einer langsamen Akklimatisation der zugekauften Tiere an die neue Keimsituation im Ferkelerzeugerbetrieb dar.

In der dreiwöchigen **Isolationsphase** werden die Jungsauen vom übrigen Bestand getrennt aufgestallt und versorgt. Der Eingliederungsstall sollte sich nach Möglichkeit in einem separaten Gebäude befinden. Ist dies nicht vorhanden, wird ein getrenntes Stallabteil bewirtschaftet – z. B. am Ende eines Verbinders. Eine gesonderte Lüftung und Entmistung ist zu empfehlen. Die Jungsauen sollen sich schnell an den Betreuer gewöhnen; ein guter Mensch-Tier-Kontakt fördert gleichzeitig die Brunsterkennung, sodass ein ruhiger, intensiver Umgang mit den Jungsauen dringend anzuraten ist.

Während der drei- bis vierwöchigen **Akklimatisationsphase** wird ein allmählicher Kontakt zwischen Jungsauen und Bestandstieren durch gemeinsame Haltung mit Schlachtsauen oder Absetzferkeln (jedoch nicht in einer akuten Krankheitsperiode) entwickelt. Ein Verhältnis von 5 bis 7 Jungsauen zu 1 Kontakttier wird empfohlen. Die Jungsauen erhalten Kontakt mit einer relativ geringen für sie fremden Keimmenge, sodass sich langsam Antikörper dagegen bilden. Das Immunsystem wird durch diese Vorgehensweise nicht überbeansprucht. Ist die Gruppe der zugekauften Jungsauen groß genug, kann ein Buchten- und Partnerwechsel im dreiwöchigen Turnus den Eintritt der Brunst und die Ausprägung der Brunstsymptome fördern. Nach der 6- bis 7-wöchigen Eingliederung werden die Jungsauen in das Besamungszentrum zumeist in Einzelständen zur künstlichen Besamung eingestallt.

Bei Gruppenhaltung beträgt die optimale Gruppengröße 6 bis 8 Tiere. Als Fläche sind 1 bis 1,5 m^2 pro Zuchtschwein mit einer Lebendmasse über 110 kg zu veranschlagen.

In Gruppenbuchten ist die Brunsterkennung einfach.
Brunstsymptome:
- Aufspringen auf andere Sauen,
- Besprungenwerden,
- Duldungsverhalten: Stehen in der Buchtenecke mit angehobenen Ohren und gekrümmtem Rücken, Rötung und Schwellung der Vulva, Schleimfluss).

Die Seitenwände sind mindestens 1,10 m hoch und senkrecht verstäbt oder als geschlossene Wand ausgeführt. Die Buchtentüren (Breite etwa 80 cm) erfordern eine stabile Verriegelung.

Die Fütterung der Zuchtläufer erfolgt zumeist ad libitum. Da bei sehr hohen täglichen Zunahmen infolge der Sattfütterung Fundamentprobleme bei den Jungsauen entstehen können, wird eine rationierte Fütterung ab etwa 180. Lebenstag empfohlen (Quickfeeder).

Es hat sich in einer Reihe von Betrieben bewährt, die Jungsauen etwa ein bis zwei Monate früher als bisher, nämlich mit etwa 5 Mona-

Tab. 56 Leistungsdaten von Jungsauen mehrerer Betriebe in Abhängigkeit vom Eingliederungsalter (Hoy 2009)

Einstallalter (d) (Anzahl Sauen)	Abferkelrate (%) $p < 0{,}05$	Wurfgröße ges. geb. Ferkel ($p < 0{,}05$)	Ferkelindex
≤ 160 (1269)	84,1	11,64	979
> 160 d (550)	80,2	11,10	890
berechnet bei einem mittleren Alter bei Erstbelegung von 249,3 d			

ten, einzugliedern. Die Jungsauen können sich über eine längere Zeit bis zur Besamung an das neue Keimmilieu gewöhnen. Im Ergebnis ist eine Verbesserung der Fruchtbarkeitsleistung zumindest im ersten Wurf zu erwarten. Jungsauen mit einem Zukaufsalter von etwa 5 Monaten haben die beste Fruchtbarkeitsleistung sogar in den ersten beiden Würfen. In Untersuchungen an über 1800 Jungsauen aus mehreren Betrieben hatten jünger zugekaufte Jungsauen eine um etwa 4 % höhere Abferkelrate und 0,54 gesamt geborene Ferkel mehr im ersten Wurf, woraus 89 Ferkel je 100 besamte Jungsauen mehr im Ferkelindex resultierten (Tab. 56).

Wenn die Jungsauen bereits mit 150 bis 160 Tagen eingegliedert werden, lässt sich der in Tabelle 57 zusammengestellte „Fahrplan zur Besamung" umsetzen. In Betrieben mit eigener Remontierung kann diese Vorgehensweise einfacher und vor allem früher angewendet werden.

Tab. 57 „Fahrplan" zur Besamung – Maßnahmen zur Vorbereitung der Zuchtläufer und Jungsauen

Lebenstag[1]	Maßnahme[1]
160	Zukauf der Jungsauen – Isolationsphase
181	Umstallen im Eingliederungsstall (Mischen, Eberkontakt) – Akklimatisationsphase
202	Umstallen in den Produktionsstall, Mischen, Eberkontakt
223	Umstallen in Einzelstände, Eberkontakt
226	Beginn Brunstsynchronisation – 18 d lang
243	Ende Brunstsynchronisation
245	Gabe eines zyklusstimulierenden Präparates
249	Duldungskontrolle und duldungsorientierte Besamung

[1] In Abhängigkeit von den betriebsspezifischen Gegebenheiten kann das Schema bezüglich Alter und Maßnahme etwas variieren.

9.4 Sonstige Managementmaßnahmen

Schweine müssen gemäß der Viehverkehrsverordnung (VVVO) durch den Halter spätestens beim Absetzen mit einer von der zuständigen Behörde zugeteilten offenen Ohrmarke dauerhaft gekennzeichnet werden.

Zuchttiere müssen nach § 12 Tierzuchtgesetz und nach der Verordnung über die Leistungsprüfungen und die Zuchtwertfeststellung bei Schweinen dauerhaft so gekennzeichnet werden, dass ihre Identität feststellbar ist.

Sauen, Jungsauen und Prüftiere in der Leistungsprüfung auf Station können auch eine elektronische Kennzeichnung (elektronischer Chip, zumeist in der Ohrmarke) erhalten. Mittels Lesegeräten können sie identifiziert und Leistungs- und Managementdaten (z. B. Brunst, Besamungstermine) zugeordnet werden. Der bedeutsamste Einsatz ist allerdings die computergestützte individuelle Fütterung über die elektronische Abrufstation. Die Tiere werden durch Antennen an der Futterstation erkannt und erhalten bei Futteranspruch eine bestimmte Menge Futter ausdosiert.

Zukünftig werden über die elektronische Abrufstation Informationen über den Gesundheitsstatus und andere Probleme verfügbar sein (über die Besuchsreihenfolge der Sauen in der Station). Klimacomputer helfen bei der Überwachung von Stallklima und Lüftungsintensität und über spezielle Software gelangen Informationen vom Schlachtbetrieb bis letztlich zum Ferkelerzeuger (z. B. Zunahmen, Schlachtkörperzusammensetzung, Organbefunde). Futterkurven in Flüssigfütterungsanlagen dienen der punktgenauen Körpermasseentwicklung der Tiere und Wasseruhren geben Informationen zum täglichen Wasserverbrauch als Leistungs- und Gesundheitsparameter. An Systemen einer computergestützten Brunst- und Trächtigkeitserkennung wird zumindest gearbeitet – ebenso an Videosystemen zur Geburtsüberwachung, z. T. gibt es bereits erste Anwendungen. Für die Planung von Stallanlagen und Prozessabläufen stehen Simulationsprogramme zur Verfügung und die Rationsberechnung auf der Basis von Computerprogrammen ist bereits seit längerem Stand der Technik.

Service

Literaturverzeichnis

Literatur Kapitel 2
Brüssow, K.-P.; Wähner, M. (2005): Biotechnische Fortpflanzungssteuerung beim weiblichen Schwein. Züchtungskunde 77 (2/3), 157–170

Glei, M.; Schlegel, W. (1988): Zur richtigen Bestimmung des Pubertätseintrittes von Jungsauen und dessen Bedeutung für die Fruchtbarkeitsleistung. Tierzucht 42, 265–266

Lengerken, v. G.; Wicke, M. (1997): Entwicklungstendenzen in der Schweinefleischerzeugung. 4. Symposium, Institut für Tierzucht und -haltung 3.4.1997, Halle/Saale

Matthes, W.; Spitschak, K.; Strüwe, J.; Füller, R. (2008): Hohe Remontierung kostet Geld. dlz agrarmagazin/primus 7, 14–19

Weitze, K.-F.; Wagner-Rietschel, H.; Waberski, D.; Richter, L.; Krieter, J. (1994): The onset of heat after weaning, heat duration and ovulation as major factors in AI timing in sows. Reprod. Dom. Anim. 29, 433–443

Literatur Kapitel 3
Anonym (2005): Deckzentrum zu klein – was kann man tun? Schweinezucht und Schweinemast 6, 67

Cassar, G.; Kirkwood, R. N.; Seguin, M. J.; Widowski, T. M.; Farzan, A.; Zanella, A. J.; Friendship, R. M. (2008): Influence of stage of gestation at grouping and presence of boars on farrowing rate and litter size of group-housed sows. Journal of Swine Health and Production 16 (2), 81–85

Meyer, E.; Müller, K. (2006): Optimale Abferkelbuchten – mehr aufgezogene Ferkel. Schweinezucht und Schweinemast 1, 32–37

Ruetz, M.; Hoy, St. (2007): Mit dem richtigen Fußboden Schürfwunden vorbeugen. dlz agrarmagazin 58 (2), 130–134

Literatur Kapitel 4
AEL-Merkblatt 28 (1996): Wärmesysteme für Ferkel im Praxisvergleich.

AEL (2004): Berechnungs- und Planungsgrundlagen für das Klima in geschlossenen Ställen. AEL-Heft 17/2004, AEL Frankfurt, www.ael-online.de

BFL (2011): Baubrief 50 Ferkelerzeugung. Bauförderung Landwirtschaft, Münster, BFL-Selbstverlag

Büscher, W.; Nannen, C.; Feller, B. (2008): Kühlung von Schweineställen. DLG-Merkblatt 346, DLG-Verlag Frankfurt, Abrufbar im Internet unter: http://www.dlg-test.de/pbdocs/merkblatt/dlg-merkblatt_346.pdf

Dahmen, A.; Büscher, W. (2007): Heizsysteme in der Ferkelaufzucht – Energieverbräuche und Tierakzeptanz. In: 8. Internationale Tagung: Bau, Technik und Umwelt in der landwirtschaftlichen Nutztierhaltung, Bonn, 2007. KTBL Darmstadt

DIN 18910 (1993) und DIN 18 910-1 (2004): Wärmeschutz geschlossener Ställe – Wärmedämmung und Lüftung – Teil 1: Planungs- und Berechnungsgrundlagen für geschlossene zwangsbelüftete Ställe, Beuth Verlag

DLG Arbeitsunterlage (2003): Lüftung von Schweineställen. DLG-Verlag Frankfurt, Abrufbar im Internet unter: http://www.dlg.org/de/landwirtschaft/testzentrum/merkblaetter.html

KTBL (2005): Energieversorgung in Geflügel- und Schweineställen. KTBL-Schrift 445, Darmstadt

KTBL (2009): Faustzahlen für die Landwirtschaft. Darmstadt

Literatur Kapitel 5
Arends, F. (2006): Berücksichtigung der Abluftreinigung bei der Genehmigung. In: KTBL-Schrift 451, Abluftreinigung in der Tierhaltung, 2006, S. 68–70, Kuratorium für Technik und Bauwesen in der Landwirtschaft e. V. (KTBL), Darmstadt

BauGB: Baugesetzbuch in der Fassung der Bekanntmachung vom 23. September 2004 (BGBl. I S. 2414), zuletzt geändert durch Artikel 1 des Gesetzes vom 22. Juli 2011 (BGBl. I S. 1509)

BauNVO: Verordnung über die bauliche Nutzung der Grundstücke (Baunutzungsverordnung – BauNVO) in der Fassung der Bekanntmachung vom 23. Januar 1990 (BGBl.1 S. 132), zuletzt geändert am 22. April 1993 (BGBl.1 S. 466)

TA Luft: Erste Allgemeine Verwaltungsvorschrift zum Bundes-Immissionsschutzgesetz (Technische Anleitung zur Reinhaltung der Luft – TA Luft) vom 24. Juli 2002

BImSchG: Gesetz zum Schutz vor schädlichen Umwelteinwirkungen durch Luftverunreinigungen, Geräusche, Erschütterungen und ähnliche Vorgänge (Bundes-Immissionsschutzgesetz – BImSchG In der Fassung der Bekanntmachung vom 26. September 2002, BGBl. I S. 3830, zuletzt geändert am 8. November 2011, BGBl. I S. 2178

BNatSchG: Bundesnaturschutzgesetz vom 29. Juli 2009 (BGBl. I S. 2542), zuletzt geändert durch Artikel 2 des Gesetzes vom 6. Dezember 2011 (BGBl. I S. 2557)

DLG 2006: DLG-Prüfrahmen für Abluftreinigungssysteme in der Tierhaltung, 2006. (http://www.dlg.org/gebaeude.html#Abluft)

FFH-Richtlinie RICHTLINIE 92/43/EWG DES RATES vom 21. Mai 1992 zur Erhaltung der natürlichen Lebensräume sowie der wildlebenden Tiere und Pflanzen, FFH-Richtlinie

GIRL: Feststellung und Beurteilung von Geruchsimmissionen (Geruchsimmissions-Richtlinie – GIRL) vom 29. Februar 2008 und einer Ergänzung vom 10. September 2008

Grimm, E. (2010): Aktuelle rechtliche Rahmenbedingungen für die Tierhaltung, KTBL-Tagungen am 10. Juni in Hannover und am 22. Juni in Ulm; Abluftreinigung bei Tierhaltungsanlagen – Aktuelles zum Stand der Technik und zu den Kosten

Hahne, J.; Schirz, St.; Schumacher, W. (2002): Leitfaden des Landkreises Cloppenburg zur Feststellung der Eignung von Abluftreinigungsanlagen in der Tierhaltung zur Anwendung in der Genehmigungspraxis und bei der Überwachung. (http://www.lkclp.de/5_service/sv_alle_formulare_downloadangebote_downloadangebote_laut_auswahl.shtml?download_kv_bauen)

Hahne, J. (2006): Welche Verfahren gibt es? In: KTBL-Schrift 451, Abluftreinigung in der Tierhaltung, S. 12–45, Kuratorium für Technik und Bauwesen in der Landwirtschaft e. V. (KTBL), Darmstadt

KTBL (2006): Abluftreinigung in der Tierhaltung, KTBL-Schrift 451, Kuratorium für Technik und Bauwesen in der Landwirtschaft e. V. (KTBL), Darmstadt

LAI (2010): Arbeitskreis „Ermittlung und Bewertung von Stickstoffeinträgen" der Bund/Länder-Arbeitsgemeinschaft für Immissionsschutz; Abschlussbericht (Langfassung), Stand 03.03.2010, LAI Leitfaden

Nies, V. (2003): Hilfestellung bei Genehmigungsverfahren für Tierhaltungen, Aktuelle Beratungsempfehlungen. BauBriefe Landwirtschaft 43, Bauförderung Landwirtschaft e. V. (BFL), Landwirtschaftsverlag GmbH Münster-Hiltrup

OVG Lüneburg (2009): AZ.: 1 LB 45/08 Urteil vom 10.11.2009, Abwehr an einen Schweinemastbetrieb heranrückender Wohnbebauung

VDI (2011): VDI-Richtlinie 3894 Bl. 1: Emissionen und Immissionen aus Tierhaltungsanlagen; Haltungsverfahren und Emissionen; Schweine, Rinder, Geflügel, Pferde; Verein Deutscher Ingenieure; VDI/DIN-Handbuch Reinhaltung der Luft, Band 3: Emissionsminderung II, VDI-Handbuch Nutztierhaltung: Emissionen/Immissionen; Beuth Verlag, Berlin

Vierte BImSchV: Verordnung über genehmigungsbedürftige Anlagen (4. BImSchV) neugefasst durch B. v. 14.03.1997 BGBl. I S. 504; zuletzt geändert durch Artikel 5 Abs. 2 V. v. 26.11.2010 BGBl. I S. 1643

WHG: Wasserhaushaltsgesetz vom 31. Juli 2009 (BGBl. I S. 2585), zuletzt geändert durch Artikel 2 Absatz 67 des Gesetzes vom 22. Dezember 2011 (BGBl. I S. 3044)

Literatur Kapitel 7

Ausschuss für Bedarfsnormen der Gesellschaft für Ernährungsphysiologie (2006): Empfehlungen zur Energie- und Nährstoffversorgung von Schweinen

Austin, J.; Lewis, L.; Lee Southern, L. (Eds.) (2001): Swine nutrition. CRC Press, Boca Raton, Fl, USA, 1032 S.

Berg von, S.; Hellwig, E.-G.; Hoy, St.; Johannsen, D.; Kleine Klausing, H.; Kemper, N.; Reiner, G. (2011): Peripartales Hypogalaktie Syndrom (PHS) der Sau. 1. Auflage, Nutztierpraxis Schwein, Agrar- und Veterinärakademie Horstmar-Leer, 72 S.

BMELV (2007): Orientierungswerte für Tränkwasser des BMELV vom 25.05.2007

Brade, W.; Flachowsky, G. (2006): Schweinezucht und Schweinefleischerzeugung – Empfehlungen für die Praxis, FAL Sonderheft 296 Spezial Issue

DLG Arbeitskreis Futter und Fütterung (2008): Empfehlungen zur Sauen- und Ferkelfütterung, DLG-Informationen 1/2008

Fledderus, J.; Bikker, P.; Kluess, J. W. (2007): Increasing diet viscosity using carboxymethylcellulose in weaned piglets stimulate protein digestibility. Livestock Science 109, 89–92

Hoy, St., Wähner, M.; Kleine Klausing, H.; Petzold, M.; Hellwig, E.-G. (2010): Handbuch Jungsauen – Zucht, Haltung, Fütterung und Tiergesundheit. 1. Auflage, Nutztierpraxis Schwein, Agrar- und Veterinärakademie Horstmar-Leer, 108 S.

Jeroch, H.; Drochner, W.; Simon,O (2008): Ernährung landwirtschaftlicher Nutztiere. UTB, Stuttgart

Kamphues, J.; Coenen, M.; Kienzle, E.; Pallauf, J.; Simon, O.; Wanner, M.; Zentek, J. (2008): Supplemente zu Vorlesungen und Übungen in der Tierernährung, 11. Auflage. Verlag M. & H. Schaper Alfeld-Hannover, 374 S.

Kirchgeßner, M.; Roth, F. X.; Schwarz, F. J.; Gabriel, I. S. (2008): Tierernährung: Leitfaden für Studium, Beratung und Praxis

Kleine Klausing, H. (2010): Praktische Fütterungsmaßnahmen zur Prophylaxe und Metaphylaxe von Durchfallerkrankungen beim Ferkel. Nutztierpraxis aktuell, Tagungsband zur 9. Haupttagung der Agrar- und Veterinärakademie (AVA) 17.–21. März 2010, 122–127

Kleine Klausing, H. (2010): Sauer macht lustig. Neue Landwirtschaft 8, 62–65

Lindermayer, H. (2008): Gönnen Sie Ihrer Mühle eine General-Überholung! top agrar 1, S26–S29

Lotthammer, K.-H. (1995): Fütterungsfehler belasten oft noch Monate später. top agrar extra, Fruchtbarkeit im Kuhstall, 104–108

Löffler, K.; Gaebel, G. (2009): Anatomie und Physiologie der Haustiere

Martineau, G. P.; Smith, B. B.; Doizé, B. (1992): Pathogenesis, prevention and treatment of lactational insufficiency in sows. Vet. Clin. North Am. Food Anim. Pract. 8 (3), 661–680

Matthies, E.; Rimbach, M. (2007): Futtersäuren in der Schweinefütterung. Nutztierpraxis aktuell 21, 56–61

Riewenherm, G.; Sondermann, S. (2011): Hochleistung erfüttern. dlz primus Schwein 3, 14–19

Riewenherm, G.; Lake, L.;Sondermann, S. (2011): Hoch verdaulich und schmackhaft dazu. dlz primus Schwein 4, 18–13

Sommer, W. (2004): Fütterungsbedingte MMA-Erkrankung. www.landwirtschaftskammer.de/landwirtschaft/tierproduktion/schweinehaltung/fuetterung/fuetterung-mma.htm

Sondermann, S. (2011): Bei Stroheinsatz auf Mykotoxine achten. dlz primus Schwein 11, 28–31

Van Soest, P. J.; Robertson, J. B.; Lewis, B. A. (1991): Methods for dietary fibre, neutral detergent fibre and non starch polysaccharids in relation to animal nutrition. Journal of Dairy Science 74, 3583–3597

Verstegen, M. W. A.; Moughan, P. J.; Schrama, J. W. (Eds.) (1998): The Lactating Sow. Wageningen Academic Publishers, Wageningen, The Netherlands, 400 S.

Literatur Kapitel 8

Brede, W.; Blaha, T.; Hoy, St. (2010): Tiergesundheit Schwein. DLG-Verlags-GmbH, Frankfurt am Main

Burgstaller, G.; Biedermann, G.; Huber, M.; Pahmeyer, L.; Ratschow, J.-P. (1999): Handbuch Schweineerzeugung. 4. Auflage. Verlagsunion DLG-Verlags-GmbH, Frankfurt am Main

Griessler, A.; Voglmayr, T.; Holzheu, M.; Werner-Tutschku, M. (2008): Schweinekrankheiten. Leopold Stocker Verlag, Graz-Stuttgart

Heinritzi, K.; Gindele, H. R.; Reiner, G.; Schnurrbusch, U. (2006): Schweinekrankheiten. Verlag Eugen Ulmer, Stuttgart

Nathues, H.; Nienhoff, H.; grosse Beilage, E.; Blaha, Th.; Ritzmann, M.; Reiner, G.; Lahrmann, K.-H.; Kaufold, J.; Waberski, D.; Hennig-Pauka, I.; Wendt, M.; Waldmann, K.-H. (2011): Monitoring-Systeme in Zuchtschweinebeständen aus Sicht der Wissenschaft. Dtsch. Tierärzteblatt, 1324–1334

Nathues, H.; große Beilage, E. (2010): Labordiagnostik an Probenmaterial aus Schweinebeständen. Tierärztl. Praxis 38 (G), 57–64

Prange, H. (2004): Tiergesundheitsmanagement Schweinehaltung. Verlag Eugen Ulmer, Stuttgart

Reiner, G.; Hertrampf, B.; Richard, H. R. (2009): Postpartales Dysgalaktiesyndrom der Sau – eine Übersicht mit besonderer Berücksichtigung der Pathogenese. Tierärztl. Praxis 36 (G), 305–318

Sieverding, E. (2000): Handbuch Gesunde Schweine. Kamlage Verlag, Osnabrück

Straw, B. E.; Zimmerman, J. J.; D´Allaire, S.; Taylor, D. J. (2006): Diseases of Swine. 9th Edition. Blackwell Publishing, Ames, Iowa, USA

Waldmann, K.-H.; Wendt, M. (2004): Lehrbuch der Schweinekrankheiten. 4. Auflage, Parey Verlag, Stuttgart

Wolf, F. (2011): Evaluierung der Überlängen von Haupt- und Afterklauen in Ferkelerzeugerbetrieben unter Verwendung des Klauenpflegestandes (PPES) und des EDV-Klauenmanagers. Diplomarbeit, Veterinärmedizinische Universität Wien

Literatur Kapitel 9

Hoy, St. (2009): Jungsaueneingliederung und Jungsauenfruchtbarkeit. Nutztierpraxis aktuell 30, 30–34

Wichtige Adressen

Zentralverband der Deutschen Schweineproduktion e. V. (ZDS)
Adenauerallee 174
53113 Bonn
Tel.: (0228) 91447.40
Fax: (0228) 91447.45
E-Mail: info@ZDS-Bonn.de
http://www.zds-bonn.de

Bayerische Landesanstalt für Landwirtschaft Institut für Tierzucht
Prof.-Dürrwaechter-Platz 1
85586 Poing
Tel.: (089) 99141–190
Fax: (089) 99141.199
E-Mail: edgar.littmann@lfl.bayern.de
http://www.lfl.bayern.de/itz/

Bildungs- und Wissenszentrum Boxberg Landesanstalt für Schweinezucht
Seehöfer Str. 50
97944 Boxberg-Windischbuch
Tel.: (07930) 99280
Fax: (07930) 9928111
E-Mail: peter.gruen@lsz.bwl.de
http://www.lsz-bw.de

Dienstleistungszentrum Ländlicher Raum Westpfalz – Abteilung Agrarwirtschaft
Neumühle 8
67728 Münchweiler/Alsenz
Tel.: (06302) 9216.0
Fax: (06302) 9216.99
E-Mail: agrarwirtschaft-6@dlr.rlp.de
http://www.dlr-westpfalz.rlp.de

Qualitätsprüfstation für Schweine Fuhlensee
24327 Blekendorf
Tel.: (04381) 415728
Fax: (04381) 415728
E-Mail: qps@lksh.de
http://www.lksh.de

Lehr- und Versuchsanstalt für Tierzucht und Tierhaltung Ruhlsdorf/Groß Kreutz e. V.
Dorfstraße 1
14513 Teltow (Ruhlsdorf)
Tel.: (03328) 436.145
Fax: (03328) 309139
E-Mail: thomas.paulke@lelf.brandenburg.de
http://www.lvatgrosskreutz.de

Landesanstalt für Landwirtschaft Forsten und Gartenbau Sachsen Anhalt
Zentrum für Tierhaltung und Technik
Lindenstr. 18
39606 Iden
Tel.: (039390) 6408
Fax: (039390) 6201
E-Mail: herwig.maeurer@llg.mlu.sachsen-anhalt.de
http://www.llfg.sachsen-anhalt.de

Schweineleistungsprüfstation SLP Jürgenstorf
Krummseer Straße
17153 Jürgenstorf
Tel.: (039955) 2530
Fax: (039955) 25326
E-Mail: slp.juergenstorf@t-online.de
http://www.schweinezucht-mv.de

Leistungsprüfanstalt für Schweine Quakenbrück
Am Vehr-Esch 2
49610 Quakenbrück
Tel.: (05431) 90309.0
Fax: (05431) 90309.16
E-Mail: lpa.vehr@lwk-niedersachsen.de
http://www.lwk-niedersachsen.de

Landwirtschaftszentrum Haus Düsse
LPA Schwein
59505 Bad Sassendorf-Ostinghausen
Tel.: (02945) 989.0
Fax: (02945) 989.133
E-Mail: christiane.schulzelangenhorst@lwk.nrw.de
http://www.duesse.de

Sächsische Landesanstalt für Umwelt, Landwirtschaft und Geologie
LVG Köllitsch
Am Park 3
04886 Köllitsch
Tel.: (034222)46.0
Fax: (034222) 662699
E-Mail: birgit.bergel@smul.sachsen.de
http://www.smul.sachsen.de/lfulg/1527.htm

Bayerische Landesanstalt für Landwirtschaft
LVFZ-Schwarzenau
Stadtschwarzacher Str. 18
97359 Schwarzach/Unterfranken
Tel.: (09324) 9728.0
Fax: (09324) 9728.20
E-Mail: peter.lindner@lfl.bayern.de
http://www.lfl.bayern.de/itz/

Thüringer Lehr-, Prüf- und Versuchsgut GmbH
Am Feldschlößchen 9
99439 Buttelstedt
Tel.: (036427) 869.0 (LPA)
Fax: (036427) 869.22
E-Mail: g.reimann@tlpvg.de
http://www.tlpvg.de

Lehr- und Versuchsstation Frankenforst
53639 Königswinter
Tel.: (02223) 9172.0
Fax: (02223) 9172.22
E-Mail: h.juengst@uni-bonn.de
http://www.frankenforst.uni-bonn.de

Landesbetrieb Landwirtschaft Hessen
Kölnische Straße 48–50
34117 Kassel
Tel.: (0561) 7299–355
Fax: (0561) 7299–210
Marburger Str. 69
36304 Alsfeld
Tel.: (06631) 786–174/-175
Fax: (06631) 786–154
E-Mail: paul.wagener@llh.hessen.de
http://www.llh.hessen.de

Weitere Adressen

siehe: Schweineproduktion 2010. Herausgegeben vom Zentralverband der Deutschen Schweineproduktion e. V. (ZDS)

Bildquellen

Brede, Wilfried: Abb. 79
Luttermann, Christoph: Abb. 29
Sambraus, Hans Hinrich: Abb. 7, 8, 9, 10

Folgende Zeichnungen fertigte Artur Piestricow, Stuttgart, nach Vorlagen der Autoren:
Abb. 1, 2, 11-13, 18, 19, 21, 23, 36, 51, 54, 67-73

Das Titelbild und alle anderen Abbildungen stammen, wenn nicht anders vermerkt, von den Autoren.

Über die Autoren

Friedrich Arends ist Fachreferent der Landwirtschaftskammer Niedersachsen für Baurecht und Immissionsschutz sowie Mitglied der DLG-Prüfungskommission für Abluftreinigungstechnik. Einen bedeutenden Schwerpunkt seiner Arbeit stellen genehmigungs- und immissionsschutzrechtliche Aspekte in der Tierhaltung dar.

Prof. Dr. Wolfgang Büscher ist seit 2002 an der Universität Bonn am Institut für Landtechnik tätig. In der Lehre hat er die Tierhaltungstechnik und das Bauwesen an der Landwirtschaftlichen Fakultät zu vertreten. In der Forschung befasst er sich vorrangig mit der Klimatechnik, der Energieanwendung und den Umweltaspekten der Tierhaltung.

Dr. Albert Hortmann-Scholten ist seit dem 1.9.1990 bei der Landwirtschaftskammer Niedersachsen in Oldenburg tätig, zuletzt als Leiter des FB 3.1 Unternehmensberatung, Betriebswirtschaft und Markt. Er bearbeitet schwerpunktmäßig Fragen der Markt- und Qualitätssicherung im Bereich der Schweinefleischerzeugung.

Prof. Dr. Steffen Hoy ist Professor am Institut für Tierzucht und Haustiergenetik der Justus-Liebig-Universität Gießen. Seine Forschung konzentriert sich auf die Entwicklung und Prüfung von Haltungs- und Fütterungsverfahren für Schweine unter Verhaltens- und Hygieneaspekten.

Dr. agr. Heinrich Kleine Klausing ist in leitender Funktion bei Deutsche Tiernahrung Cremer tätig. Die Schwerpunkte seiner wissenschaftlich-praktischen Arbeit liegen im Bereich der technologischen Veredlung von Futterrohstoffen für die Fütterung mit speziellem Fokus auf die Ernährung von Schweinen.

Dipl. Ing. sc. agr. Georg Riewenherm leitet das Produktmanagement Schwein der Deutschen Tiernahrung Cremer. Die aus seiner Tätigkeit resultierenden praktischen Beratungsansätze und Weiterentwicklungen im Bereich der Schweinefütterung bringt er in die DLG-Arbeitsgruppe „Fütterungsempfehlungen Schwein" mit ein.

Prof. Dr. Mathias Ritzmann ist Inhaber des Lehrstuhls für Schweinekrankheiten der Ludwig-Maximilians-Universität München und Vorstand der Klinik für Schweine der LMU München. Seine Forschungsschwerpunkte sind Infektionskrankheiten beim Schwein, wie PRRSV sowie PCV2.

Peter Spandau leitet das Referat „Energie, Technik, Bauen" bei der Landwirtschaftskammer Nordrhein-Westfalen. Daneben beschäftigt er sich seit vielen Jahren speziell mit Fragen zur Wirtschaftlichkeit und Betriebsentwicklung in der Schweinehaltung.

Prof. Dr. Martin Wähner lehrt an der Hochschule Anhalt in Bernburg das Gebiet „Grundlagen der Tierproduktion". Im Zentrum seiner wissenschaftlichen Arbeiten stehen sowohl die Schweinezucht als auch die Reproduktionsbiotechnik und das Fortpflanzungs- bzw. das Herdenmanagement in Sauenbeständen.

Sachregister

A
Abferkelbucht 60, 64, 103
Abferkelrate 23, 54, 71, 193
Abferkelstall 42, 60
Ab-Hof-Preisnotierung 12
Abluft 98, 103, 128
Abluftführung 108, 121
Abluftreinigung 128, 145, 147
Abruffütterung 85
Absetzen der Ferkel 42, 72, 86
Absetzmasse 18, 174
AKh-Bedarf je Sau 137
Akklimatisationsphase 194
Alarmanlage 95, 111
Altrenogest 45
Ameisensäure 93, 168
Aminosäure 154
Ammensau 192
Ammoniak 121, 130, 145
Amylase 167
anorganische Säure 168
Antibiotikametaphylaxe 184
Arbeitserledigungskosten 136
Arbeitszeitbedarf 97, 142
Arena 72
Außenbereich 94, 115
Austreibungsphase 40
AutoFOM 14

B
Baugesetzbuch 114
Baukonzept 96
Baunutzungsverordnung 116
Befruchtung 36, 39, 71
Bemuskelung 22
Benzoesäure 168
Besamung 42, 49, 72
Besamungskatheter 50
Besamungsstall 76
Besamungsstand 77
Biofilter 127, 133
Biotin 157
BLUP-Zuchtwertschätzverfahren 30
Blutplasma 167
Breiautomat 91
Breinuckel 86
Brunst 38
Brunstkontrolle 49, 77
Brunstsynchronisation 45
Brunstzyklus 35, 47
Bundesimmissionsschutzgesetz 117
Bundesnaturschutzgesetz 117

C
Calcium 162, 187
Coanda-Effekt 105
Critical-Load 126
Cystein 163

D
Depopulation/Repopulation 178
Depotocin 53
Deutsche Landrasse (DL) 19
Deutsches Edelschwein/Large White (DE/LW) 19
Diagonalaufstallung 67
Direktkosten 136
Direktkostenfreie Leistung 135
Dreiwegkreuzung 28
Dribbelfütterung 84
Duldung 49
Durchflussmenge 69, 187
Durchflussrate 175
Duroc (Du) 20

E
Eberbucht 77
Ebergeruch 189
Ebermast 191
eCG 45
Eierstock 35
Eigenremontierung 57
Eileiter 36
Einfachkreuzung 28, 58
Eingliederungsfutter 159
Ejakulat 49
Embryotransfer 51
Energiekosten 136
Eradikation 177
Erdwärmenutzung 104
Erhaltungsbedarf 153, 160
Erlös 144
Eröffnungsphase 40
Erstabferkelalter 18
Erstbesamungsalter 18
Exterieurbeurteilung 22

F
Familienbetrieb 136, 150
Fauna-Flora-Habitat-Richtlinie 126
Feinstaub 121
Ferkelaufzuchtfutter I 1/3
Ferkelaufzuchtfutter II 174
Ferkelfutter 166
Ferkelnest 64, 103
Ferkelverluste 67
Flächenpachtpreis 144
Fließmistverfahren 112
Flüssigfütterung 84, 92, 167
Flüssigmist 96, 113
Fortpflanzungsleistung 17
Fortpflanzungssteuerung 44
Fremd-AK 151
Fremdremontierung 58
FSH 37
Fumarsäure 168
Fundament 22, 157
Futterganglüftung 107
Futterkosten 136
Futterkurve 86, 159
Futterzusammensetzung 153, 160, 164

G
Gebärmutter 37
Gebärmutterhals 37
Gebäudekosten 138
Gebrauchskreuzung 28
Geburt 40
Geburtsinduktion 45, 53, 187
Geburtsmasse 188
Geburts-/Säugefutter 164
Geburtsüberwachung 52, 187
Gelbkörper 36
Geradeaufstallung 67
Geruchs-Immissionsrichtlinie 125
Gesäuge 22
Gleitreibwert 63
Graafscher Follikel 36

Großvieheinheit 123
Gruppenbildung 71
Gülle 117, 131, 144
Gussrost 60
Güstzeit 18

H
Hampshire (Ha) 20
Handfütterung 69
Harn-pH-Wert 162
hCG 45
Heizungssystem 103
Heritabilität 26
Herkünfte 17, 26
Heterosiseffekt 26, 57
Hypophyse 37
Hypothalamus 37

I
Immunprophylaxe 182
Impfstoff 181
Innenbereich 114
Intervallfütterung 89
Isolationsphase 194

J
Jahresbruttolohn 146
Jungsau 44, 54, 157, 193
Jungsauenfutter 155

K
Kastenstand 67
Kastration 189
Kationen-Anionen-Bilanz (KAB) 162
Kernsauenherde 58
Kipp-Fangfressstand (Korbstand) 82
Koloniebildende Einheit (KBE) 176
Kolostrum 188
Kombinationsfußboden (Inlayboden) 62
Komponentenwahl 160

Konditionsfütterung 162
Kontakttier 194
Kostendegression 148
Kreuzungszucht 25
Kunststoffrost 60
Kunststoffummantelter Streckmetallrost 60

L
Laktationsfutter 163
Längsaufstallung 66
Längstrog 83, 90
L-Carnitin 166
Leistungsmerkmal 22
Leistungsprüfanstalt 24
Leistungsprüfung 21
LH 37
Lichtprogramm 78
Liegekessel 74, 80
Linie 17, 26
Liquidität 150
Lohnkosten 136
Lysin 157

M
Malignes-Hyperthermie-Syndrom 24
Mastleistung 24
MD-Verfahren (minimal disease-Verfahren) 178
Methionin 155, 163
MEW (medicated early weaning) 178
Milchsau 158
Milchsäure 168
Mindestabstand 122
Mindestabstandskurve 123
Mineralstoff 157
MMA (Mastitis-Metritis-Agalaktie-Syndrom) 180

Motilität 49
Mutter-Kind-Tränke 70
Mutterrasse 17

N
Nachgeburtsphase 41
Nährstoffverwertung 153
Neugeborenenversorgung 187
Notierung 12, 141
Nutzungsdauer 23, 55

O
Option 144
Organische Säure 168
Östrogen 36
Ovulationssynchronisation 47

P
Partiegröße 141
Pauschalierung 144
PCV2 89, 180
Phantom 48
Phasenfutter 157
Phosphor 144, 157
Phosphorsäure 168
PHS (puerperales Hypogalaktie-Syndrom) 180
Phytogene Zusatzstoffe 172
Pietrain (Pi) 20
Plazenta 40
PMSG 45
PMWS (postweaning multisystemic wasting syndrome) 181
Polymerbeton 61
Porendecke 106
Prebiotika 171
Probiotika 171
Produktionsrhythmus 42, 76

Produktionszyklogramm 42
Propionsäure 169
Prostaglandine 45, 53, 187
Proteinhydrolysat 167
PRRS 179, 181
Pubertät 35, 45
Puerperalerkrankung 180, 187

Q
Quantitative Trait Loci (QTL) 32
Queraufstallung 65
Quickfeeder 83

R
Rahmen 22
Rasse 17, 26
Raumströmung 104, 107
Remontierung 54
Rentabilität 149
RescueDeck 192
Rieselbettreaktor 127
Rieselkanallüftung 106
Rohfaser 160
Rohprotein 160
Rohrbreiautomat 91
Rohrkette 64, 69, 78
Rotationskreuzung 29
Rundautomat 90

S
Sanierung 177
Sattfütterung 74, 86
Sauenstand 64, 67
Säugefutter 155, 163
Säugende Sau 155
Saugferkelkastration 189
Saugferkelverluste 188

Säurebindungskapazität (SBK) 168
Scheide 37
Schlachtleistung 24
Schürfwunde 61
Schwanzbeißen 191
Schwebstaub 121
Seitenspeckdicke 157
Selbstfangfressstand 81
Selbstversorgungsgrad 6
Selektion 17, 33
SEW (segregated early weaning) 178
Sexualzyklus 37
SNP-Marker 33
Sommerluftrate 99
Sorbinsäure 168
Speckmaß 159
Sperma 49
Spermagewinnung 48
Spermasexing 191
SPF (spezifisch pathogen frei) 178
Spurenelement 156, 168
Stallklima 98
Staumistverfahren 112

Stau-Schwemm-Verfahren 112
Step two 63, 189
Stimubucht 74
Strahllüftung 104
Stressstabilität 24
Stülpzitze 23

T
TA Luft 121
Technische Ferkelamme 192
Tertiärfollikel 36
Tier : Fressplatz-Verhältnis 84, 89, 91
Tiergesundheitskosten 136
Tiermodell 30
Tierschutzgesetz 60
Tierzuchtgesetz 21
Trächtigkeit 39, 51, 153, 183
Tränkwasser 69, 175
Trogsprüher 70
Typ 22

U
Übergangsfütterung 93

Umrauscher 52, 71, 193
Umweltverträglichkeitsprüfung 117
u-Wert 102

V
Vaterrasse 17
Verdrängungslüftung 104
Versorgungsempfehlung 154, 157
Vieheinheit 142
Vieheinheitenschlüssel 143
Viehverkehrsverordnung (VVVO) 196
Vitamin 155, 168
Volatile Märkte 149
Vollkosten je Sau 138
Volumendosierer 64, 69, 78

W
Wärmeabgabe 98
Wärmebilanz 99, 100
Wärmedämmung 101
Wärmeproduktion 98
Wärmerückgewinnung 103

Wasserbedarf 69, 175
Wasserhaushaltsgesetz 117
Wasserkosten 136
Wechselkreuzung 29, 57
Wechselstauverfahren 113
Winterluftrate 99
Wurfgröße 71, 192

Z
Zapfentränke 70
Zitronensäure 168
Zitze 23
Zitzennekrose 61
Zuchtläufer 157, 194
Zuchtleistung 22, 23
Zuchtorganisation 30
Zuchtwertschätzung 23, 30
Zuluft 104
Zuluftführung 98, 104
Zuschläge 141

Die in diesem Buch enthaltenen Empfehlungen und Angaben sind vom Autor mit größter Sorgfalt zusammengestellt und geprüft worden. Eine Garantie für die Richtigkeit der Angaben kann aber nicht gegeben werden. Autor und Verlag übernehmen keinerlei Haftung für Schäden und Unfälle.

Bibliografische Information der Deutschen Nationalbibliothek
Die Deutsche Nationalbibliothek verzeichnet diese Publikation in der Deutschen Nationalbibliografie; detaillierte bibliografische Daten sind im Internet über http://dnb.d-nb.de abrufbar.

Das Werk einschließlich aller seiner Teile ist urheberrechtlich geschützt. Jede Verwertung außerhalb der engen Grenzen des Urheberrechtsgesetzes ist ohne Zustimmung des Verlages unzulässig und strafbar. Das gilt insbesondere für Vervielfältigungen, Übersetzungen, Mikroverfilmungen und die Einspeicherung und Verarbeitung in elektronischen Systemen.

© 2012 Eugen Ulmer KG
Wollgrasweg 41, 70599 Stuttgart (Hohenheim)
E-Mail: info@ulmer.de
Internet: www.ulmer.de
Lektorat: Werner Baumeister
Herstellung: Silke Reuter
Umschlagentwurf: Atelier Reichert, Stuttgart
Satz: pagina GmbH, Tübingen
Druck und Bindung: Friedrich Pustet, Regensburg
Printed in Germany

ISBN 978-3-8001-7784-4

Das Handbuch rund ums Schwein

- Über 1000 Fachbegriffe zum Nachschlagen
- Alles zu Zucht, Haltung, Produktqualität und Vermarktung
- Für Schweinzüchter, -halter, Berater und Tierärzte

Dieser praktische Helfer für die tägliche Arbeit mit Schweinen bietet Ihnen eine Zusammenstellung der wichtigsten Begriffe zu Zucht und Mast von Schweinen. Die Sammlung der Fachbegriffe umfasst die Bereiche der Genetik, Zucht einschließlich Fortpflanzungslenkung, Fütterung, Gesunderhaltung von Schweinen sowie der Produktqualität. Der besondere Schwerpunkt auf Leistungsprüfung, Reproduktion, Haltung und Vermarktung rundet dieses Buch ab.

Taschenbuch Schwein. Schweinezucht und -mast von A bis Z. Martin Wähner, Steffen Hoy. 2009. 256 S., 36 sw-Abb., 53 Tabellen, 40 Farbzeichn., kart. ISBN 978-3-8001-5721-1.

www.ulmer.de

Alles über die Kaninchenhaltung und -zucht

- Über 1000 Fachbegriffe rund um das Kaninchen
- Erläutert alle Begriffe rund um die Themen Genetik, Zucht und Fortpflanzung, Haltung, Fütterung und Gesunderhaltung
- Unverzichtbar für Kaninchenhalter, Züchter und Veterinärmediziner

Dieses Taschenbuch ist eine Zusammenstellung aller wichtigen Begriffe rund um das Kaninchen, die in der täglichen Arbeit von Kaninchenhaltern, Züchtern und Veterinärmedizinern gebraucht werden, egal ob Fleischkaninchenzucht oder Hobbykaninchenhaltung.

Taschenbuch Kaninchen. Zucht und Haltung von A bis Z. Steffen Hoy. 2012. 256 S., 71 Abbildungen, 35 Tabellen, kart. ISBN 978-3-8001-7610-6.

 **Ganz nah dran.**